I0095601

Der totale Widerstand

Hptm. H. von Dach, Bern

« Kleinkriegsanleitung » für jedermann

Zu beziehen beim Zentralsekretariat des SUOV in Biel, Zentralstraße 42   Verkaufspreis Fr. 2.

Der totale Widerstand

Kleinkriegsanleitung für Jedermann

Major h. von Dach, Bern

Es versteht sich von selbst, dass sich die schweizerische Landesverteidigung an die Grundsätze des Völkerrechts zu halten hat (Haager Abkommen über die Gesetzte und Gebräuche des Landkrieges und die Vier Genfer Abkommen von 1949).

Inhalt

4

Einleitung

Vorwort des Verfassers

Der Verfasser ist sich im klaren, dass er ein heikles und ungefreutes Kapitel angeschnitten hat. Immerhin ist es im Zeitalter des totalen Krieges, wo es im Kampfe nicht nur um materielle, sondern ebensosehr um weltanschauliche Dinge geht, nötig, sich mit diesen Fragen zu beschäftigen.

Es kann angenommen werden, dass wir in einem Kriege grosse Teile unseres Territoriums, wenn nicht überhaupt das ganze Staatsgebiet, vorübergehend an den Gegner verlieren werden. Die Armee kann, im wesentlichen gesehen, niedergekämpft sein, selbst wenn sich noch beträchtliche Restteile davon im Alpengebiet (Réduit) während längerer Zeit halten sollten.

Der grösste Teil der Soldaten sowie die Masse der Zivilbevölkerung wird aber den Feldzug überlebt haben. Es stellt sich nun die Frage, ob nach dem Zusammenbruch der Armee diese Überlebenden loyale Untertanen der neuen Machthaber werden sollen, die in Selbstzufriedenheit auf Rettung und Befreiung durch das Ausland harren, oder ob der alte Kampf in neuer Form mit allen Mitteln weitergeführt werden soll.

Es ist anzunehmen, dass bei der anerkannt grossen Freiheitsliebe der Bevölkerung einerseits und der erwiesenen grossen Rücksichtslosigkeit des möglichen Gegners anderseits es über kurz oder lang zwangsläufig zu Zusammenstössen zwischen Besatzungsmacht und Besiegten kommen wird. Es dürfte deshalb nicht völlig unnütz sein, Atmosphäre, Technik und Taktik des Kleinkrieges festzuhalten.

Vorwort des Zentralvorstandes des Schweizerischen Unteroffiziersverbandes «Widerstand bis zum äussersten»

Nehmen wir an: Die Schweiz ist zum Kriegsschauplatz geworden! Überlegene feindliche Kräfte sind eingebrochen. Da und dort wurden eigene Truppen «überrollt». Es ist ihnen gelungen, sich der Hand des Angreifers zu entziehen. Noch sind sie im Besitze ihrer Waffen und ihrer Ausrüstung. Sie wollen kämpfen, Widerstand leisten bis zum äussersten! Aber wie?

Oder: Der Feind hat eine Stadt besetzt. Die Bevölkerung ist unter seine Botmässigkeit geraten. Was tut in diesem Fall der Arbeiter, der Angestellte, der Freierwerbende? Was tut der Lehrer, der Zeitungsredaktor, der Arzt, der Beamte im öffentlichen Gemeindewesen? Was tun die Hausfrauen? Was tun die Eisenbahner, die Postangestellten, die Polizisten?

Was tun die Soldaten? Was tun die Zivilisten?

Werfen die einen ihre Waffen fort, weil sie die Aussichtslosigkeit jeglichen Widerstandes erkennen?

Warten die andern gottergeben auf ihr weiteres Schicksal, oder stellen sie sich dem Feinde zur Verfügung?

So viele Fragen - aber wo bleiben die Antworten darauf?

Eines ist sicher: Der Feind wird keine Gnade kennen. Ein Menschenleben, Dutzende, Hunderte, Tausende - er wird sie bedenkenlos und rücksichtslos auslöschen, wenn es seinem Zwecke dient. Der gefangene Soldat hat Deportation, Zwangsarbeit oder Tod zu erwarten. Aber auch der Arbeiter, der Angestellte, der Freierwerbende, die Hausfrau.

Der Feind wird keinen Unterschied machen, und die Erfahrungen der jüngsten Geschichte lehren, dass die physische Vernichtung des Besiegten so oder so zu erwarten ist. Manchmal wird sie nur etwas hinausgezögert.

Der Offizier, der Unteroffizier, der Lehrer, der Redaktor, jede Frau und jeder Mann, die sich irgendwann und irgendwo einmal abschätzig gegen die Ideologie des Feindes geäussert haben, die vor dem Kriege sich für Demokratie und Freiheit eingesetzt und zum Widerstand gegen Diktatur und Despotie aufgerufen haben - sie alle stehen zuoberst auf der Abschuss- und Deportationsliste. Darüber müssen wir uns klar sein!

Was ist also zu tun, wenn der Feind im Lande ist? Was ist zu tun angesichts der Gewissheit, dass Not und Tod jede Mitbürgerin und jeden Mitbürger bedrohen, ungeachtet dessen, ob sie sich passiv oder aktiv verhalten wollen? Wir meinen, dass es besser ist, sich bis zum äussersten zu wehren! Wir meinen, dass jede Schweizerin und jeder Schweizer Widerstand leisten muss! Wir meinen, dass der Feind im eroberten Gebiet sich keine Minute ruhig fühlen darf. Dass wir ihm schaden, ihn bekämpfen müssen, wo und wie sich dazu Gelegenheit bietet! Damit haben wir klar und deutlich ausgesprochen, welchem Ziel unsere Schrift dienen will.

In erster Linie und vor allem kommt im Kriegsfall der organisierte Widerstand durch die Armee. Es ist unsere Pflicht, mit allen Kräften dafür zu sorgen, dass die Armee kriegstüchtig und kriegsgenügend ist und bleibt. Wir möchten, dass das gut verstanden wird.

Aber wir wollen unserem Volke auch eine Wegleitung geben für den Fall, dass Teile der Armee versprengt, abgesplittert oder eingekesselt werden. Für den Fall, dass es Gefangenen gelingt, zu entfliehen, dass Teile der Zivilbevölkerung unter die Gewalt des Feindes fallen. Wir wollen ihnen zeigen, dass für diesen schlimmsten aller Fälle der Widerstand trotzdem nicht vergeblich sein, sondern zur ersten, zur gebieterischen Pflicht wird.

Unsere Schrift will mithelfen, diesen Widerstand wirksam werden zu lassen; sie will verhindern, dass Schweizerinnen und Schweizer nutzlos und aus Mangel an Wissen und Können ihr Blut vergiessen oder ihr Leben verlieren. Man wird uns vielleicht entgegenhalten, dass es falsch und unklug sei, in aller Öffentlichkeit über diese Dinge zu sprechen und zu schreiben und den möglichen Feind über das zu informieren, was wir zu tun gedenken, falls er uns überfallen will. Wir teilen diese Auffassung nicht und halten im Gegenteil dafür, dass der öffentlich bekundete Wille zum Widerstand bis zum äussersten mit zu jenen Abwehrmitteln gehört, die ein Angreifer beim Für und Wider einer geplanten «Aktion Schweiz» einkalkulieren und abwägen muss.

In diesem Sinne übergeben wir unsere Schrift der Öffentlichkeit und hoffen, dass sie Tausende von Lesern finden wird.

Operative, taktische und technische Grundlagen des Kleinkrieges

Kleinkrieg und ziviler Widerstand im Rahmen der schweizerischen Landesverteidigung.

> *Wir glauben an die Kraft des Herzens!*
> *Wir glauben, dass zuletzt Recht*
> *und Menschlichkeit und nicht Macht*
> *und Hass triumphieren werden!*
> *Wir glauben, dass Gott nicht mit den*
> *stärkeren Bataillonen, sondern mit*
> *der gerechteren Sache ist!*

Die ständige Bereithaltung einer modernen und kriegsgenügend ausgerüsteten und ausgebildeten Armee ist das wichtigste Anliegen der schweizerischen Landesverteidigung. Daneben dürfen aber auch zweitrangige Aufgaben nicht vernachlässigt werden. Eine davon ist die Notwendigkeit, den Kleinkrieg und zivilen Widerstandskampf vorzubereiten.

Das Problem:

Wir werden kaum isoliert für uns allein angegriffen werden. Das «Unternehmen Schweiz» wird vielmehr als Nebenaktion im Rahmen einer weltweiten Auseinandersetzung vor sich gehen.

Im Zuge der zu erwartenden weltumspannenden Kämpfe ist es sehr wohl möglich, dass grosse Gebietsteile - die aber im Weltrahmen gesehen nur Randgebiete darstellen - vorübergehend von den Kräften der freien Welt aufgegeben werden müssen. Wir können in diesem Falle unsere Armee nicht im Zuge grossräumiger Absetzbewegungen über weite Strecken zurücknehmen, sondern müssen als Schweizer den Kampf dort führen, wo wir stehen, nämlich in der Schweiz. Und da wir allein nicht «siegen» können, sondern in dieser Situation zwangsläufig die «erste Runde» verlieren müssen, bleibt nur der zäh geführte Kleinkrieg und zivile Widerstandskampf als «zweite Runde», bis der grosse Gegenschlag der freien Welt uns freikämpft.

In dieser Notlage ist der «totale Widerstand» einer Kapitulation vorzuziehen. Wenn wir der Versklavung entgehen wollen, dürfen wir den Kampf nicht aufgeben, nur weil die Feldarmee zerschlagen ist. Die Vorstellung ist überlebt, dass der Krieg lediglich eine Angelegenheit der Armee ist, und dass der Kampf nur durch Sieg oder Niederlage der Armee entschieden und beendet wird. Kampf der organisierten Armee bis zum bittern Ende und dann Kapitulation und Stillhalten genügt heute nicht mehr!

Unsere Chancen, im Kleinkrieg zu bestehen:

Je weltumspannender der Krieg sein wird und über je weitere Gebiete der Gegner demgemäss seine Mittel verzetteln muss, um so weniger Truppen vermag er auf die Dauer zur Niederhaltung aller besetzten Gebiete einzusetzen. Wohl ist es ihm möglich, eine kleine Armee relativ rasch zu zerschlagen, doch ist dieser Aufwand gering, gemessen an der Last, ein Gebiet jahrelang gegen zäh geführten Kleinkrieg niederhalten zu müssen.

Erfahrungsgemäss setzt erfolgreiche Kleinkriegsbekämpfung eine mehrfache zahlenmässige Überlegenheit an Infanterie voraus. Ferner hat nur gute Infanterie auf die Dauer Erfolg. Diese zahlenmässig starke Infanterie kann auch durch noch so grosszügigen Einsatz modernster schwerer Mittel (Panzer Flugzeuge) nicht ersetzt werden, denn im Kleinkrieg vermögen Maschinen den Menschen am wenigsten zu ersetzen.

Wenn wir nur 30 000 Mann Kleinkriegstruppen aufzustellen, beziehungsweise nach der Niederlage im grossen Krieg beizubehalten vermögen (nicht einmal 10 % der Armee!) ist der Gegner gezwungen, dauernd mindestens 100 000 bis 150 000 Mann (gleich 8-12 Divisionen) im Lande zu belassen, um den Kleinkrieg nur einigermassen niederzuhalten.

Grobe Erfahrungszahlen: Pro Quadratkilometer besetztes Gebiet 2 Mann Besetzungsmilitär. Für Kleinkriegsbekämpfung (Säuberung): Fünffache Obermacht an «Menschen» Voraussetzung!

Da nicht nur die Schweiz besetzt sein wird, benötigt der Gegner anderswo noch viel mehr Okkupationstruppen. Weil er gleichzeitig noch mit einer Weltmacht im Kampfe liegt, sind unsere Chancen, im Kleinkrieg bestehen zu können, gar nicht so schlecht, wie es auf den ersten Blick erscheinen mag.

Eine in der ganzen freien Welt durchorganisierte Partisanenbewegung vermag auf jeden Fall den Kampf der Armeen durch grosse Kräftebindung wesentlich zu entlasten. Die Besetzung Europas (ganz sicher aber die Nutzbarmachung) wird praktisch unmöglich, wenn alle Länder den Kleinkrieg und zivilen Widerstandskampf entfesseln.

Wenn die schweizerische Armee zusammenbricht, kapituliert und in Gefangenschaft (lies «Sklaverei») geht, ist es dem Gegner leicht, mit verhältnismässig wenig eigenen Mitteln und zusammen mit der 5. Kolonne, die ja auch bei uns existiert, das demoralisierte Land zu «befrieden» und unser Wirtschaftspotential für seine Kriegsziele zu organisieren und auszunützen.

Durch Stillhalten und falsches Sich-Ergeben in das unvermeidliche Schicksal werden nur die Erfolgsaussichten (Endsieg) des Gegners im weltumspannenden Kampf gehoben. Die eigenen Leiden werden somit verlängert und gesteigert und nicht etwa verkleinert oder verkürzt, wie fälschlicherweise angenommen wird.

Dem Zusammenbruch des organisierten Widerstandes der Armee darf keine offizielle Kapitulation folgen. Wir müssen somit auf beide Arten von Krieg vorbereitet sein. Gerade weil wir schwach sind und den «grossen Krieg» - ob es uns passt oder nicht - bei einem die Entscheidung suchenden Angriff über kurz oder lang verlieren werden. Diese verlorene «erste Runde» besiegelt aber unser Schicksal noch lange nicht. Denn nun folgt der hartnäckige und bis zur Endniederlage des Gegners im grossen Weltgeschehen dauernde militärische Kleinkrieg und zivile Widerstandskampf. Es wäre falsch, auf den Kleinkrieg, diese im grossen Rahmen gesehen so starke Kräfte bindende Waffe aus Scheu, falschem Ehrbegriff oder überholten Vorstellungen zu verzichten. Bildet er doch eine der schärfsten und abschreckendsten Waffen des Kleinstaates. Der Gegner wird unsere Hemmungen zwar freudig begrüssen, aber kaum durch sein Verhalten belohnen. Dem Tyrannen ist nichts lieber, als freiwillige Entwaffnung des Opfers. Und darauf würde eine offizielle Kapitulation und der Verzicht auf Kleinkrieg schliesslich hinauslaufen.

Pro und kontra Kleinkrieg:

Die Gegner des Kleinkrieges führen immer wieder 3 Hauptargumente an:

- Dass die Kampfform des Kleinkrieges nicht nur den Gegner, sondern auch die sogenannte «Innere Ordnung» des eigenen Staates gefährde.

- Dass der Kleinkrieg zu grausamen Repressalien und damit zu überaus hohen Verlusten unter der Bevölkerung führe.

- Dass die «Gesetze und Gebräuche des Landkrieges» missachtet würden.

Dem ersten Argument kann entgegengehalten werden:

- Eine politische Ordnung, wie wir sie bejahen, bleibt beim einzig möglichen Gegner nicht bestehen.

- Moderne Kriege sind «Weltanschauungskriege», in denen es um Sein oder Nichtsein geht. Ziel ist heute nicht mehr der militärische Sieg, sondern die Eingliederung in eine ideologische Machtsphäre.

- Wer sich vom Widerstandskampf fernhält, ist in der Nachkriegszeit, die auch wieder einmal kommt, moralisch erledigt und hat, wenn vielleicht auch nicht gerade sein Mitspracherecht, so doch bestimmt seinen politischen Einfluss verloren.

- Wer mit dem Feind oder seinen Mitläufern aktiv oder passiv zusammenarbeitet, verliert mit diesem zusammen den Krieg und zusätzlich noch die Ehre.

- Wer aber im Widerstandskampf aktiv mitmacht, kann an politischem und moralischem Einfluss für die Nachkriegszeit nur gewinnen.

Dem zweiten Argument kann entgegengehalten werden:

- Eine Periode der Besetzung wird bei einem totalitären Gegner auf jeden Fall mit grossen Opfern an Menschen und Gütern verbunden sein. Auch ein freiwilliger Verzicht auf den Kleinkrieg würde daran nicht viel ändern. Wenn wir dem Gegner gestatten, sich ungestört einzunisten und unser Gebiet für seine Kriegszwecke zu organisieren, geraten wir höchstens unter den Hammer der Fliegerverbände und Fernwaffen der noch kämpfenden freien Welt.

- Im Zweifelsfalle ist es aber besser, als Widerstandskämpfer im Gefecht gegen den Landesfeind umzukommen, denn als für den Feind arbeitender Sklave in der Fabrik von den Fernwaffen der Freunde erschlagen zu werden!

- Die Bevölkerung wird den Kampf mit der Besetzungstruppe, die ein totalitäres Regime vertritt, wenn vielleicht auch nicht gerade sofort, so doch sicher später aufnehmen. Denn wer mehr will, als gerade bloss am Leben bleiben, wird früher oder später gegen den ihm zugemuteten ewigen und brutalen Zwang rebellieren.

- Um Weltanschauungen und politische Überzeugungen ist eben immer härter gekämpft worden, als um ein Stück Brot!

- Die Ursprünge der Kampfhandlungen werden fast durchwegs Affekthandlungen sein.

Dem dritten Argument kann entgegengehalten werden:

- Die rücksichtslose Kampfführung der totalitären Mächte hat zu einer Verwilderung und Verrohung der Kriegsbräuche geführt, die wir zwar tief bedauern, aber nicht ändern können.[1]

- Vor dieser unerfreulichen Entwicklung dürfen wir die Augen nicht verschliessen und müssen - ob es uns passt oder nicht - die notwendigen Konsequenzen ziehen! Das sogenannte «Partisanenunwesen» des Zweiten Weltkrieges war nicht zuletzt die direkte Antwort der Getretenen auf die rücksichtslose Kampfführung des totalitären Angreifers.

- Im übrigen ist es im Kleinkrieg möglich, sich an die Gesetze und Gebräuche des Landkrieges zu halten.

Zusammenfassung:
Es geht für uns in grossen Zügen um folgendes:
1. Den Selbstbehauptungswillen («Glauben an die eigene Sache») aufrechtzuerhalten. Somit den der militärischen Auseinandersetzung vorausgehenden Propaganda- und Zersetzungskrieg zu gewinnen («Geistige Landesverteidigung»).

2. Der Terrorwirkung des Atombeschusses (evtl. nur der Drohung damit) zu widerstehen («Zivilschutz»).

3. Den mit maximaler Kräftezusammenballung geführten «Durchmarschkrieg» zu bremsen oder aber die «Ausradierungsaktion Schweiz» (Verschwindenlassen der demokratischen Eiterbeule inmitten eines besetzten Europas) möglichst lange hinauszuzögern. Diesen Kampf bei ungünstiger Entwicklung der Lage (Niederlage der Feldarmee) durch Führung eines zähen Kleinkrieges und zivilen Widerstandes ins Unbegrenzte fortzusetzen.'

---

[1] Historische Beispiele aus dem Zweiten Weltkrieg
Konzentrationslager der Mationalsozialisten. Versuch der Ausrottung ganzer Rassen oder Bevölkerungsschichten, z.B. Judenverfolgung. Die Tötigkeit der „Einsatzkommandos" im besetzten Russland usw. Unter nationalsozialistischer Herrschaft umgekommen (verhungert, starben als Arbeitssklaven, wurden ermordet, werden vermisst): u.a. 6 Millionen Juden. 7 Millionen russische Zivilpersonen. 4.2 Millionen polnische Zivilpersonen. 130 000 deutsche Widerstandskämpfer usw.
- Verschleppung zum Arbeitseinsatz
  o durch die Nationalsozialisten aus dem besetzten Europa nach Deutschland. Beispiel: „Ostarbeiter". Zwangseinsatz von 2 Millionen russischer Zivilpersonen (davon die Hälfte Frauen).
  o durch die Russen aus den von ihnen vor, während oder nach dem Zweiten Weltkrieg besetzten Gebieten.
- Unmenschliche Behandlung der Kriegsgefangenen. Von insgesamt 5,7 Millionen russischer Kriegsgefangenen sind 2,6 Millionen in deutscher Gefangenschaft umgekommen.
- Jahre und jahrzehntelange widerrechtliche Zurückbehaltung der deutschen Kriegsgefangenen in Russland (Arbeitssklaven).
- Massendeportationen, Zwangsumsiedlungen, z.B. durch Russen im Baltikum, in Ostpreussen usw.
- Erklärung der Frau des Besiegten zur „Kriegsbeute" des einzelnen Soldaten. Russische Armee. Aufruf Jlia Ehrenburgs.
-

Es werden viele Bedenken und Warnungen gegen den Kleinkrieg erhoben. Viele «Fachleute» führen aus, dass der Partisane und Widerstandskämpfer im Zeitalter der Technik nicht mehr zum Zuge komme. Gerade weil wir an schweren Mitteln arm sind, neigen wir dazu, den Wert der Technik zu überschätzen und in ihr ein Allheilmittel zu sehen. Aber täuschen wir uns nicht! Ein nächster Krieg wird ebensosehr im Zeichen der Ideologie, wie der Technik stehen. Neben den vielen technischen Neuerungen laufen wir leicht Gefahr, dies zu vergessen. Das ist für uns umso gefährlicher, als wir das Rennen mit der Kriegstechnik nie werden gewinnen können. Bestenfalls vermögen wir knapp Schritt zu halten. Umso mehr haben wir Veranlassung, andere Gebiete nicht ganz zu vernachlässigen.[1]

Trotz vieler menschlicher Mängel und Schwächen würde der einzelne Schweizer Bürger im Falle einer Niederlage und Besetzung nicht tatenlos zusehen, wie der Gegner Zehntausende als Arbeitssklaven deportieren, Tausende als potentielle Feinde liquidieren und unsere Jugend zu einem System umerziehen würde, das wir nie gutheissen könnten.

Für diesen letzten und äussersten Verzweiflungskampf sind wir unsern Leuten eine Anleitung schuldig, denn mit dem Willen zum Widerstand allein ist es nicht gemacht. Dieser bildet nur die notwendige Grundlage. Darüber hinaus muss man noch Taktik und Technik kennen. Unrichtige Vorstellungen sowie mangelhafte Vorbereitungen führen zu unnötigen Verlusten. Wir dürfen nicht ahnungslos in eine doch immerhin mögliche Besetzung hineinschlittern.

Bei einem allfälligen Verteidigungskrieg gegen den einzig möglichen Gegner müssen auch wir - ob es uns passt oder nicht - «zum letzten Gefecht» antreten und den Kampf mit einer Erbitterung und Glaubensstärke auskämpfen, die derjenigen des fanatisierten Feindes um nichts nachsteht!

Früher konnte sich der einzelne Bürger aus dem Kampf heraushalten und die Auseinandersetzung ruhig einem relativ kleinen Teil des Volkes, eben der Armee, überlassen. Das hat sich mit dem Aufkommen der totalitären Mächte geändert. Vor Faschisten und Nationalsozialisten konnte und vor Kommunisten kann man nicht kapitulieren!

Die Gewissheit, dass der Kampf erst aufhört, wenn der letzte Schweizer und die letzte Schweizerin deportiert oder erschossen sind, dürfte bei der Lagebeurteilung durch einen fremden Generalstab «ob sich der Fall Schweiz lohnt oder nicht» ebenso sehr ins Gewicht fallen, wie das Vorhandensein einiger Hundert Panzer und Flugzeuge.[2]

Über den Krieg und eine mögliche Niederlage hinaus zu planen, gehört mit zu den gründlichen Verteidigungsvorbereitungen eines Kleinstaates!

Ziele des Kleinkrieges

Operative Ziele:

- Fortsetzung des Widerstandes in jenen Landesteilen, die vom Gegner besetzt sind, oder Weiterführung des Kampfes nach der Niederlage der regulären Armee, **mit dem Ziel, den Krieg zu verlängern.** Für schwache oder unglücklich kämpfende Nationen kann der Kleinkrieg sogar wichtiger werden, als der Kampf der organisierten Armee!

Historische Beispiele:

Zweiter Weltkrieg 1939 – 1945		
Land	Dauer des grossen, regulären Krieges	Dauer des Kleinkrieges nach der Besetzung
Polen	1 Monat	5 Jahre
Dänemark	0 Tage	5 Jahre
Norwegen	7 Wochen	5 Jahre
Belgien	2 Wochen	4 Jahre
Holland	1 Woche	4 Jahre
Frankreich	7 Wochen	4 Jahre
Jugoslawien	12 Tage	4 Jahre
Griechenland	3 ½ Wochen	4 Jahre

---

[1] Kleinkrieg ist die Kampfweise jener, die sich nicht geschlagen bekennen. Hierdurch wird der Krieg in die Länge gezogen. Den für den Widerstandskämpfer endet die Auseinandersetzung nicht mit einer verlorenen Schlacht, sondern erst mit dem Tode.

[2] Womit nichts gegen Panzer und Flugzeuge gesagt sein will. Diese sind absolut notwendig. Je mehr wir davon besitzen. Umso besser! Aber sie alleine genügen nicht. Der Verfasser möchte, dass dies gut verstanden wird.

- Das ganze besetzte Gebiet soll in **ständige Unruhe** versetzt werden, so dass sich niemand mehr **allein und ohne Waffen** bewegen darf.

- Kleinkriegsverbände sollen Furcht und Verwirrung hinter der feindlichen Front hervorrufen, den Gegner zu umständlichen, kräfteverzehrenden Sicherungsmassnahmen zwingen und ihm **Verluste sowie materiellen Schaden zufügen.** Historisches Beispiel: Gesamtverluste der deutschen Wehrmacht in den Partisanenkämpfen des Zweiten Weltkrieges: ca. 300 000 Mann.

- Fernziel des Kleinkrieges ist der **allgemeine offene Aufstand**, um den Gegner wieder aus dem Lande zu vertreiben, wenn die allgemeine Kriegslage dies gestattet, d. h. wenn die Besetzungsmacht am Rande des Zusammenbruchs steht.

- Historische Beispiele aus dem Zweiten Weltkrieg:
  a) Aufstand der französischen FFI gegen die Deutschen, anlässlich der Invasion 1944;
  b) Vertreibung der Deutschen aus Jugoslawien, in Zusammenarbeit mit der russischen Armee;
  c) Aufstand gegen die Deutschen in Oberitalien im April 1945.

Taktisch / Technische Ziele:

- die Verkehrswege (Eisenbahnen, Strassen)

- das Übermittlungsnetz (Telephon, Funk, Radio, Fernsehen)

- das Elektrizitätsnetz

- Industriebetriebe, Depots

- Stäbe, Verwaltungs- und Regierungsstellen.

Die Entstehung der Kleinkriegsverbände

- Der Kleinkrieg bedarf eines festen Kerns guter Truppen, welche den Mitläufern und Helfern Rückhalt bieten.

- Die gegnerische Taktik des blitzschnellen «Überspringens» der Fronten durch die Luft oder des «Überrollens» durch Panzertruppen, die viele Verbände nur in grossem Rahmen zerschlägt oder ausmanövriert, ohne sie indessen völlig zu vernichten, verschafft uns diesen Kern.

- In unserem Lande, wo jeder auch nur halbwegs Taugliche in irgend einer militärischen Formation eingeteilt ist, wird sich die Masse der Träger des Kleinkrieges immer aus abgesplitterten Teilen der Armee zusammensetzen.[1]

- Versprengte Kompagnie-, Bataillons- oder Regimentsstäbe sammeln die «verlorenen Haufen»[2]. Wo Stäbe fehlen, übernehmen entschlossene Offiziere oder Unteroffiziere Organisation und Leitung.

- Die höhere Führung - soweit eine solche überhaupt noch besteht oder Verbindung hat - muss sich auf die Herausgabe von «Weisungen für die Kampfführung» beschränken.

- Im übrigen siehe Skizze Seite 15.

---

[1] Diese zu sammeln sowie fehlende Spezialisten aus der Bevölkerung zu ergänzen, stellt das erste Ziel dar.
[2] Kombattante Truppen, Ortswehren, Betriebswehren. Polizei, kampfwillige Zivilpersonen.

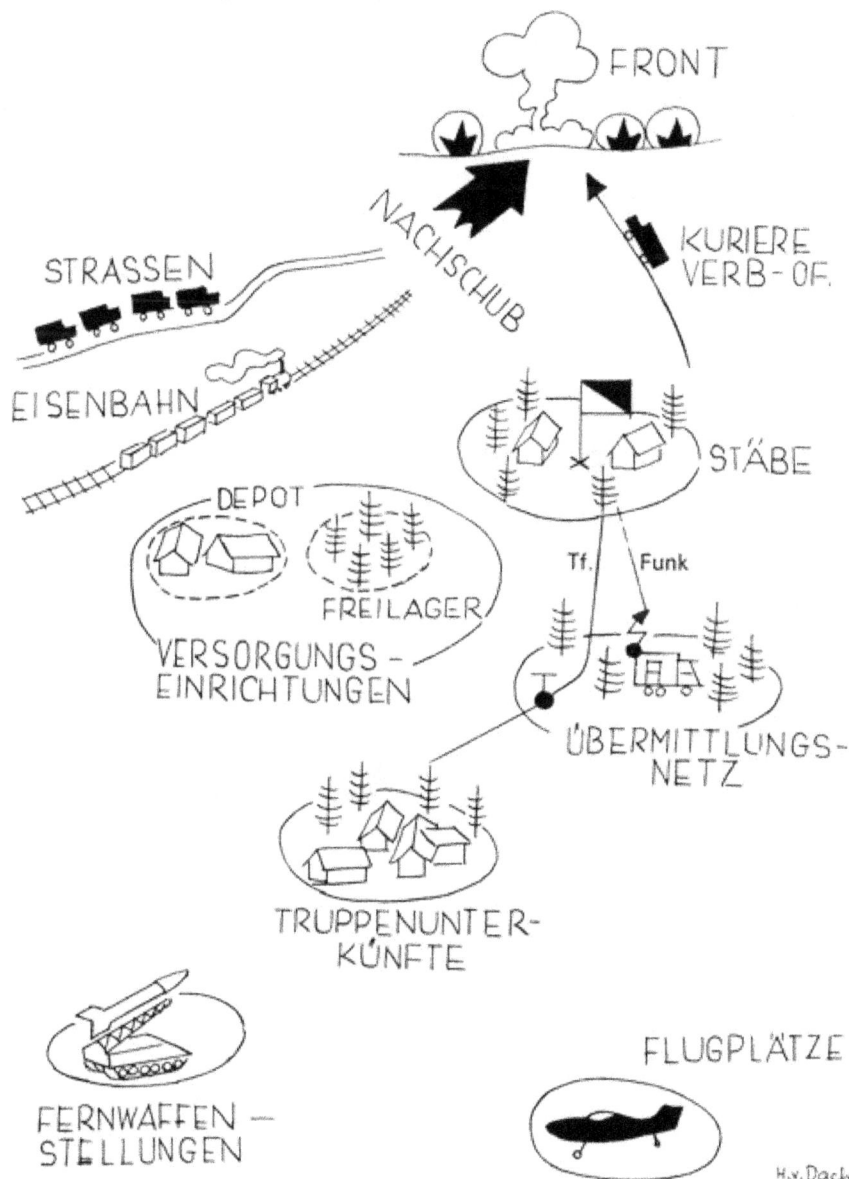

ANGRIFFSZIELE IM KLEINKRIEG

FRONT

NACHSCHUB

STRASSEN

EISENBAHN

KURIERE
VERB-OF.

STÄBE

Tf.   Funk

DEPOT

FREILAGER

VERSORGUNGS-
EINRICHTUNGEN

ÜBERMITTLUNGS-
NETZ

TRUPPENUNTER-
KÜNFTE

FERNWAFFEN-
STELLUNGEN

FLUGPLÄTZE

H.v.Dach

BEFESTIGTE GRENZ- ZONE

Versprengtes Grenz-
Detachement

Versprengter
Bataillonsstab

Überrollte
Kompagnie

Ausmanövrierte
Abteilung

- Verlorene Einzelkämpfer
- Abgeschnittene Nachhut
  oder Verzögerungs-
  abteilung

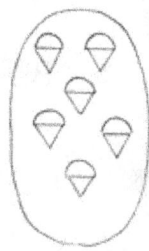

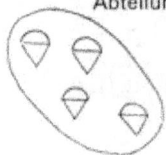

MITTELLAND

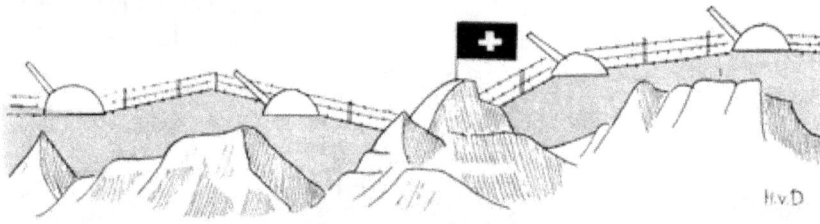

BEFESTIGTER ALPENRAUM (REDUIT)
REST DER ARMEE HÄLT!

H.v.D

15

Praktisches Beispiel, wie ein Verband in eine Kleinkriegssituation geraten kann

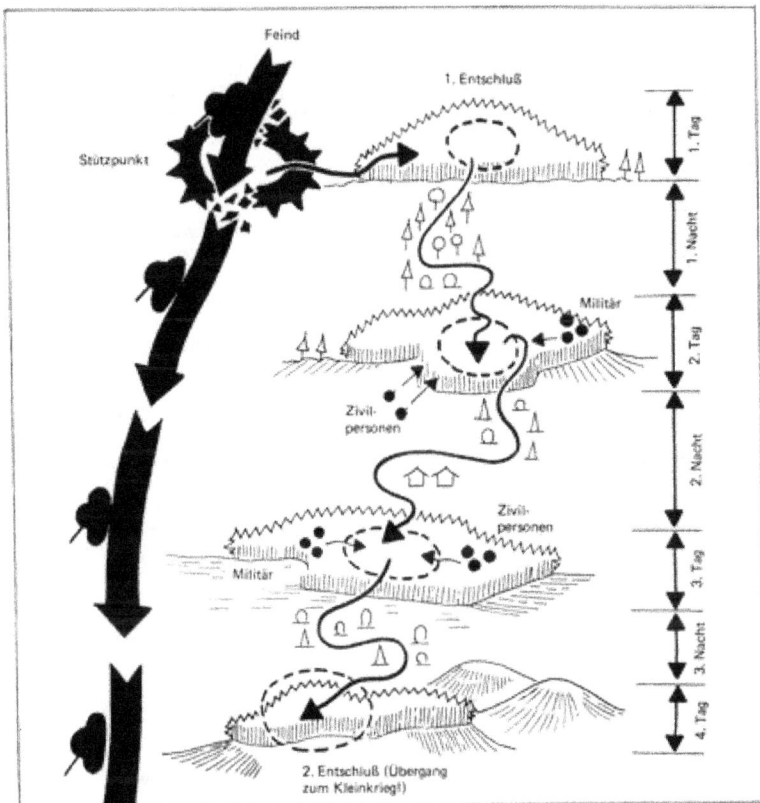

- Füsilierzug Hofer wird bei der Verteidigung des Stützpunktes Steinegg zerschlagen und befindet sich nun im Rücken des vorstossenden Gegeners. Der Oberleutnant besammelt die Reste des Zuges abseits der Strasse auf der bewaldeten Höhe. Im Tal unter sich sieht er feindliche Kolonnen in südwestlicher Richtung fahren. Er lässt die erschöpften Leute während des Restes des Tages schlafen und überlegt sich das weitere Vorgehen.

- Aus dem Taktikunterricht kennt er die Verhaltensregeln für abgesprengte Truppenteile. Das Reglement «Truppenführung» (TF 69) sagt sinngemäss etwa folgendes:

- - die Chefs abgesprengter Truppenteile handeln selbständig;

- - Entscheidend ist, dass weitergekämpft wird.

- - Folgendes Verhalten kommt in Frage:
  a) Halten eines Geländeteils, dessen Besitz im Interesse des Ganzen liegt;
  b) Anschluss an die eigenen Truppen suchen;
  c) Zum Jagdkampf im Rücken des Gegners übergehen.

- Der Zugführer entschliesst sich zur Lösung b. Er will abseits der grossen Strasse marschierend den Anschluss an die eigenen Truppen suchen.

- Nachdem er drei Nächte marschiert und am Tag im Wald versteckt geruht hat, wird ihm klar, dass es unmöglich ist, die eigenen Truppen wieder zu erreichen. Sein vor Tagen stark dezimierter Zug hat inzwischen durch die verschiedenartigsten Elemente Verstärkung erhalten (Siehe Skizze Seite 19).

- Oblt Hofer macht eine neue Beurteilung der Lage:

Auftrag: Nach TF 69 ist entscheidend, dass nicht kapituliert, sondern weitergekämpft wird. Der Auftrag lautet also nach wie vor «Kampf!»

Gelände: Das Detachement befindet sich hinter der feindlichen Linie im besetzten Gebiet. Der momentane Standort (hügliges, bewaldetes Gelände) wird vom Gegner vorerst kaum betreten werden. Es bietet vorläufig Schutz und verschafft eine Atempause, die ermöglicht, die notwendigen organisatorischen und seelischen Umstellungen vorzunehmen.

Mittel: (Siehe auch Skizze Seite 19)
  a) Rest des Zuges. Kampfkraft 1 Füsiliergruppe und 1 reduzierte Mg-Gruppe. 1 Leichverwundeter. Moral: intakt;
  b) Unterwegs aufgenommene versprengte Militärpersonen. Stärke etwa 2 Gruppen, darunter Elemente, die für eine eventuelle Kleinkriegsführung besonders wertvoll sind (Sprengausbildung). Moral: unbekannt (Unsicherheitsfaktor);
  c) Unterwegs aufgenommene Zivilpersonen. Verschiedenste Elemente bezüglich Alter, Herkunft, militärischen Vorkenntnissen und Bewaffnung. Moral: Patrioten. Freiwillige. Zum Teil Leute, die aus politischen Gründen mit dem Rücken zur Wand stehen und vom Gegner nichts zu erwarten haben als die Kugel oder den Strick! Sie haben keine Wahl und werden bis ans Ende durchhalten;
  d) Versorgung: Munition, Sanitätsmaterial knapp. Verpflegung noch für 1 ½ Tage.

Feind: Im weitern Vormarsch begriffen. Kampftruppen von hohem Kampfwert. Verhalten gegen die Zivilbevölkerung, soweit bekannt, korrekt. Dürften in absehbarer Zeit durch Sicherungsverbände von geringerem Wert sowie Parteimilitär und Polizei abgelöst werden. Zu diesem Zeitpunkt wird auch der Terror gegen die Zivilbevölkerung einsetzen.

Eigene Möglichkeiten: Grundsätzlich besteht die Wahl zwischen Gefangenschaft und Übergang zum Kleinkrieg.

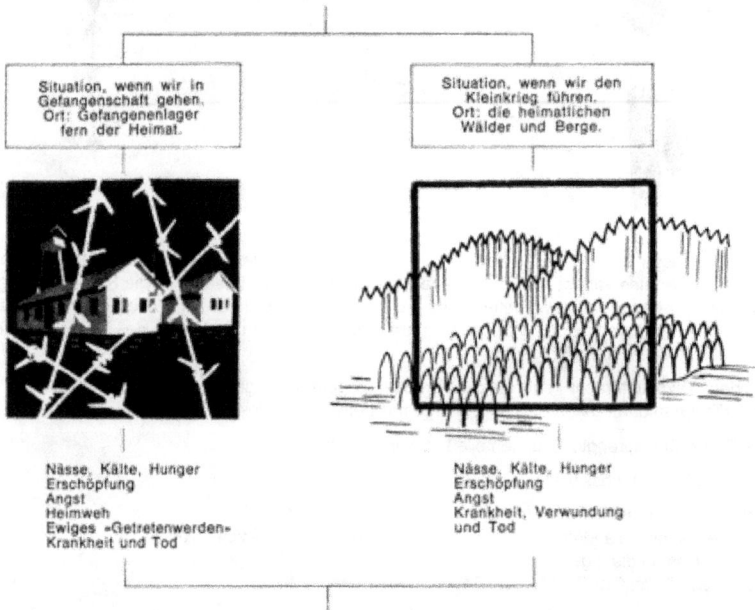

Situation, wenn wir in Gefangenschaft gehen.
Ort: Gefangenenlager fern der Heimat.

Situation, wenn wir den Kleinkrieg führen.
Ort: die heimatlichen Wälder und Berge.

Nässe, Kälte, Hunger
Erschöpfung
Angst
Heimweh
Ewiges «Getretenwerden»
Krankheit und Tod

Nässe, Kälte, Hunger
Erschöpfung
Angst
Krankheit, Verwundung
und Tod

- Wenn wir schon leiden und sterben müssen, dann lieber in der Heimat als in der Fremde.
- Solange wir noch ein Gewehr in der Hand tragen, schlägt uns kein fremder «Antreiber».
- Solange noch einer von uns bewaffnet durch die Wälder streift, ist die Freiheit noch nicht untergangen.

17

Oblt Hofer beschliesst daher, zum Kleinkrieg überzugehen. Dieser Entschluss fällt ihm nicht leicht. Er weiss, dass Kleinkriegsverbände wegen der nicht geregelten Unterkunfts-, Versorgungs- und Sanitätsdienstfrage unverhältnismässig mehr leiden als reguläre Truppen. Er ist sich bewusst, dass die erste längere Schlechtwetterperiode, sicher aber der kommende Winter das Detachement grausam dezimieren wird. Er fragt sich ehrlich: Sind wir den zu erwartenden körperlichen und seelischen Strapazen, die weit über diejenigen des jetzigen Feldzuges hinausgehen werden überhaupt gewachsen?

- Der Zugführer kann in dieser Situation nicht einfach nur befehlen, sondern muss mit seinen Männern sprechen. Hierbei wird seine Überzeugungskraft ebensosehr ins Gewicht fallen, wie die reine Befehlsgewalt, die er selbstverständlich nach wie vor hat.

- Von jetzt an hat Oblt Hofer folgende Probleme völlig selbständig zu lösen:
  - Verpflegung   - Organisation des Detachements
  - Unterkunft   - Taktik und Technik des Kleinkrieges
  - Bewaffnung   - Fragen des Kriegsrechts
  - Munitionsversorgung
  - Sanitätsdienst
  - Reparaturdienst
  - Hilfeleistung durch die Zivilbevölkerung

- Die Lösung reiner «Überlebensprobleme» (Verpflegung, Unterkunft, Gesunderhaltung) werden sein Denken und Handeln unverhältnismässig stark belasten.

- Um den Forderungen des Kriegsrechts Genüge zu tun, muss das aus Militär- und Zivilpersonen gemischte Detachement:
  1. Einen verantwortlichen Führer aufweisen.
  2. Ein aus der Ferne erkennbares Abzeichen tragen.
  3. Die Waffen offen tragen.
  4. Sich an die Gesetze und Gebräuche des Krieges halten.

- Punkt 1 ist erfüllt. Oblt Hofer ist verantwortlicher Chef. Wenn er ausfällt, folgt der Nächsthöchste.

- Punkt 2:
  a) gilt nur für die nicht uniformierten Zivilpersonen;
  b) der Begriff «. . . aus der Ferne erkennbar» bedeutet Infanteriekampf-Distanz, das heisst von 100 m an abwärts;
  c) als Kennzeichen kommt die Eidgenössische Armbinde in Frage, wie sie im Aktivdienst 1939-45 von unsern Ortswehren getragen wurde. Diese besteht aus einem roten Stoffband mit einem weissen Schweizerkreuz. Breite zirka 12 cm. Am linken Rockärmel getragen. Sie lässt sich leicht aus weissem und rotem Tuch zurechtschneidern.

- Punkt 3 ist klar und bedarf keiner weitern Erläuterungen.

- Punkt 4: siehe «Illustriertes Handbuch über die Gesetze und Gebräuche des Krieges» (Schweizer Armee 1969), welches alle eingeteilten Wehrmänner besitzen.

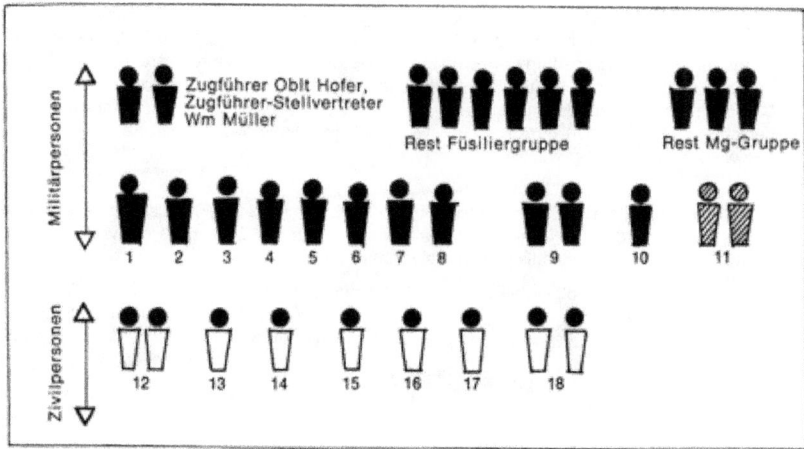

1 Sappeur-Uof
2 Mineur
3 Funker
4 Artillerist
5 Panzersoldat
6 Flab-Uof
7 Verpflegungs-Soldat
8 Waffenmechaniker
9 Frauenhilfsdienst
10 Sanitäts-Uof

11 Besatzung eines notgelandeten «grünländischen» Aufklärungsflugzeuges. 1 Mann leicht verletzt. («Grünland» wurde ebenfalls wie die Schweiz von «Gelbland» angegriffen.)

12 Kantonspolizisten. Polizeiuniform, Rucksack, Maschinenpistole mit 5 Magazinen, 7,65-mm-Pistole mit 80 Schuss. Wollen nach der Besetzung nicht für die totalitäre Macht arbeiten.

13 60jähriger Mann. Militärhose, zivile Windjacke, Rucksack, Karabiner, 54 Gewehrpatronen. Nicht mehr militärdienstpflichtig. Früher in der Armee Füsilier-Wachtmeister. Im Zivilberuf Zeitungsredaktor. Hat sich vor dem Krieg in seiner Zeitschrift unermüdlich für Freiheit und Recht eingesetzt. Fürchtet, von der Besetzungsmacht deportiert oder erschossen zu werden.

14 52jähriger Mann. Zivilkleidung, Rucksack Pistole 7,65 mm, 30 Pistolenpatronen, Feldstecher. Ist seit 10 Jahren aus gesundheitlichen Gründen aus der Armee entlassen. War früher Artillerie-Hauptmann. Im Zivilberuf Rechtsanwalt. Nationalrat. Hat sich politisch stark gegen den heutigen Gegner exponiert. Fürchtet, von der Besetzungsmacht deportiert oder erschossen zu werden.

15 55jähriger Mann. Waffenrock, Zivilhose, Rucksack, Karabiner, 30 Gewehrpatronen, 1 Browningpistole mit 24 Patronen. Aus der Wehrpflicht entlassen. Früher in der Armee Motorfahrer-Unteroffizier. Im Zivilberuf Universitätsprofessor. Sehr bekannte Persönlichkeit. Fürchtet, von der Besetzungsmacht zur Kollaboration erpresst zu werden. Ist zu bekannt, um bei der zivilen Widerstandsbewegung untertauchen und illegal arbeiten zu können.

16 51jähriger Mann. Zivilkleidung, Rucksack, Karabiner, 18 Gewehrpatronen. Aus der Wehrpflicht entlassen. Früher in der Armee Gefreiter in einer Pzaw-Kp. Im Zivilberuf hoher Gewerkschaftsfunktionär. Hat sich in der Vorkriegszeit stark gegen den heutigen Angreifer exponiert. Fürchtet, von der Besetzungsmacht liquidiert zu werden.

17 40jähriger Mann. Zivilkleidung, Umhängetasche, keine Waffe. Aus wehrwirtschaftlichen Gründen kriegsdispensiert. Hat vor 20 Jahren eine Sanitätsrekrutenschule absolviert. Hochqualifizierter Spezialarbeiter. Fürchtet, als Spezialist in die Kriegsindustrie des Angreifers verschleppt zu werden.

18 Jünglinge, 18 Jahre alt. Zivilkleidung, Rucksack, Dienstbüchlein, «Eidgenössische Armbinde», keine Waffe. Als Grenadiere rekrutiert. Konnten aber nicht mehr rechtzeitig zur Armee eingezogen werden. Militärische Vorbildung: 2 Jungschützenkurse. Gutes staatsbürgerliches Bewusstsein. Wollen nicht tatenlos zusehen, wie die Heimat untergeht und die Bewohner in Knechtschaft geraten.

Die Rollenverteilung zwischen Kleinkriegsverbänden und ziviler Widerstandsbewegung

- Man unterscheidet zwischen:
  a) mobilen Kleinkriegsverbänden, die zur Armee gehören oder sich aus Resten davon zusammen-setzen;
  b) lokalen, ortsgebundenen Elementen der zivilen Widerstandsbewegung.

- Die Kampfidee geht dahin, im ganzen besetzten Gebiet durch die ortsgebundene zivile Widerstands-bewegung den Widerstandskampf zu führen (passiver Widerstand, Sabotage, Gegenpropaganda usw.) und gleichzeitig durch mobile Kleinkriegsverbände gewisse «befreite Gebiete» zu schaffen. Die befreiten Gebiete haben keine festen Grössen. Sie können einige Dutzend Quadratkilometer, aber auch einen ganzen Kanton oder Landesteil umfassen.

- Die befreiten Gebiete können in der Regel nur einige Wochen oder Monate gehalten werden, bis der Gegner sich zu Säuberungsaktionen aufrafft, vor denen ausgewichen wird.

- Durch laufende kleine Aktionen («Nadelstichtaktik») der ortsgebundenen Kräfte der zivilen Wider-standsbewegung erreicht man eine Verzettelung der gegnerischen Kräfte. Behält man die Initiative und schützt den Aufbau der «Mobilen Kräfte» (Kleinkriegsverbände).

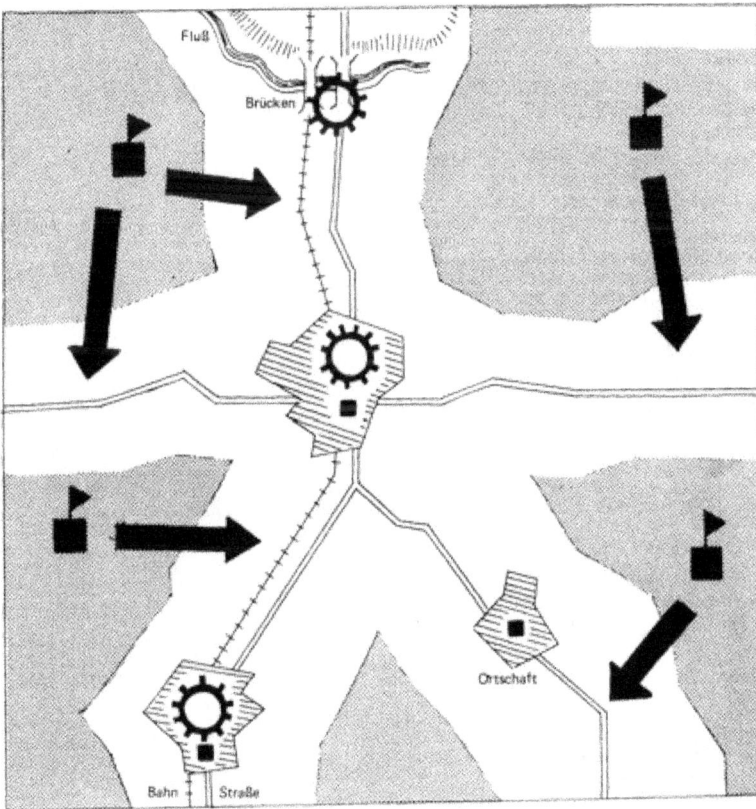

«Freie Zone»

Lebensraum der Kleinkriegsverbände.

Schwankt in der Grösse. Kann einige Dutzend Quadratkilometer, aber auch einen ganzen Kanton oder Landesteil umfassen. Kann von der Besetzungsmacht nur noch mit kampfstarken Verbänden (Bataillon/Regiment) betreten werden. Schwächere Kräfte werden von den überlegenen Kleinkriegsverbänden sicher vernichtet. Demgemäss wird die «Freie Zone» von der Besetzungsmacht nur noch selten betreten (z. B. für grossangelegte Säuberungs- und Vergeltungsaktionen).

Von der Besetzungsmacht mehr oder weniger kontrollierter Raum. Im allgemeinen entlang der grossen Verkehrsverbindungen. Truppen-, Material- und Gütertransporte verkehren unter bewaffnetem Geleitschutz (Konvoisystem).

«Ortschaft»

Aktionsgebiet der zivilen Widerstandsbewegung. Kampfverfahren: Passiver Widerstand, Spionage, Sabotage, Gegenpropaganda.

«Stützpunkt»

Von der Besetzungsmacht dauernd gehalten. Besatzung: in der Regel ein Bataillon. Ausnahmsweise eine verstärkte Kompagnie. Zur Verteidigung eingerichtet: Waffenstellungen, Drahthindernisse, Minenfelder, Scheinwerferstände usw.

Rastplatz für Strassengeleitzüge.

Ausgangsort für Säuberungs- und Vergeltungsaktionen.

Rückhalt für Jagdkommandos, Agenten sowie einheimische Verräter.

«Mobile Kräfte» (Kleinkriegsverband)

Kampfverband in Kompagnie- bis Bataillonsstärke. Weicht bei feindlichen Grossaktionen in benachbarte Räume aus. Gibt dadurch die «freie Zone» vorübergehend auf. Kehrt zurück, wenn der Gegner abgezogen ist. Nimmt nie einen Entscheidungskampf an, bei dem die Existenz des Verbandes aufs Spiel gesetzt würde.

«Ortsgebundene Kräfte» (zivile Widerstandsbewegung)

In Städten und grössern Ortschaften vorhanden. Bleibt immer an Ort und Stelle. Kann notfalls durch vorübergehendes Einstellen ihrer Tätigkeit untertauchen. Koordiniert ihre Aktionen soweit als möglich mit den Kleinkriegsverbänden.

Angriffe der Kleinkriegsverbände. Nach Art und Stärke verschieden. Kann den Sabotageakt eines Sprengtrupps von 3-4 Mann, aber auch den Angriff eines Bataillons umfassen.

Richtet sich in der Regel gegen die Verbindungswege abseits der feindlichen Stützpunkte. Ausnahmsweise auch gegen schwächere Postierungen.

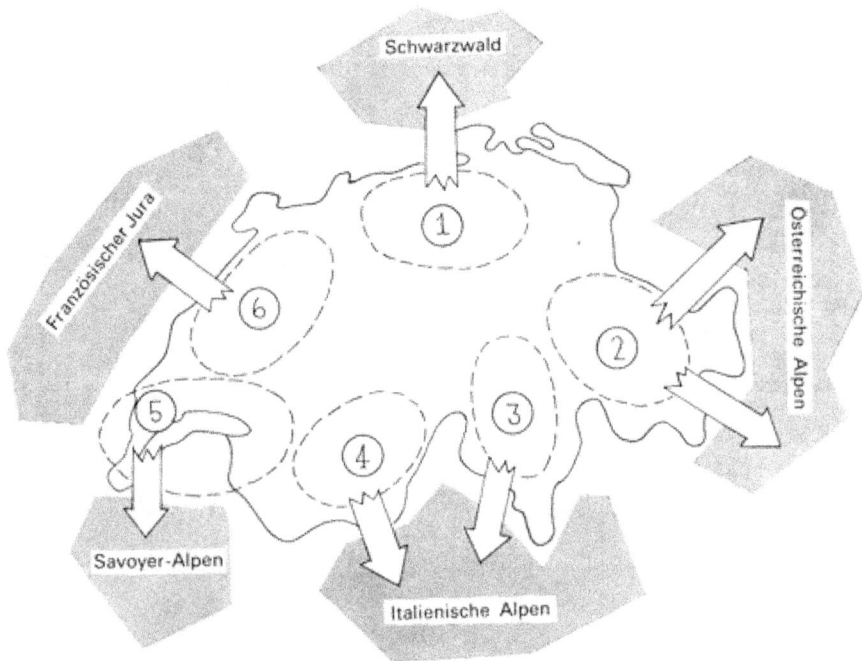

Schwarzwald

Französischer Jura

Österreichische Alpen

①
②
③
④
⑤
⑥

Savoyer-Alpen

Italienische Alpen

H.v.Dach

Die Schweiz ist in ihren grenznahen Gegenden umgeben von klassischem Partisanengebiet. Der Französische Jura, die Savoyer und die Italienischen Alpen sind Kampfgebiet der Partisanen des Zweiten Weltkrieges. Der Schwarzwald und die Österreichischen Alpen dürften sich ebenfalls für Partisanenkämpfe eignen. Es ist kaum denkbar, dass die Schweiz allein besetzt wird. Die Nachbarländer, oder wenigstens Teile davon, wären in dieser Situation bestimmt auch okkupiert und würden in irgend einer Form den Kleinkrieg führen.
Die schweizerischen Partisanen würden somit Rückhalt und Anlehnung bei ähnlichen Verbänden des Auslandes finden.
Folgende Zusammenarbeit ist denkbar:
- Nachrichtenaustausch.
- Hinüberwechseln auf ausländisches Gebiet, wenn vor grossen Säuberungsaktionen ausgewichen werden muss.
- Koordination von Kleinkriegsaktionen, z. B. Angriffe auf durchgehende internationale Strassen- und Eisenbahn-verbindungen (Gotthardlinie, Simplon usw.).
-

Legende:
1. Basler und Ostschweizer Partisanen
2. Graubündner Partisanen
3. Tessiner Partisanen
4. Walliser Partisanen
5. Genfer Partisanen
6. Neuenburger und Waadtländer Partisanen

Die Grössenordnung der Kleinkriegsverbände

Allgemeines:

- Eine Hauptschwierigkeit liegt darin, ein wohlabgewogenes Stärkeverhältnis für die Kleinkriegsver-bände zu finden.

22

Situation bei der Aufstellung nur schwacher Kleinkriegsverbände:

- Schwache Kleinkriegsverbände in Gruppen- bis Zugsstärke erlauben dem Gegner, seinerseits nur schwache Besetzungsdetachemente einzusetzen und eine starke zentrale Eingreifreserve auszuscheiden.

- Schwache Besetzungsdetachemente erlauben, viele einzelne Postierungen vorzunehmen. Viele Postierungen ergeben ein dichtes Beobachtungs- und Oberwachungsnetz. Spione, Agenten und Verräter finden überall im Zwischengelände Rückhalt und Hilfe.

- Ein dichtes Überwachungsnetz erschwert die Tätigkeit der Kleinkriegsverbände in hohem Masse.

- Im übrigen siehe Skizze Seite 24.

Situation bei der Aufstellung kampfstarker Kleinkriegsverbände:

- Starke Kleinkriegsverbände mit schweren Waffen zwingen den Gegner, seinerseits kampfstarke Garnisonen zu bilden. Er muss sich auf das Besetzen der wichtigsten Punkte und Verbindungswege beschränken und vermag keine nennenswerte zentrale Eingreifreserve auszuscheiden.

- Alle kleinen Postierungen im Zwischengelände müssen aufgehoben werden, da sie sonst ein sicheres Opfer der starken Kleinkriegsverbände werden. Dadurch finden Spione und Agenten des Gegners, sowie Verräter im Zwischengelände keinen Rückhalt und können von uns leicht ausgeschaltet werden.

- Wenige Postierungen ergeben ein dünnes Beobachtungs- und Überwachungsnetz. Die Bewegungsfreiheit der Kleinkriegsverbände wird dadurch gross (siehe Skizze Seite 25).

- Kleinkriegsverbände von Regimentsstärke und mehr sind zu schwerfällig. Sie erliegen leicht der Versuchung, den Kampf nach den Regeln des regulären grossen Krieges offen zu führen. Weiter sind sie nur schwer zu versorgen.

- Am geeignetsten sind Verbände von Bataillonsstärke, mit etwas schweren Waffen (Minenwerfer, rückstossfreie Geschütze). Sie sind stark genug, um auch grössere feindliche Postierungen (Kompagniestützpunkte) mit Erfolg angreifen zu können. Anderseits aber doch wieder so schwach, dass sie nicht der Versuchung erliegen, die Grundsätze der Kleinkriegtaktik zu vergessen.

- In der schlechten Jahreszeit, wo nicht biwakiert werden kann, sind die Verbände durch Entlassung von Leuten zu verkleinern (Spätherbst bis Frühjahr). Im Sommer werden die Entlassenen wieder beigezogen. Das gleiche gilt sinngemäss für Operationen in Gegenden, wo die Versorgung erschwert ist.

Zusammenfassung:

- Wenn es gelingt, Kleinkriegsverbände von ca. Bataillonsstärke mit schweren Waffen zu bilden, vermag der Gegner den Grossteil des Landes nicht wirklich zu besetzen, sondern muss sich auf die Beherrschung der wichtigsten Verkehrswege beschränken.

Zentrale Eingreifreserve (mechanisiertes Polizei-Regiment), als «Feuerwehr» gegen lokale Unbotmässigkeiten und Aufstände.

«Gross-Stützpunkt„ der Besetzungsmacht (verstärktes Bataillon).

Stützpunkt der Besetzungsmacht (verstärkte Kompagnie).

Polizeiposten der Besetzungsmacht (Gruppen- bis maximal Zugstärke).

Feindlicher Agent oder Verräter aus der Bevölkerung, der für die Besetzungsmacht Kundschafterdienst leistet.

Überwachungsnetz der Besetzungsmacht.

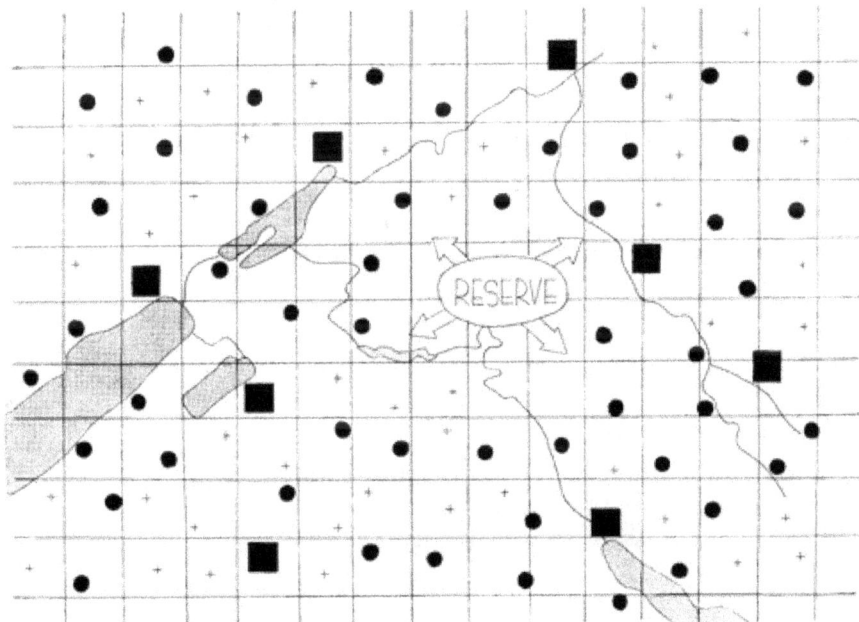

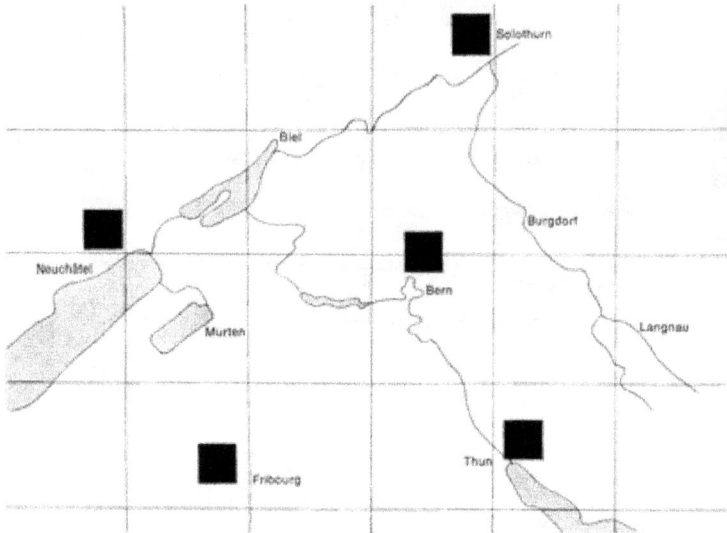

Entstehung und Ausweitung des Kleinkrieges

(Siehe gelbe Schematafel Kleinkrieg am Beginn des Buches)

Die operative Sicherung der Kleinkriegsverbände

Die zivile Widerstandsbewegung übernimmt die operative Sicherung der Kleinkriegsverbände durch Spionage und Überwachung.

Spionage:

- Abhorchen von Funk und Telephon.
- Systematisches Aushorchen der Mitglieder der Besetzungsmacht.
- Aufschnappen unvorsichtig fallengelassener Äusserungen.
- Bestechung und Erpressung von Funktionären der Besetzungsmacht.

Überwachung:

- Nie abreissende Beobachtung der Strassen, Eisenbahnlinien und Flugplätze, um Truppentransporte frühzeitig feststellen zu können.
- Die Übermittlung der Aufklärungsergebnisse erfolgt durch Kuriere, Brieftauben oder Funk.
(Siehe Skizze Seite 26.)

Legende:
Operative Sicherung der Kleinkriegsverbände durch die zivile Widerstandsbewegung

Angehörige der zivilen Widerstandsbewegung bei der heimlichen Überwachung von Stäben, Reserven, Flugplätzen, Bahnhöfen, Strassen und Eisenbahnlinien.

Sicherungsposten der Partisanen.

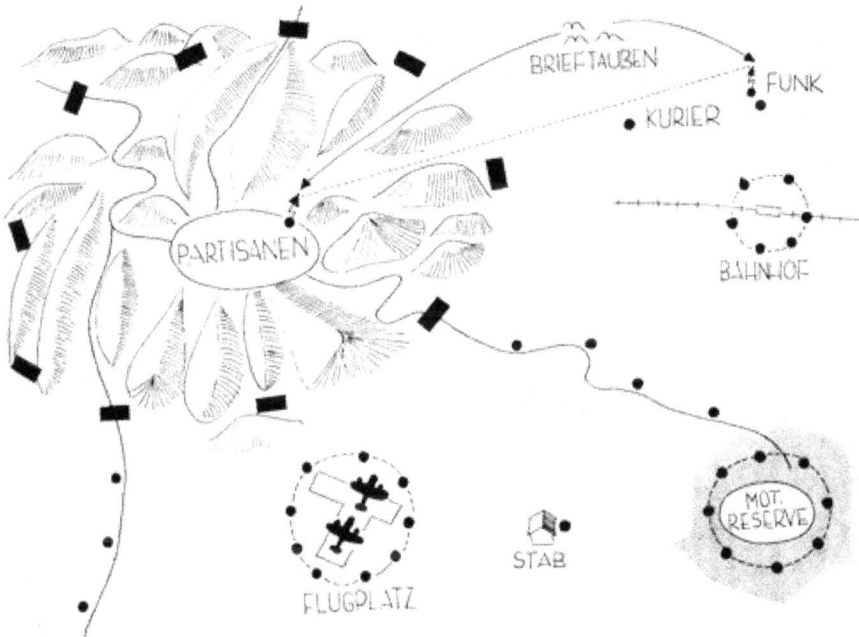

Aufbau und Führung des militärischen Kleinkrieges

Organisation

Allgemeines

Die Organisationsarbeiten umfassen:

- Bildung der Kampfverbände
- Ausbildung / Umschulung
- Beschaffung von Waffen, Munition und Verpflegung
- Beschaffung von Ausrüstungsgegenständen (Rucksäcke, Zelte, Winterartikel usw.)
- Nachrichtenbeschaffung über die Haltung der Zivilbevölkerung

Organisation eines Kleinkriegsverbandes

Allgemeines:

- Man unterscheidet:
  a) Kleinkriegsabteilungen
  b) Kleinkriegsdetachemente
- Bei den Kleinkriegsdetachementen unterscheidet man in «leichte» und «schwere» Detachemente.
- Die Kleinkriegsabteilung weist Bataillonsstärke auf (Mannschaftsbestand nicht über 400 Mann).
- Das Kleinkriegsdetachement weist Kompagniestärke auf (Mannschaftsbestand nicht über 100 Mann).
- Die Kleinkriegsabteilung setzt sich zusammen aus: Abteilungsstab
  2-3 leichte Detachemente
  0-1 schweres Detachement

Abteilungsstab (15-20 Mann):

- Der Abteilungsstab gliedert sich in:
  Führungsorgan
  Aufklärungsorgan
  Übermittlungsgruppe
  Spezialistengruppe
- Führungsorgan: Abteilungskommandant, Adjutant, Nachrichtenoffizier.
- Aufklärungsorgan: 2-3 Mann. Nur Rahmenpersonal. Die ausführenden Organe sind zivile Kundschafter.
- Übermittlungsgruppe: 4-6 Mann. Funker. Kuriere.
  Erstellt folgende Verbindungen:
  a) zur zivilen Widerstandsbewegung
  b) zu benachbarten Kleinkriegsabteilungen
  c) zur schweizerischen Armeeleitung im Alpenreduit
  d) zur schweizerischen Regierung im Alpenreduit oder im Exil (Ausland)
  e) zum befreundeten Ausland
- Spezialistengruppe: 6 Mann.
  (1) Eisenbahnfachmann
  (2) Elektrizitätsfachmann
  (3) PTT-Fachmann
  (4) Ingenieur- oder Genieoffizier

(5) Verbindungsmann (Politiker, Pfarrer usw.)
(6) Propaganndafachmann (z.B. Redaktor usw.)

Nr.1-3	erteilen Anleitungen für «Spezielle Sabotage»
Nr.4	erteilt Anleitungen für «Allgemeine Sabotage»
Nr.5	obliegt die Verbindung «Kleinkriegsabteilung - Zivilbevölkerung»
Nr.6	Organisiert in Zusammenarbeit mit der zivilen Widerstandsbewegung die Gegenpropaganda

Leichtes Detachement (70-80 Mann):

- setzt sich zusammen aus:
  Kommandotrupp Sanitätstrupp
  1-2 Kampfzügen
  1 Zerstörungszug

- Kommandotrupp: Detachementskommandant, Kommandant-Stellvertreter, Feldweibel, Fourier.

- Sanitätstrupp: 2-3 Männer oder Frauen mit Tragbahren und Sanitätsmaterial.

- Kampfzug: 20-25 Mann. Bewaffnung: Karabiner, Maschinenpistolen, Sturmgewehre, leichte Maschinengewehre, Gewehrgranaten, Handgranaten.

- Zerstörungszug: 15-20 Mann. Bewaffnung: Karabiner, Maschinenpistolen, Sturmgewehre. Ausrüstung: Sprengmittel, Brandmittel, Demoliermaterial usw.

Schweres Detachement (80-100 Mann):

- setzt sich zusammen aus:
  Kommandotrupp
  Sanitätstrupp
  1 Panzerabwehrzug
  1-2 Maschinengewehr-Züge
  1-2 Minenwerfer-Züge
  1 Tragtierzug

- Das schwere Detachement ist nur Ausbildungs- und Verpflegungseinheit. Die Feuerelemente werden gruppen- oder zugsweise den «leichten Detachementen» für besondere Aktionen zugeteilt. Geschlossener Einsatz des schweren Detachements nur in Ausnahmefällen.

- Verwendet werden nur solche schwere Waffen, die zerlegt abseits von Strassen und Wegen im Gelände nachgetragen werden können.

- Kommandotrupp: Detachementskommandant, Kommandant-Stellvertreter, Feldweibel, Fourier.

- Sanitätstrupp: 2-3 Männer oder Frauen mit Tragbahren und Sanitätsmaterial. 1 Arzt.

- Panzerabwehrzug: 15-20 Mann. Raketenrohre, rückstossfreie Geschütze, Panzerabwehrlenkwaffen. Nur in Ausnahmefällen klassische Panzerabwehrkanonen.

- Maschinengewehr-Zug: 20-30 Mann, 4-6 Mg.

- Minenwerfer-Zug: 10-15 Mann, 2-3 Mw.

- Tragtierzug: 10-12 Mann, 10-12 Tragtiere (Pferde, Maultiere). Die Tragtiere werden verwendet:
  a) für den Transport der Maschinengewehre, Minenwerfer und rückstossfreien Geschütze;
  b) in den Beutesammeltrupps (siehe Seite 65);
  c) für Transporte innerhalb der Abteilung (Verwundete, Verpflegung, Munition usw.).

Einteilung der Mannschaft:

- Die vorhandene Mannschaft wird ihren Vorkenntnissen entsprechend eingeteilt oder so gut als möglich umgeschult.

- Fehlbestände werden durch geeignete Elemente aus der Zivilbevölkerung ergänzt. Ebenso werden spätere Verluste ausgeglichen. Vergiss nicht: Jede Zivilperson, die einem Kleinkriegsverband beitritt, ist dadurch für immer feindlichen Terrormassnahmen entzogen (Deportation, Sippenhaft, Geiselerschiessung usw.).

- Füsiliere und Panzergrenadiere werden in die Kampfzüge der leichten Detachemente eingeteilt.

- Grenadiere, Sappeure, Mineure und Sprengspezialisten der Luftschutztruppen werden in die Zerstörungszüge der leichten Detachemente eingeteilt.

- Mitrailleure, Minenwerferkanoniere und Panzerabwehrmannschaften (Raketenrohrschützen, Lenkwaffenschützen, Pak-Bedienungen) werden in die schweren Detachemente eingeteilt.

- Folgende Leute werden zu «Füsilieren» umgeschult und in die Kampfzüge der leichten Detachemente eingeteilt:

- Motorfahrer, Kavalleristen, Panzersoldaten, Artilleristen.

- Piloten, Fliegerbodenpersonal, Flabsoldaten.

- Luftschutzsoldaten, Pontoniere.

- Angehörige der Versorgungstruppen und der Feldpost.

- Angehörige von Polizei, Ortswehr, Betriebswehr, Hilfsdienst.

- Freiwillige Zivilpersonen:
  a) noch nicht dienstpflichtige Personen, wie Vorunterrichtler, Kadetten, Pfadfinder, Jungschützen usw.;
  b) aus Alters- oder Gesundheitsgründen aus der Wehrpflicht entlassene Personen;
  c) vom Kampfgeschehen überrollte kriegsdispensierte Personen (z. B. Eisenbahner, Postbeamte, Angestellte der Militärbetriebe usw.).

- Sanitätssoldaten und Angehörige des Frauenhilfsdienstes werden in die Sanitätstrupps der Detachemente eingeteilt.

- Feldprediger und zivile Pfarrer sind entweder den Abteilungsstäben («Spezialistengruppe») oder den Sanitätstrupps der Detachemente zuzuteilen. Sie eignen sich sehr gut als Verbindungsleute zur Bevölkerung sowie zum Kontakthalten mit eigenen Verwundeten und Kranken, die bei der Bevölkerung in Versteck und Pflege gegeben werden.

- An Stelle fehlender Funker werden Amateur-Radiobastler rekrutiert.

- Waffenmechaniker, notfalls zivile Mechaniker, werden als Lehrpersonal für Beutewaffen beigezogen. Dank ihrer natürlichen technischen Begabung verstehen sie rasch die Bedienung der fremden Waffen und können die übrigen Leute in deren Handhabung unterrichten.

Ausbildung

- Verhalte dich vorerst ruhig und vermeide Kampfhandlungen. Du darfst den Gegner nicht zu Gegenmassnahmen reizen, welche dich im schwächsten Moment (Organisations- und Ausbildungsphase) treffen würden.

- Auch bei erfahrenen Soldaten wird man um eine - wenn auch kurze - Ausbildungsperiode nicht herumkommen. Diese dient dazu:
  a) den Führern das Kennenlernen ihrer neuen Mannschaft zu ermöglichen;
  b) die Leute aneinander zu gewöhnen;
  c) die Leute mit den Grundsätzen (Taktik und Technik) des Kleinkrieges vertraut zu machen;
  d) die Leute in der Handhabung der Spreng- und Brandmittel zu unterrichten;
  e) die Leute an den fremden Waffen auszubilden;
  f) die Leute im «Kriegsrecht» zu unterrichten.

- Je nach Umständen wird sich diese Ausbildung über längere oder kürzere Zeit erstrecken und Tage, Wochen oder gar 1-2 Monate betragen.

- Es ist klar, dass bei längerer Organisations- und Ausbildungsphase die Erfolgsaussichten steigen und damit im spätern Kampfeinsatz die Verluste geringer und das Selbstvertrauen grösser sein werden.

Nachrichtenbeschaffung über die Haltung der Zivilbevölkerung

- Es geht darum, herauszufinden:
  a) wer generell zuverlässig ist;
  b) wer von den Zuverlässigen bereit ist, aktiv zu helfen. Zum Beispiel Verpflegungs- und Nachrichtenbeschaffung, Verbergen und Pflegen von Verwundeten und Kranken, Minenlegen usw.;
  c) wer mit dem Gegner sympathisiert oder in irgend einer Form zusammenarbeitet (Mitläufer, Nutzniesser, Denunziant usw.).

Führung

- Die Auswahl der Führer kann nicht sorgfältig genug vorgenommen werden. Allgemeine Achtung und Anerkennung durch seine Leute ist Voraussetzung, da ihm, einmal hinter der gegnerischen Front, keine Heerespolizei und kein Militärgericht mehr helfen, Disziplin und Kampfgeist aufrechtzuerhalten. Der militärische Grad spielt nur noch eine untergeordnete Rolle.

- Der Typ des «Blenders» ist ungeeignet. Dieser vermag sich in der regulären Truppe wenigstens einige Zeit dank dem stützenden Korsett des ganzen militärischen Apparats zu halten. Im Kleinkrieg jedoch nie.

- Nur ausgesprochene Truppenführer, die mit Menschen umzugehen verstehen, vermögen sich zu behaupten.

- Der Führer muss zudem einige technische Kenntnisse besitzen, da es sich im Kleinkrieg weniger darum handeln wird, grosse Führerentschlüsse zu fassen, als vielmehr einige möglichst einfache Aktionen mit stark technischem Einschlag sauber durchzuführen.

- Jeder Führer hat im Kleinkrieg unvergleichlich mehr Selbständigkeit und Freiheit des Handelns, als er es für die gleiche Kommandostufe im regulären Krieg haben würde. Der Kleinkrieg wird viele Führer niederer Grade in Situationen bringen, in denen sie auf allen Gebieten völlig selbständig handeln müssen.

Ausrüstung

- Ein Teil deiner Leute besteht aus Ortswehren, Polizei und freiwilligen Zivilpersonen. Diesen fehlen viele Artikel der persönlichen Ausrüstung und Bekleidung.

- Verschaffe diesen Leuten eine Art felddiensttaugliche Uniform (Oberkleider, Combinaisons usw.). Wer in Zivilkleidung kämpft, muss eine Eidgenössische Armbinde tragen (Modell analog unserer Ortswehr zu Beginn des Zweiten Weltkrieges).

Organisationsschema einer Kleinkriegsabteilung

(Stärke nicht über 400 Mann)

Die Organisation
des Stabes

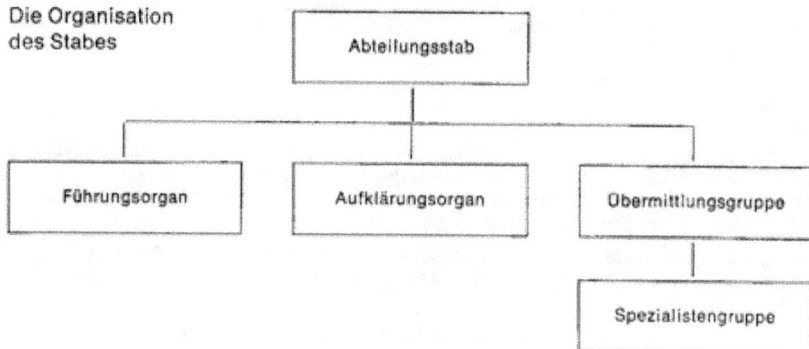

Abteilungsstab

Führungsorgan

Aufklärungsorgan

Übermittlungsgruppe

Spezialistengruppe

Die Organisation
der Abteilung

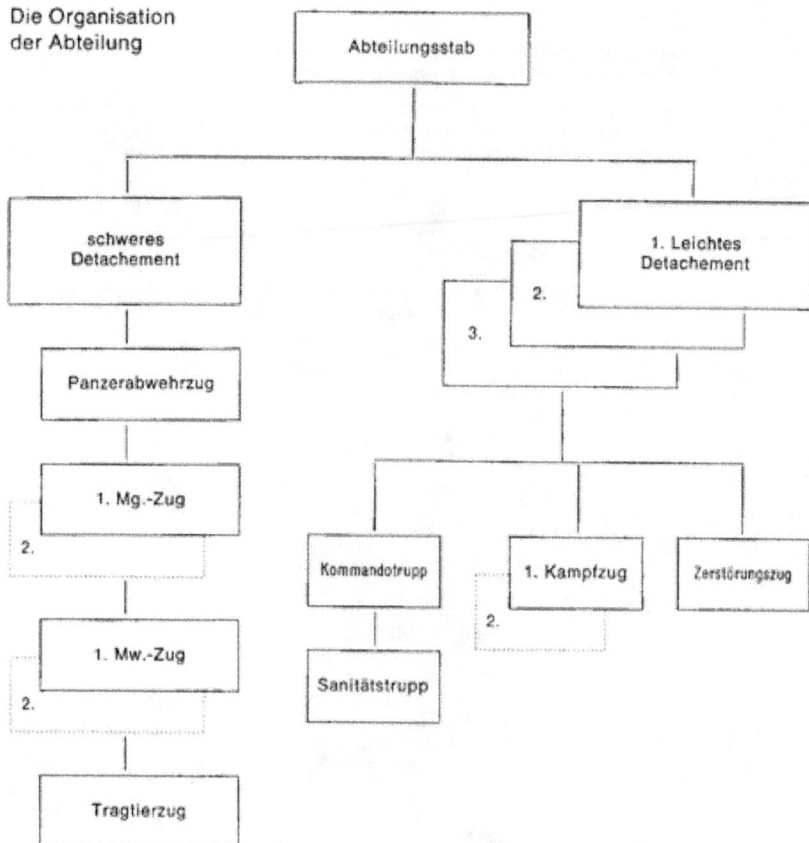

Abteilungsstab

schweres
Detachement

1. Leichtes
Detachement

2.

3.

Panzerabwehrzug

1. Mg.-Zug

2.

Kommandotrupp

1. Kampfzug

2.

Zerstörungszug

1. Mw.-Zug

2.

Sanitätstrupp

Tragtierzug

Strassensperren

Abschiessen feindlicher Patrouillen

Eisenbahnsabotage

Kleinere Aktionen detachementsweise allein durchgeführt. Durch Abteilung koordiniert

70–80 Mann (Kompagniestärke)

Detachementsweise dezentralisiert leben

LEICHTES DETACHEMENT

LEICHTES DETACHEMENT

LEICHTES DETACHEMENT

Armeeleitung

SCHWERES DETACHEMENT

ABTEILUNGS-STAB

Meldung erstatten / Weisungen entgegennehmen

80–100 Mann (Kompagniestärke)

Für grössere Aktionen vorübergehendes Zusammenfassen der Detachemente und geschlossener Einsatz der ganzen Abteilung (Bataillonsstärke!)

Funk

noch kämpfende freie Welt

Feindliche Garnison

Bewachte Brücke

Bahnhof

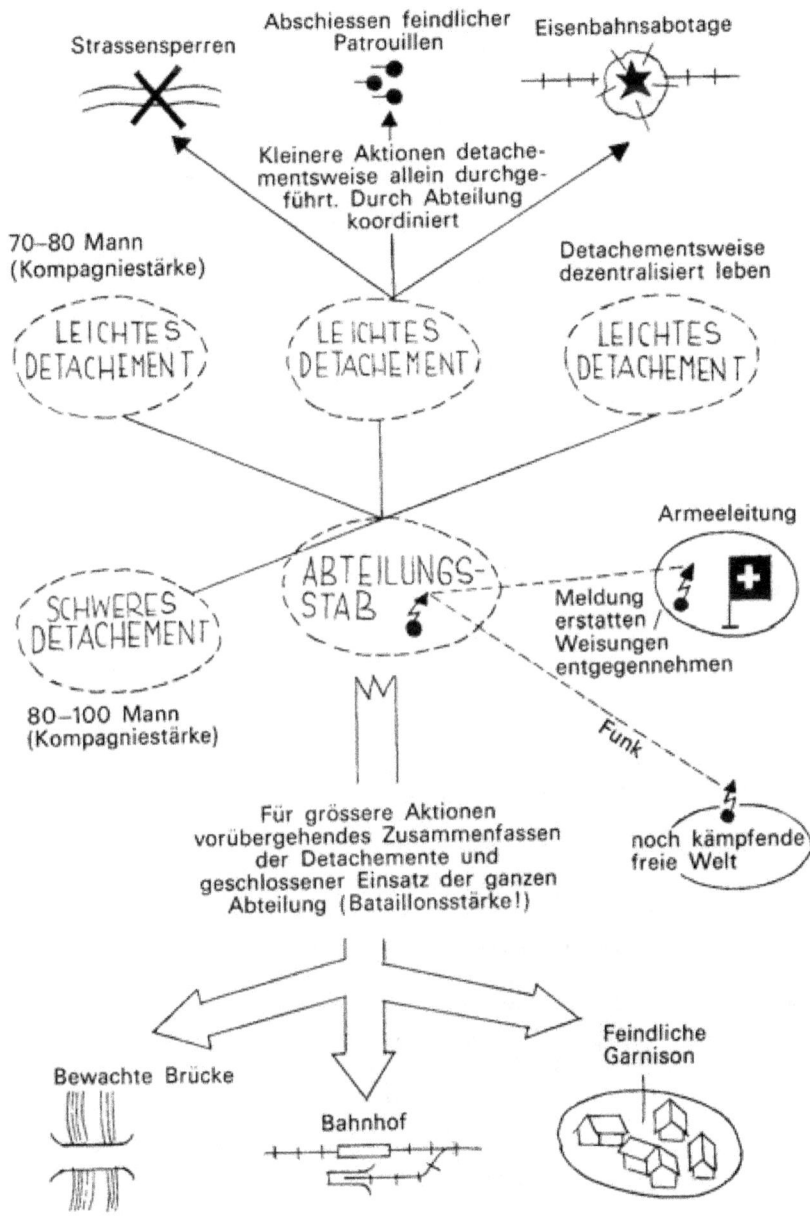

- Zelte sind wichtig, da häufig biwakiert werden muss. Fehlendes Zeltmaterial wird bei zivilen Zeltsportlern sowie in Fachgeschäften requiriert.

- Rucksack, Essbesteck, Essgeschirr, Feldflasche, Taschenlampe usw. werden feindlichen Gefallenen abgenommen oder bei der Bevölkerung eingesammelt.

- die Wintervorbereitungen müssen frühzeitig getroffen werden. Beschaffe Wolldecken, Mäntel, Skiblusen, warme Unterkleider und gutes Schuhwerk. Ferner werden aus weissen Tüchern behelfsmässige Schneetarnüberwürfe hergestellt.

- Pro Kleinkriegsdetachement werden 2 Radioapparate beschafft.
  a) ein gewöhnlicher Hausapparat für den Anschluss an das Elektrizitätsnetz;
  b) ein Reiseapparat mit Batteriespeisung, für den Empfang in einsamen Gegenden, wo keine Anschlüsse vorhanden sind. Mit Hilfe der zivilen Widerstandsbewegung wird der Batterienachschub organisiert.

- Setze als Bedienungsmannschaft der Radios «Amateur-Radiobastler» ein, die mit ihren Kenntnissen Störungen und Defekte mit primitivsten Mitteln zu beheben vermögen.

- Die Armeeleitung im Alpenreduit oder die Exilregierung im Ausland können so über jede Distanz und durch jeden eisernen Vorhang hindurch Geist und Tätigkeit der Kleinkriegsverbände stärken und lenken. Der moralische Wert solcher Radiosendungen für die vereinsamten Freiheitskämpfer ist unschätzbar.

- Die Besetzungsmacht wird früher oder später alle Radioapparate beschlagnahmen, um das Abhören fremder Sender zu verunmöglichen. Die zivile Widerstandsbewegung muss daher frühzeitig Apparate, Ersatzteile und Batterien verstecken.

Bewaffnung

Allgemeines:

- Die Beschaffung der Waffen ist weniger schwierig als die Versorgung mit Munition.

- Die Kollektivwaffen (Lmg., Mg., Rak.Rohre, Mw., rückstossfreie Geschütze usw.) stammen von den abgesplitterten Teilen der Armee, die den Kern der Kleinkriegsverbände bilden.

- Hilfsdienstpflichtige, Ortswehren und Polizei werden ihre Waffen in der Regel mitbringen (Karabiner, Pistolen, Maschinenpistolen).

- Es handelt sich vor allem darum, die freiwilligen Zivilpersonen zu bewaffnen.

Möglichkeiten der Waffenbeschaffung:

- Einsammeln in zivilen Haushaltungen. Jede Schweizer Familie besitzt noch eine ältere, aber durchaus brauchbare Armeewaffe (Gewehr 11, Karabiner 11 oder 31).[1]

- Einsammeln ziviler Privatwaffen bei Jägern und Schützen (Jagdgewehre, Stutzen, Revolver, Pistolen usw.).

- Requirieren in zivilen Waffenhandlungen, Büchsenmachereien und auf Polizeiposten.

- Einsammeln von Waffen auf schlecht aufgeräumten Schlachtfeldern. Ausbau noch brauchbarer Waffen aus zerstörten Befestigungen, Panzern[2] und Flugzeugen.[3]

- Dem einzelnen getöteten Gegner abgenommene Waffen.

---

[1] Die Besetzungsmacht zieht alle Waffen ein. Auf illegalem Waffenbesitz steht die Todesstrafe. Die privaten Waffenbesitzer werden ihre Waffen daher gerne den Kleinkriegsverbänden abgeben.
[2] Abmontieren der Bord- und Flab-Mg. Einsammeln der Handgranaten, Pistolen und Maschinenpistolen der toten Panzerbesatzungen. Mitnahme der Mg.- und Kanonenmunition. Stahlgranaten eignen sich als Sprengladungen. Siehe hierzu Seite 48
[3] Einsammeln der Pistolen der toten Flugzeugbesatzung. Mitnahme der noch vorhandenen Fliegerbomben und –raketen. (Eignen sich als Sprengladungen. Siehe Seite 48). Ausbau der Bord-Mg.

Munitions- und Sprengmittelversorgung

Allgemeines:

-   Der chronische Munitionsmangel beeinflusst die Taktik der Kleinkriegsverbände in hohem Masse.

Grundsätzliche Versorgungsmöglichkeiten:

-   Munitionsausrüstung der abgesprengten Armeeteile.
-   Munitionsversorgung aus den von der Armeeleitung versteckt angelegten Depots.
-   Angriffe auf feindliche Munitionstransporte und Depots.
-   Dem einzelnen getöteten Gegner abgenommene Munition.

Eventuelle Versorgungsmöglichkeiten:

-   Sporadische Luftversorgung aus dem Alpenreduit, solange dieses noch besteht.
-   Systematische Luftversorgung durch die noch kämpfende freie Welt.

Weitere Versorgungsmöglichkeiten:

-   Einsammeln von Munition auf schlecht aufgeräumten Schlachtfeldern.
-   Einsammeln in zivilen Haushaltungen. In jeder Schweizer Familie ist Gewehr- oder Pistolenmunition vorhanden.
-   Einsammeln kleinster Privatbestände bei Jägern und Sportschützen.
-   Behändigung der Bestände ziviler Schützenvereine (Munitionsmagazin im Schützenhaus).
-   Requirieren in zivilen Waffen- und Munitionshandlungen, Büchsenmachereien usw.
-   Requirieren auf Polizeiposten.
-   Einsammeln von Spreng- und Zündmitteln bei Bauern und Waldarbeitern sowie in zivilen Baufirmen und Steinbrüchen.
-   Ausbau von Minen in schlecht oder gar nicht geräumten Minenfeldern (siehe Seite 46).

Reparaturdienst

-   Der Reparaturdienst spielt eine wichtige Rolle, da die Kleinkriegsverbände gezwungen sind, den «Krieg des armen Mannes» zu führen.
-   Das Fachpersonal besteht aus:
    a) Truppenhandwerkern (Waffenmech., Gerätemech., Sattler, Schneider, Schuhmacher usw,);
    b) zum Kleinkriegsverband eingezogene zivile Handwerker.
-   Kleinere Reparaturen werden feldmässig ausgeführt. Grössere Reparaturen werden heimlich in zivilen Schlossereien, Schmieden oder mechanischen Werkstätten vorgenommen. Die Waffenmechaniker können dort in Zivilkleidung getarnt während einigen Stunden oder Tagen arbeiten und die Maschinen benützen.

Sanitätsdienst

Allgemeines:

- Es wird keine eigentliche Sanitätsorganisation aufgebaut. Der Betrieb von Feldspitälern wäre ja auch ganz unmöglich, da sich die Verbände in ständiger Bewegung befinden.

- Das Detachement verfügt lediglich über einen Sanitätstrupp.

- Sanitätsunteroffiziere werden gleichmässig auf die einzelnen Detachemente verteilt.

- Steht ein Arzt zur Verfügung, so wird er im Sanitätstrupp des schweren Detachements eingeteilt.

- Fehlendes Sanitätspersonal wird aus der Zivilbevölkerung rekrutiert (Krankenschwestern, Krankenpfleger, Samariter usw.).

- Die Sanitätstrupps leisten nur erste Hilfe und machen die Verwundeten transportfähig. Anschliessend werden diese bei zuverlässigen Elementen der Bevölkerung in Versteck und Pflege gegeben.

Beschaffung von Sanitätsmaterial:

- Sanitätsmaterial, das die abgesprengten Armeeteile mit sich führen. dem Gegner abgenommenes Sanitätsmaterial.

- Zusammenbetteln kleinster Quantitäten in privaten Haushaltungen.

- Requirierung bei Zivilspitälern, Hilfsposten grosser Industriebetriebe, Apotheken, Zivilärzten usw.

- Heimliche und getarnte Lieferungen der Verbandmaterial- und Heilmittelindustrie via zivile Widerstandsbewegung.

Verpflegungsdienst

- Der «grosse Krieg» ernährt sich aus Fabriken, Magazinen und Depots. Im Kleinkrieg aber ernährt der Krieg den Krieg!

- Kleinkriegsverbände leben aus dem Land sowie von Verpflegungsgütern, die sie dem Gegner abgenommen haben.

- Die schwer zu lösende Verpflegungsfrage beeinflusst die Taktik der Kleinkriegsverbände in hohem Masse. Deshalb «leben» die Detachemente einzeln und werden die Abteilungen nur vorübergehend für grössere Kampfaktionen zusammengefasst. Es ist naturgemäss leichter, verstreute Detachemente von 70-100 Mann aus dem Lande zu verpflegen als geschlossene Abteilungen von 400 Mann.

- Die Verpflegung wird bei Bauern, Mühlen, Lebensmittelgeschäften und Depots requiriert. Hierbei sind Konflikte mit der Bevölkerung zu vermeiden, z. B.: Bezahlung. Weitgehende Schonung der Privatpersonen. Oberfall vor allem auf die von der Besetzungsmacht betriebenen staatlichen Lebensmittelläden und Depots.

- Jagd und Fischfang können in bescheidenem Masse helfen, Lücken zu füllen.

- Hochwertige und haltbare Lebensmittel werden für die harte Zeit des Winters reserviert und in versteckten Depots eingelagert (Büchsenmilch, Schokolade, Ovomaltine, Knäckebrot, stark öl- und fetthaltige Konserven, Rauchfleisch, Speck und Dauerwurstwaren).

- Im übrigen siehe Seite 44.

Die Hilfeleistung der Zivilbevölkerung

Allgemeines:

- Die Bevölkerung ist dein grösster Freund. Ohne ihre Sympathie und tätige Mithilfe kannst du dich auf die Dauer nicht halten. Du darfst sie deshalb nicht unnütz durch brutales Auftreten oder disziplinloses Verhalten gegen dich aufbringen. Es darf nicht soweit kommen - und diese Gefahr besteht an sich - dass die Kleinkriegsverbände für die eigene Bevölkerung zum grössern Übel werden als die Besetzungsmacht.

- Wo du etwas requirieren musst, fordere nicht mit der Maschinenpistole, sondern unter Berufung auf das gemeinsame Ziel und mit Appell an die Vaterlandsliebe.

- Vergiss nicht, dass die Gesetze des «grossen Krieges» kaum mehr Gültigkeit haben und dir jeder Greis, jede Frau und jedes Kind unverhältnismässig stark schaden können, wenn sie wollen. Du bist praktisch auf Gedeih und Verderb vom guten Willen der Bevölkerung abhängig. Vom standhaften Geist des «... ich weiss nicht. Ich habe nichts gesehen und nichts gehört», und dies auch unter dem persönlichen Risiko von Deportation oder Tod.

- Die Bevölkerung wird anfangs mutlos und eingeschüchtert sein. Das wird sich aber ändern, und zwar um so sicherer, je länger Krieg und Besetzung dauern.

Spezielles:

Einmal aufgewacht, kann dir die Bevölkerung auf vielerlei Arten helfen. Nachstehend einige Möglichkeiten:

- Dauernde und systematische Beobachtung des Gegners.

- Unauffälliges Wachestehen für die Kleinkriegsverbände (siehe Seite 38).

- Verpflegung besorgen.

- Kranke und Verwundete verbergen und pflegen.

- Material und Munition verbergen.

- Wegweiserdienste leisten.

- Spezialisten für die Kleinkriegsverbände stellen.

- Verwundete und Gefallene ersetzen.

- Feststellen, wer mit dem Gegner zusammenarbeitet.

- Selbst wenn die Bevölkerung wider jedes Erwarten deinen Bestrebungen lau gegenüberstehen sollte, wirst du immer einige Leute finden, die opferbereit genug sind, um dir als Beobachter, Kundschafter und Meldeläufer zu dienen.

- Auch in den «befreiten Gebieten» dürfen die Chefs der Kleinkriegsverbände nur getarnt und äusserst vorsichtig mit den Organen der zivilen Widerstandsbewegung zusammenarbeiten. Sie dürfen nie vergessen, dass der Kleinkriegsverband bald einmal den Standort wechseln wird, die Angehörigen der Widerstandsbewegung aber ortsgebunden sind und auch nach dem Abzug der Partisanen weiterarbeiten müssen. Ihre Tarnung darf daher nicht aus Bequemlichkeit aufgedeckt werden.

Der Empfang von Materialabwürfen

- Markiere die Abwurfzone mit Licht. Mittel:
  a) starke Taschenlampen;
  b) Blechbüchsen. Brandsatz: Einige Handvoll stark mit Benzin, Petrol oder Öl durchtränkte Erde.

- Halte Löschmittel (Rasenziegel, Sand, Erde) neben den Lichtquellen bereit, um diese augenblicklich löschen zu können, wenn feindliche Nachtjäger im Tiefflug die Abwurfzone mit Bomben und Bordwaffen angreifen.

- Lasse Fallschirme und Packmaterial nicht einfach liegen. Der Gegner kann wertvolle Schlüsse daraus ziehen. Nimm diese Dinge mit oder vergrabe (verbrenne) sie.

Der Empfang von Fallschirmagenten

- Fallschirmagenten werden in kleinen Gruppen (2-3 Mann) abgesetzt. Es handelt sich in der Regel um wertvolle Spezialisten für die Kleinkriegsverbände oder die örtliche Widerstandsbewegung (Funker, Instruktoren, Kommandanten usw.).

- Das Absetzen von Personen wird immer koordiniert mit Materialabwürfen (Funkgeräte, Waffen, Munition, Sprengmittel usw.).

- Man unterscheidet «Landesteile» und «Anschlusspunkte».

- Als «Anschlusspunkte» bezeichnet man Orte, wo die Fallschirmspringer mit zuverlässigen Einwohnern Kontakt aufnehmen können und notfalls Unterstützung und Hilfe finden. Es werden immer mehrere Anschlusspunkte bezeichnet.

- Die Landestelle wird nie direkt auf einen Anschlusspunkt gelegt.

- Von der Landestelle aus muss aber der nächste Anschlusspunkt in 1-2 Stunden Fussmarsch erreicht werden können. Das ist besonders wichtig bei Verwundung oder Verschmutzung/Durchnässung anlässlich der Fallschirmlandung. Beides erregt leicht Verdacht.

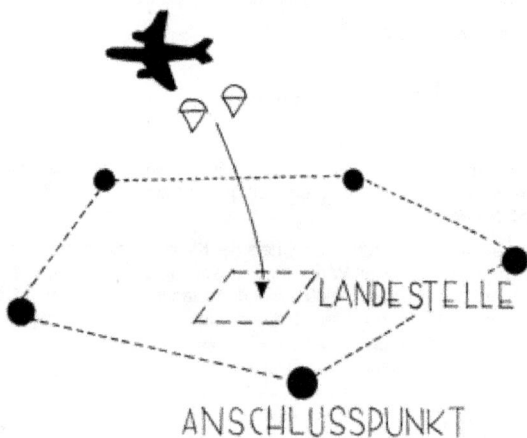

Leben

Aktionsraum / Ruhezone

- Man unterscheidet im Kleinkrieg in:
  a) Aktionsraum;
  b) Ruhezone.
- in der Ruhezone werden grundsätzlich keine Überfälle und Sabotageakte durchgeführt, um keine Gegenmassnahmen zu provozieren (z. B. Säuberungsaktionen).
- Distanz «Aktionsraum» - «Ruhezone»:
  a) ca. 10 km, wenn einige Bergzüge oder Hügelketten dazwischen liegen;
  b) ca. 15-20 km im offenen Gelände.
  (Siehe Skizze Seite 39.)

Ruhe

Die folgenden Grundsätze gelten nur im «Aktionsraum»:

- Bewege dich nur in der Nacht und ruhe am Tag in den Wäldern. Wo du notgedrungen im freien Gelände lagern musst, wähle hochgelegene Punkte, die weiten Überblick gestatten.
- Benütze nie zwei Nächte hintereinander den gleichen Lagerplatz. Übernachte nie am gleichen Platz, wo du tagsüber gerastet hast.

Die folgenden Grundsätze gelten im «Aktionsraum» und in der «Ruhezone»:

- Halt- und Lagerplätze werden bei Tag durch Beobachtungsposten gesichert. In der Nacht legt man Doppelposten auf den Annäherungslinien in den Hinterhalt (siehe Skizze Seite 43).
- Weit vorgeschobene Sicherungen bedeuten bloss eine Gefahr. In der Ruhe sichert man sich durch einzelne Posten in der unmittelbaren Nähe des Biwaks. Hierfür werden auch Zivilpersonen beigezogen, die den Gegner unauffällig beobachten können (siehe Skizze Seite 40).
- Fliegertarnung und Fliegerbeobachtung sind wichtig, um nicht vom grössten Feind der Kleinkriegsverbände, dem Kampf- und Transporthelikopter, überrascht zu werden (Feuerüberfall aus der Luft/ Landung von Jagdkommandos).
- Für jeden Tag wird eine Alarmorganisation herausgegeben, damit jedermann weiss, was bei Überfall zu tun ist. Gleichzeitig wird ein Sammelpunkt für Versprengte bezeichnet.
- Abdetachierten Einzelgängern oder Unterabteilungen werden immer mehrere Punkte bekanntgegeben, wo sie wieder Anschluss finden oder auf Meldung stossen, wohin sich das Detachement inzwischen begeben hat (siehe Skizze Seite 55).

Biwak

- Entscheidend ist Tarnung gegen Erdbeobachtung und Fliegersicht. Der Biwakplatz muss im Windschatten liegen. Er soll möglichst bei jeder Witterung trocken bleiben oder schlimmstenfalls rasch trocknen. Wiesenböden sind immer feucht und begünstigen die Tau- und Nebelbildung. Sie sind daher als Biwakplatz nur bedingt geeignet. Lehmböden sind ihrer Wasserundurchlässigkeit wegen schlecht geeignet. Moosboden ist nur bei dünner Moosschicht genügend trocken. Dichter Wald mit viel Unterholz ist stickig, feucht und insektenreich. Sandböden sind warm und trocken und eignen sich daher am besten. Leichtes Gefälle ist besser als ganz ebener Boden (Wasserabfluss).

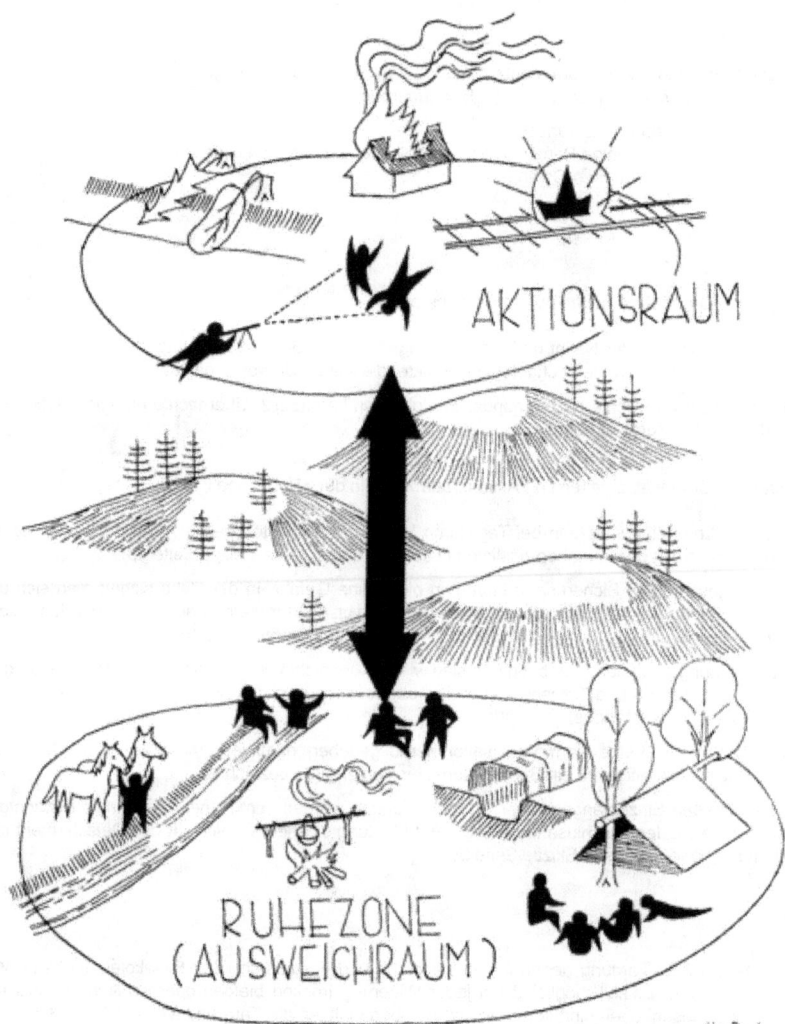

AKTIONSRAUM

RUHEZONE
(AUSWEICHRAUM)

H.v.Dach

Sicherung eines ruhenden Kleinkriegsdetachements bei Tag:
Partisanen:
1. Luftspäher
2. Beobachter mit Feldstecher. Hält Sichtverbindung zum Sicherungsring
3. Als «Holzsammler.. getarnter Wachtposten

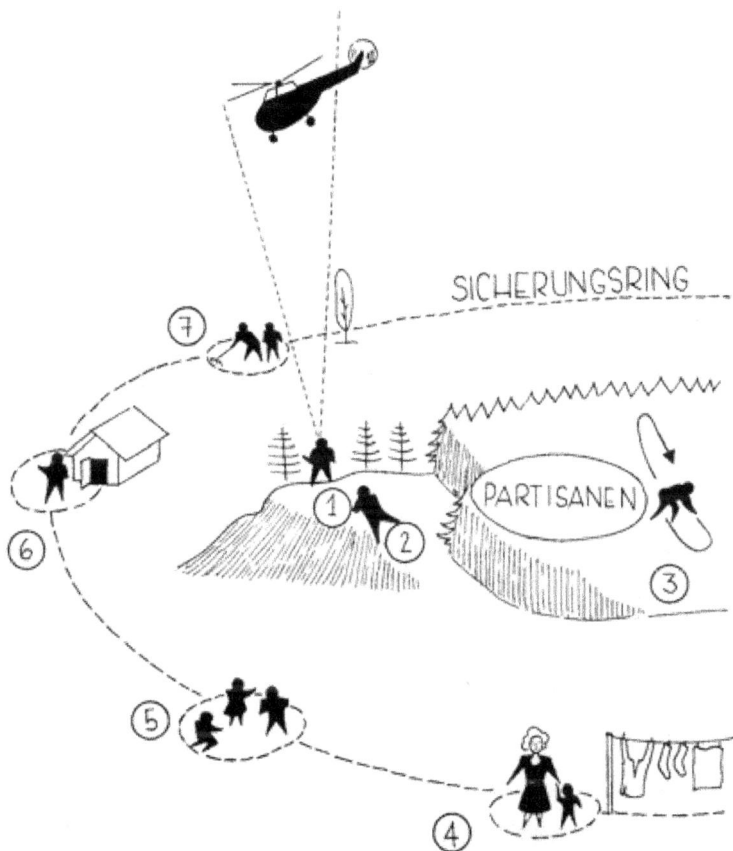

Vorübergehend zur Sicherung beigezogene Zivilpersonen:
4. Frau mit Kleinkind. Abnehmen der Wäsche = «Achtung Gefahr!»
5. Spielende Jugendliche. Mit Spielen aufhören und Richtung Dorf gehen = «Achtung Gefahr!..
6. Arbeitender Mann. Schliessen der Haustüre = «Achtung Gefahr!»
7. Arbeitender Bauer. Beim Baum absitzen = «Achtung Gefahr!»

- Als Biwakmaterial dient primär das persönliche Zelttuch. Daneben leisten auch Improvisationen gute Dienste (siehe Skizze Seite 42).

- Der Zugführer bestimmt die Bauplätze für die einzelnen Zelte und erteilt die Anordnungen bezüglich Tarnung. Unregelmässigkeit der Biwakanordnung erzielt Tarnwirkung. Wo nicht in Wäldern biwakiert werden kann, sind die Zelte dem Gelände anzupassen (auflockern, zerstreuen). Auch tarngefärbte Zelttücher, die der Beobachtung von Auge entgehen, präsentieren sich auf der Fliegerphotographie als helle Fläche. Es ist daher immer die dunkle Seite des Zelttuches nach aussen zu kehren. Kanten und Flächen müssen durch Auflegen von Zweigen und Ästen gebrochen werden.

- Der Zugführer regelt, wann und wo Kochfeuer angefacht werden dürfen (Feuerschein, Rauch). Neben den Feuerstellen ist immer Sand oder Erde zum raschen Löschen bereitzuhalten. Wasser ist ungeeignet (entwickelt verräterischen Dampf).

- Der Biwakplatz wird von Steinen, grossen Ästen usw. grob gesäubert und das Tarnmaterial bereitgelegt. Anschliessend werden die Zelte aufgestellt und sofort getarnt.

- Nur eine peinlich genaue Biwakordnung ermöglicht raschen Abbruch und Wegmarsch ohne Materialverluste, auch unter erschwerten Bedingungen (Nacht, Regen, Schnee).

- Pro Zug wird eine Latrine eingerichtet. Diese kommt an einen schattigen Ort zu liegen, wo Fliegen eher fernbleiben. Die Latrine besteht aus einem 60 cm tiefen und 30 cm breiten Graben, über den sich die Benützer rittlings hocken. Die Erde wird auf der einen Seite wallartig aufgeworfen. Ein Spaten wird bereitgelegt, um den Kot sofort mit Erde zudecken zu können.

- Pro Zug wird eine Abfallgrube ausgehoben.

- Latrine und Abfallgruben sind wichtige Bestandteile der Lagerhygiene und helfen mit, Krankheiten fernzuhalten.

- Als Trinkwasser wird in erster Linie Wasser ab Hochdruckleitungen oder laufendes Quellwasser verwendet. Fluss- und Seewasser ist nur in Notfällen zu verwenden und muss vor dem Genuss immer abgekocht werden. Bei Bächen ist der Oberlauf zu kontrollieren, um eventuelle Verunreinigungen durch Wohnhäuser, Ställe, Jauchegruben usw. festzustellen. Wasser aus Sodbrunnen ist verdächtig und muss gekocht werden. Notfalls kann Wasser behelfsmässig filtriert werden (siehe Skizze Seite 42).

Wetterregeln

Anzeichen für Wetterbesserung:

- Abendliche Nebelbildung.

- Einzelne Haufenwolken, die sich in Windrichtung bewegen.

- In grosser Höhe befindliche, seltsam geformte Federwolken, unter denen einzelne Haufenwolken mit grosser Geschwindigkeit ziehen.

Schönes Wetter:

- Abendrot verheisst gutes Wetter für den nächsten Tag.

- Bei starkem Tau am Abend oder in der ersten Nachthälfte ist für den kommenden Tag nicht mit Niederschlägen zu rechnen.

- Hochfliegende Schwalben und quakende Frösche lassen auf gutes Wetter schliessen.

- Frühnebel, der sich bei Sonnenaufgang auflöst, ist ein sicheres Zeichen für gutes Wetter am gleichen Tag.

- Lösen sich von grossen Wolken kleine weisse Fetzen, so ist mit klarem Wetter zu rechnen.

- Treten ballenförmige Haufenwolken auf, ist mit gutem, vorwiegend trockenem Wetter zu rechnen. Bei warmer Witterung besteht Gewitterneigung.

GRUNDWAS-
SERSPIEGEL

Einfacher Feldbrunnen
(Wasserfassung in brunnenarmer Gegend)
- Trichterförmiges Loch bis auf die Höhe des Grundwasserspiegels ausheben.
- Fass mit durchbrochenem Boden einsetzen.
- Mindestens 30 cm Kies und Sand als Filtrierschicht ins Fass einfüllen.

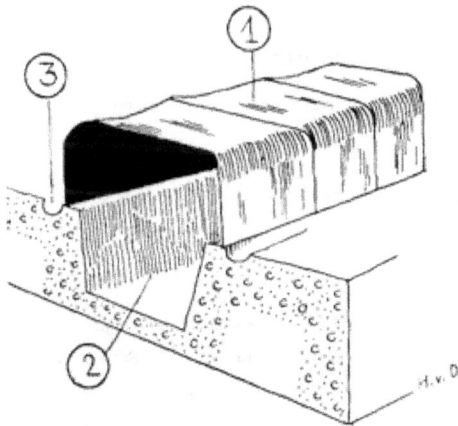

Behelfszelt aus abmontiertem Lastwagendach
1. Tragreifen mit überzogener Wagenblache. Die Tragreifen werden an eingerammten Holzpfählen festgebunden
2. In den Boden eingegrabener Wohnraum
3. Wasserabflussrinne

BACHGRABEN

BIWAK

MULDE HÖHENLINIE

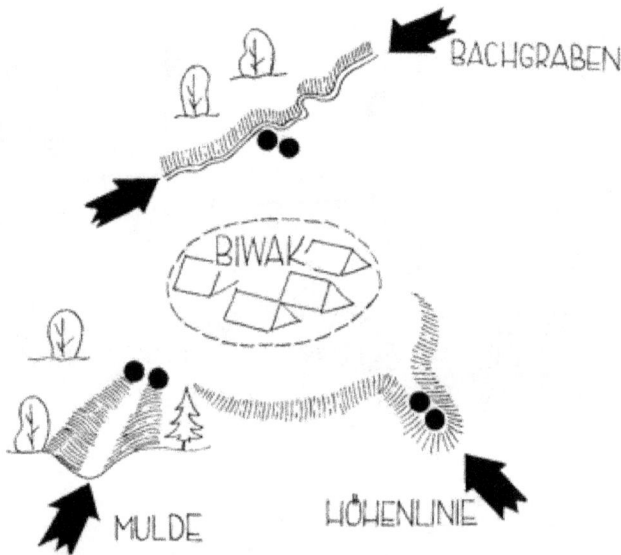

Sicherung eines ruhenden Kleinkriegsdetachements bei Nacht
In der Nacht hat man die Tendenz, markanten, natürlichen Geländelinien, wie Mulden, Bachgräben und Gratlinien zu folgen. Hier werden die Doppelposten in den Hinterhalt gelegt.

Anzeichen für unmittelbar bevorstehenden Wetterumschlag:

- Wenn gleichzeitig verschiedene Wolkenarten (Schicht-, Haufen-, Lämmer- oder Federwolken aufziehen).

- Morgenrot verheisst für den Nachmittag Regen.

- Schnell und tief fliegende, zerrissene Wolkenfetzen (Wolkenschleier) lassen auf baldigen Regen schliessen.

Schlechtes Wetter:

- Tiefdruck wird durch schnell aufziehende Federwolken angezeigt.

- In grosser Höhe ziehende Federwolken sind Vorzeichen für Schlechtwetter.

- Sich schnell auftürmende Haufenwolken künden Regen - im Sommer Gewitter - an.

- Westwind oder Südwind lassen auf baldigen Wetterwechsel schliessen.

- Schlägt bei klarem Wetter der oft tagelang aus der gleichen Richtung wehende Wind um, oder frischt er stark auf, so ist für den kommenden Tag mit Regen zu rechnen. Das gleiche trifft zu, wenn nach klarem, windstillem Wetter Wind aufkommt und Federgewölk aufzieht.

- Eine gleichmässige graue Masse von Haufen- oder Schichtwolken lässt für die nächste Zeit Niederschläge erwarten.

- Erscheinen die Gegenstände in weiter Ferne besonders nahegerückt, wird es in Kürze regnen.

- Beschlagen sich Felswände oder Kieselsteine mit Feuchtigkeit, so ist dies   ein Zeichen für Regen oder Schnee.

- Ausbleibende Taubildung auf der Bodenbewachsung ist ein Zeichen für Regen.

- Tieffliegende Schwalben, springende Frösche und Fische lassen auf Wetterverschlechterung schliessen.

- Fahlgelber Sonnenuntergang weist auf Regen hin. Gelber Sonnenuntergang bedeutet Wind oder Sturm.
- Ringe um Sonne oder Mond («Hof») künden oft bis 11/2 Tage vorher trübes Wetter mit anhaltenden Niederschlägen an.
- Flimmernde Sterne zeigen an, dass klares Wetter von trübem Wetter mit Regen oder Schneefall abgelöst wird. Je stärker die Sterne flimmern, um so rascher tritt der Wetterwechsel ein.

Kälte:

- Kälte ist zu erwarten, wenn sich am Abend und in der Nacht bei Windstille in den Niederungen Bodennebel bilden.
- Wenn sich der Himmel an klaren, windstillen Wintertagen mit Hochnebel bezieht, steht Kälte bevor.
- Nachlassender Tagesfrost, der gegen Abend wieder ansteigt, lässt beständiges, kaltes, klares Winterwetter erwarten.
- Gelblich-braune Verfärbung der Morgenröte deutet im Winter auf anhaltenden Frost, oft auf Frostverschärfung hin.

Ergänzung der Verpflegung in Notlagen

In gewissen Lagen muss man von dem leben, was Feld und Wald bieten. Es handelt sich hierbei immer um eine Not- und Oberbrückungsmassnahme. Es versteht sich von selbst, dass man mit diesen Mitteln auf die Dauer nicht existieren kann.

Allgemeine Nahrungsmittelquellen:
Obst, Gemüse, Kartoffeln, Beeren, Pilze, Kräuter, Wild, Vögel, Fische, Frösche, Schnecken usw.

Suppen:
Am einfachsten lassen sich Notnahrungsmittel zu Suppe verarbeiten. Material: grüne oder ausgereifte Mais-, Hafer-, Roggen- oder Weizenkörner. Arbeitsgang: Körner zerquetschen oder zerreiben. Wasser zugeben. Wenn möglich salzen. Aufkochen.

Kartoffeln:
Im offenen Feuer (Glut) braten oder in Wasser garkochen.

Ersatzbrot:
Material: unausgereifte Mais-, Hafer-, Roggen- oder Weizenkörner. Arbeitsgang: Körner zerreiben. Mehl mit Wasser zu einer Art Teig anrühren. Wenn möglich salzen. Teig auf eine Unterlage legen, möglichst flach walzen und backen, oder aber Teig zu einer dünnen Wurst ausrollen, spiralförmig um einen dicken Ast wickeln und über dem offenen Feuer backen.

Ersatzkaffee:
Material: Gerstenkörner oder Baumeicheln. Arbeitsgang: auf Blechplatte schwarzbraun rösten. Zu grobem Pulver zerreiben. Mit heissem Wasser anbrühen.

Ersatztee:
Material: Lindenblüten, Wachholderbeeren, Holunderbeeren.

Ersatzgewürz (als Zugabe zu Fleisch, Fisch, Suppe usw.):
Material: Brunnenkresse, Sauerklee, junger Löwenzahn, Wachholderbeeren, junge Tannenspitzen. Arbeitsgang: Fleisch in flache Scheiben schneiden. Ersatzgewürz hineinlegen. Fleischscheiben zusammenrollen. An Spiess stecken. Braten. Bei Fisch und Geflügel das Gewürz in die Bauchhöhle legen.

Wald- und Wiesenkräuter (als Gemüse- und Suppenzutaten):
Material: junge Brunnenkresse, junge Brennesseln, Sauerampfer, Scharbockskraut, Wegerich, Löwenzahnblätter, Schafgarben. Arbeitsgang: Wildkräuter mehrmals wässern, dann verlieren sie etwas vom herben Geschmack. Anschliessend in wenig Wasser dünsten. Erst nachher salzen. Am besten werden mehrere Arten gemischt.

Hülsenfrüchte:
Material: Erbsen, Linsen, Bohnen. Arbeitsgang: vor dem Kochen längere Zeit einweichen. Sie müssen dann weniger lang gekocht werden.

Verschiedenes:

- Baumrinde. Die zarte Innenrinde aller Bäume kann roh gegessen werden. Die unmittelbar auf dem Holz liegende weiche Innenschicht wird abgeschabt und roh gegessen oder zu Suppe gekocht.

- Die Innenrinde von Weide, Birke und Kiefer kann getrocknet, zerrieben und zu Mehl verarbeitet werden.

- Wasserpflanzen und Schilf besitzen weiche Wurzelenden, die gekocht essbar sind.

- Samenkörner der Tannzapfen: Zapfen über dem Feuer erhitzen, dann lassen sich die Samen herausschütteln.

- Junge, noch nicht reife Maiskolben über dem Feuer rösten und warm essen (können notfalls auch roh gegessen werden).

- Baumnüsse, Haselnüsse und Buchnüsse können auch in unreifem Zustand gegessen werden.

- Unreifes Obst (grüne, harte Äpfel, Birnen usw.): in kleine Stücke schneiden. Im Wasser garkochen. Weiche Stücke essen. Verdünnten Obstsaft warm trinken.

Fleisch:
Fleisch in kaltem Wasser angesetzt, ergibt eine kräftige Suppe. Das gleiche gilt von Knochen.

Fische:
Vorbereiten: Messer bei der Öffnung unter der Schwanzflosse einführen und von hinten her den Fisch in der ganzen Länge aufschlitzen. Mit dem Zeigefinger durch die Bauchhöhle fahren und die Innereien herausnehmen.

Zubereiten:

a) Braten. Kopf mit Augen und Schwanz am Körper belassen. Fisch leicht einsalzen. Über dem Feuer braten;
b) Sieden. Augen herausnehmen. Fisch leicht salzen. In kochendem Wasser 15 Minuten sieden. Wenn man dem Fischsud Zwiebeln und Gewürz beigeben kann, erhält man eine bekömmliche Suppe.

Hühner, Vögel aller Art:
Vorbereiten: Kopf abschlagen. Mit Halsstumpf nach unten ausbluten lassen. Grob rupfen. Über dem offenen Feuer den Flaum wegsengen. Bauch aufschneiden. Vom After her ausnehmen. Klauen wegschlagen. Waschen. Zubereiten: a) Zwiebeln und Gewürz in die Bauchhöhle legen. Aussen und innen leicht salzen. Am Spiess über dem offenen Feuer braten. Innereien (z. B. Leber) separat braten; b) Ausnehmen, aber nicht rupfen. Das Innere leicht salzen. Mit grossem, sauber gewaschenem Stein auslegen. Das Ganze mit einer 2-3 cm starken Lehmschicht umhüllen. In eine mit Glut gefüllte Grube legen und mit reichlich Glut zudecken. Sobald die Lehmkruste steinhart geworden ist, wird der Lehmklotz herausgenommen und zerschlagen. Die Federn bleiben an der Innenseite des Lehms haften. Das Fleisch ist im eigenen Fett und Saft gebraten. (Fische können in ähnlicher Weise zubereitet werden.)

Frösche:
Froschschenkel lösen. Waschen. Leicht salzen. Auf einem Blech über dem Feuer rösten.

Schnecken:
Vorbereiten: Waschen (wenn möglich Essigwasser benützen). In kochendes Wasser werfen und 10 Minuten sieden lassen. Abkühlen. Körper aus der Schale herausnehmen. Zubereiten: im Salzwasser 2 Stunden sieden. Von Zeit zu Zeit Wasser nachgiessen.

Kleintiere (Katzen, Hunde, Kaninchen, Hasen usw.):
Vorbereiten: Töten. Hals durchschneiden. An den Hinterläufen hochhalten und ausbluten lassen. An den Hinterläufen - Kopf nach unten, Rücken gegen die Unterlage - aufhängen. Am besten schlägt man hierzu 2 Nägel mit 30 cm Abstand in Kopfhöhe in einen Baum. Schlitzt die Haut bei den Sehnen in der Biegung der Hinterläufe auf und hängt das Tier daran. Bei den Hinterläufen beginnend, den Balg abziehen. Bauch aufschlitzen. Eingeweide herausnehmen. Herz, Lunge, Leber, Nieren belassen. Pfoten abschlagen. Wenn möglich erst am folgenden Tag zubereiten. Zubereitung: leicht salzen. Ganz oder stückweise braten.

Wild:
Wie Kleintiere.

Fleisch-Notvorrat:
Fleisch in dünne, 2-3 cm breite Streifen schneiden und stark einsalzen. Über dem offenen Feuer trocknen.

Sprengstoffbeschaffung durch Ausbau von Minen

Allgemeines:

- Eine Hauptlieferungsquelle für Sprengstoff bilden die nicht geräumten Minenfelder.

- Der Gegner wird aus Zeitgründen nur die Strassen entminen. Minenfelder im angrenzenden Gelände interessieren ihn wenig. Er wird diese höchstens mit Warnzäunen umgeben.

- Pro Panzermine gewinnst du je nach Minentyp 3-6 kg Sprengstoff.

- Pro Personenmine gewinnst du je nach Minentyp 100-200 g Sprengstoff. Das Ausbauen der Minen ist gefährlich. Eine detonierende Panzermine muss mit einer einschlagenden 10,5-cm-Granate verglichen werden. Eine detonierende Personenmine entspricht einer krepierenden Handgranate.

- Minen sind Defensivmittel und werden fast ausschliesslich vom Verteidiger verwendet. Du wirst es deshalb zur Hauptsache mit schweizerischen (und daher bekannten) Minentypen zu tun haben. Das erleichtert die Aufgabe.

Arbeitsorganisation:

- Stelle die nicht geräumte Minensperre fest. Markiere die Minen unauffällig.

- Überlege dir, wie du die Minen vom Gegner unbemerkt räumen willst (Strassenverkehr, Patrouillen usw.). Teile die Räumequipe wie folgt ein:
  a) Gruppenführer;
  b) Sicherungstrupp. 2-3 Mann mit Maschinenpistole oder Sturmgewehr;
  c) Minenräumtrupp. 2 Mann mit Zugseil (30 m lang), 1 Rolle Draht, 1 Drahtzange, 1 Spaten, 1 Pickel, 2 Bajonette (dienen als Minensuchstock).
  d) Transporttrupp. Einige Träger mit Rucksack oder 1-2 Tragtiere.

Das Räumen von Panzerminen:

- 10-20 % der Panzerminen sind mit Sprengfallen versehen. Die Sprengfalle bewirkt, dass die Mine im Moment des Räumens überraschend detoniert.

- Du kannst auch einer enttarnten Mine nicht ansehen, ob sie mit einer Sprengfalle versehen ist oder nicht. Gehe deshalb wie folgt vor:
1. Enttarne die Mine (Rasenziegel abheben).
2. Befestige einen 2 m langen Draht am Minenkörper. Mine nicht bewegen! Günstige Befestigungspunkte: Handgriff, vorstehende Teile, Druckteller usw.
3. Befestige den Draht am Zugseil. 4. Suche eine gute Deckung auf.
4. Ziehe mit dem Seil den Minenkörper aus dem Minenloch heraus. Wenn die Mine mit einer Sprengfalle verbunden ist, wird diese jetzt ausgelöst. Erfolgt keine Detonation, so kannst du die Mine gefahrlos vom Draht lösen.
5. Entferne Druckteller und Druckzünder.

- Decke nach Abschluss der Arbeit die leeren Minenlöcher zu, damit die Anwesenheit des Kleinkriegsdetachements nicht verraten wird.

Räumen von Personenminen:

- Personenminen haben einen weit geringeren Funktionsdruck als Panzerminen. Sie sind daher für die Räumungsmannschaft gefährlicher.

- Personenminen weisen keine Sprengfalle auf und können daher direkt mit der Hand aufgenommen werden.

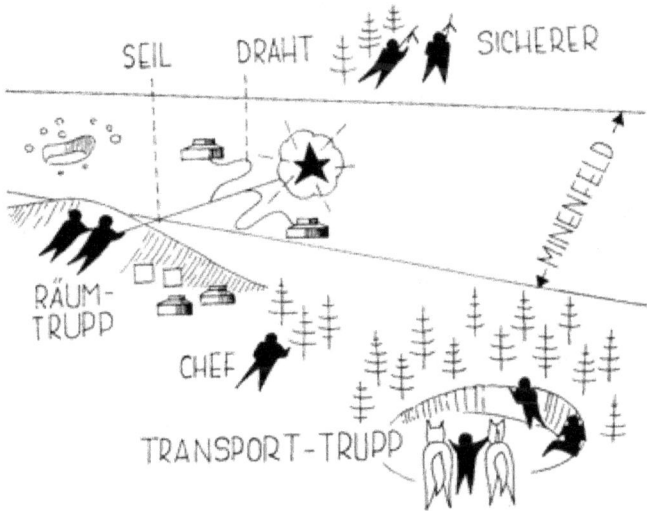

Beschränke den Ausbau auf Tretmine 43 und Tretmine 59. Pfahlminen sind zu gefährlich!

Behelfsmässiger Sprengstoff

- Als Behelfs-Sprengstoff dient NITRO-ZELLULOSE.

- Nitrozellulose kann in Fabrikbetrieben beschafft werden, die chemisch/technische Produkte herstellen oder verarbeiten.

- Es gibt trockene und nasse Nitrozellulose. Nasse brennt ab, **ohne zu detonieren**. Trockene detoniert wie Sprengstoff.

- Nötigenfalls kann nasse Nitrozellulose an der Sonne oder in einem gut belüfteten Raum getrocknet werden.

- Die trockene Nitrozellulose wird in Büchsen, Kessel oder Kisten abgefüllt und wie jede andere Sprengladung zur Detonation gebracht (Sprengkapsel Nr. 8, Zeit- oder Knallzündschnur).

- Die Sprengwirkung der Nitrozellulose ist geringer, als diejenige der Ordonnanz-Sprengmittel. Sie beträgt ca. '/s von Trotyl oder Plastit. An Stelle von 100 g Sprengstoff muss daher 500 g Nitrozellulose verwendet werden.

- Je besser die Nitrozellulose verdämmt wird, um so besser wirkt sie.

- Als Sprengstoffbehälter eignen sich:
  a) blecherne Fett- oder Konfitürekessel;
  b) Milchkannen;
  c) Holzkisten usw.

- Einmal mit Nitrozellulose abgefüllt, müssen die Behälter **sorgfältig** behandelt werden (Schutz vor Druck, Schlag, Fall, Nässe).

Improvisierte Sprengladungen

- Man hat selten genügend Sprengstoff in Form von Sprengpatronen und Sprengbüchsen.
- Viele Ladungen müssen daher aus Behelfsmitteln (Minen, Artillerie- und Minenwerfergeschossen, Fliegerbomben usw.) zusammengebastelt werden.
- Die Zerstörungswirkung der improvisierten Ladungen ist gut und steht den Ordonnanzsprengmitteln in keiner Weise nach.
- Transport und Handhabung sind oft unbequem und umständlich.
- Die Splitterwirkung ist gegenüberOrdonnanzsprengmitteln wesentlich grösser. Das bedingt bessere Deckungen oder grössere Sicherheitsdistanzen für die Zündmannschaft.

Die Lagerung der Munition

Allgemeines:

- Munition ist unersetzlich.
- Munition ist immer Mangelware.
- Trotz schwieriger äusserer Verhältnisse muss die Munition im Kleinkriegsdetachement fachgerecht gelagert und gepflegt werden.
- Schütze die Munition vor Feuchtigkeit, Regen, Schnee, direkter Sonnenbestrahlung, Hitze und Verschmutzung.
- Belasse die Munition so lange als möglich in der Originalverpackung. Vermeide Herumwerfen verpackter oder offener Munition.

Einlagerung:

- Stelle die Munition auf trockenen Boden, Bretter, Roste usw.
- Decke die Munition mit Blachen, Zelttüchern, Dachpappe usw. zu.
- Lagere die Munition nicht in der Nähe von Heizungen, offenem Feuer usw.
- Sorge für gute Luftzirkulation. Freistellen der einzelnen Kisten, Kartons USW. durch Unterschieben von Holzlatten. Einschalten eines Abstandes von 2-3 cm von Verpackung zu Verpackung.

Kontrolle und Retablierung unverpackter Munition:

- Nasse oder feuchte Munition an der Luft, **nicht an der Sonne,** trocknen lassen.
- Verschmutzung (Erde, Lehm) an Patronen, Granaten usw. mit einem Lappen entfernen. Den Fettring zwischen Hülse und Geschoss nicht wegwischen! Benzin, Petrol und ähnliche Lösungsmittel sind schädlich und dürfen nicht verwendet werden.
- Bei grosser Kälte Patronen, Granaten usw. auf Vereisung kontrollieren. Eis vorsichtig ablösen und entfernen. Im übrigen wie mit nasser Munition verfahren.

Kontrolle und Retablierung verpackter Munition (Kartons, Kisten, Blechköfferchen usw.):

- Bei Schimmelbildung: Austrocknen, abreiben, umlagern.
- Bei Vereisung: Eis sorgfältig ablösen. Auswirkung auf Packmaterial und Inhalt nachprüfen. Austrocknen. Notfalls umlagern.

Beschädigte Munition:

- Munition, die mechanisch beschädigt oder durch Brand (Hitze) beeinflusst wurde, nicht mehr verwenden.

- Gewisse Munitionssorten sind empfindlich auf Fall. Es betrifft dies Zünder, Geschosse mit Zünder und Hohlladungsmunition. Faltenlassen aus 1 m Höhe auf harten Boden oder aus über 2 m auf weichen Boden kann diese Munition unbrauchbar machen. Der Munition ist äusserlich meist nichts anzusehen. Im Frieden darf diese Munition nicht mehr verschossen werden. Im Krieg ist auf Grund der Lage zu entscheiden.

Der Bau eines Munitionsfreilagers:

- Fachgerechte Unterbringung im «Freilager» ist schwierig. Du musst diese Technik kennen. Details siehe Skizze Seite 52.

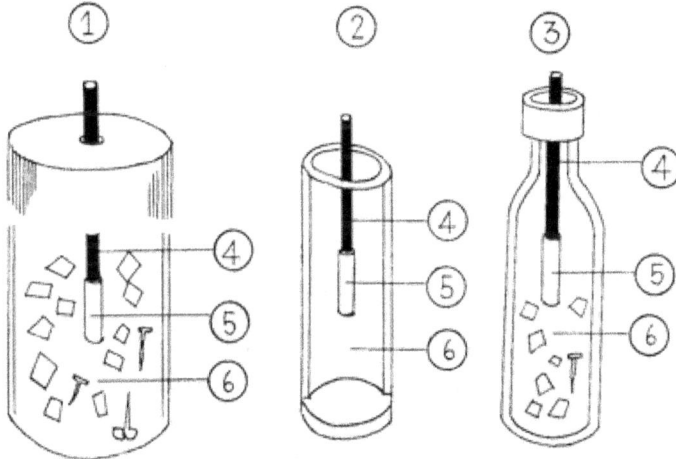

Improvisierte Sprengladungen zur Bekämpfung lebender Ziele (z. B. Wurf in Marschkolonnen, Mannschaftsunterkünfte, Stabsbüros usw.)
1. Mit Sprengstoff gefüllte Blechbüchse (z. B. Konservendose). Sprengladung: 1-1,5 kg. Wirkung im Umkreis von 15-20 m.
2. Mit Sprengstoff gefülltes Metallrohr (z. B. Wasserleitungsröhre, Gasrohr usw.).   Sprengladung: 150-200 g. Wirkung im Umkreis von 5-10 m. Unten: Als Abschluss (Boden) wird ein Metallstück aufgeschweisst. Oben: Nach Einfüllen des Sprengstoffes und Einführen der Zündleitung wird das Rohr in einem Schraubstock vorsichtigt auf «Zündschnurdurchmesser» zusammengequetscht. Achtung, dass Zündschnur nicht beschädigt wird. Ergibt sonst Blindgänger!
3. Mit Sprengstoff gefüllte Flasche aus dickwandigem Glas (z. B. Bierflasche). Das Glas zerschellt beim Wurf nicht (ausgenommen auf Betonböden). Sprengladung: 400-500 g. Wirkung im Umkreis von 15-20 m.
4. Zeitzündschnur. Länge ca. 6 cm. Ergibt eine Brenndauer (Verzögerung) von 6-8 Sekunden. Gezündet wird mit Zündholz oder Schlagzünder.
5. Sprengkapsel Nr. B.
6. Plastischer Sprengstoff (z. B. Zivilsprengstoff oder Ordonnanzsprengstoff PLASTIT). Zur Erhöhung der Splitterwirkung können Steine und Alteisenabfälle, wie Schrauben, Nägel usw., unter den Sprengstoff gemischt werden.

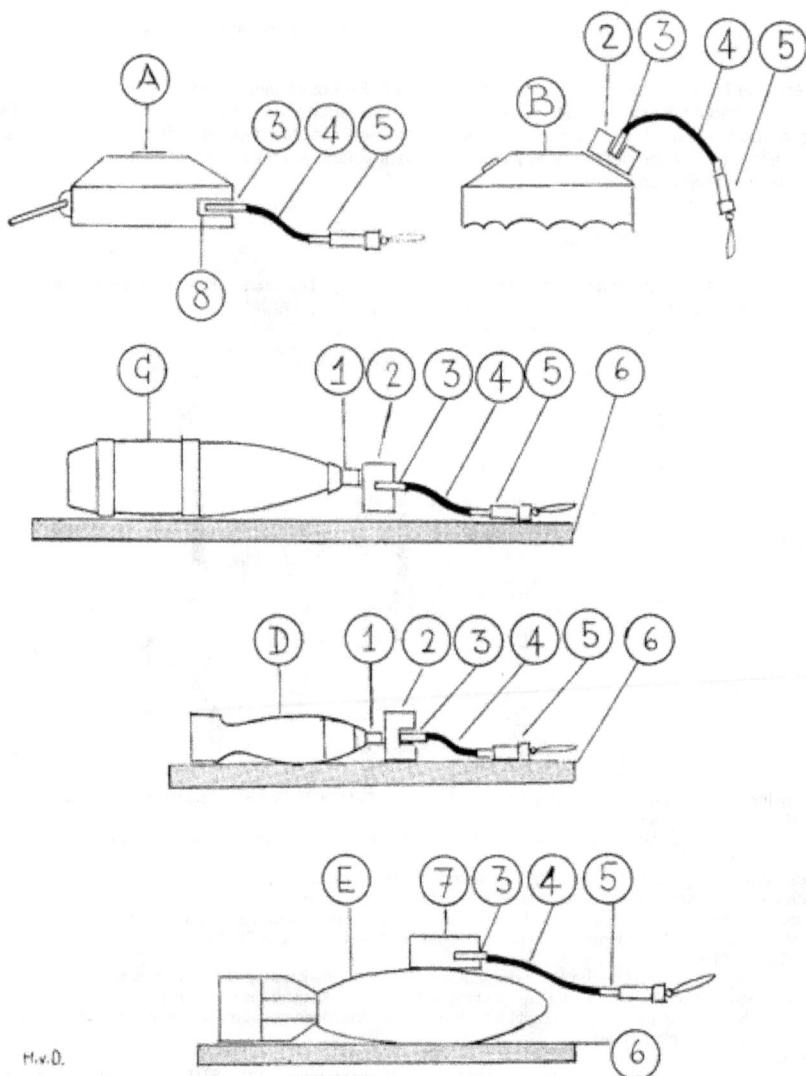

H.v.O.

Improvisierte Sprengladungen zur Zerstörung fester Objekte (z. B. Eisenbahnschienen, Leitungsmasten, Transformatoren usw.)

a. Panzermine 49
b. Panzermine 37   Panzerminen eignen sich hervorragend als improvisierte «geballte Ladungen», da sie immer mindestens 3--4 kg Sprengstoff enthalten.
c. Artilleriegeschoss
d. Minenwerfergeschoss
e. Fliegerbombe;
    Artillerie- und Minenwerfergeschosse sowie Fliegerbomben sind brauchbare improvisierte «geballte Ladungen» Sie werden am besten mit Drahtbund auf einem Brett befestigt. Als Initialzündung wird eine gewöhnliche kleine Sprengladung (Sprengpatrone, Sprengbüchse) verwendet. Diese ist immer satt am Geschosszünder zu befestigen. Wo ein Geschosszünder fehlt, wird die Initialladung in der Mitte des Geschosses befestigt. Panzerminen mit seitlichem Zündkanal können mit einer blossen Sprengkapsel Nr. 8 gesprengt werden. Panzerminen ohne Zünd-

kanal benötigen als Initialzündung eine Sprengladung von 200 g. Artillerie- und Minenwerfergeschosse sowie Fliegerbomben mit eingesetztem Geschosszünder benötigen als Initialzündung eine Sprengladung von 200 g. Artillerie- und Minenwerfergeschosse sowie Fliegerbomben ohne Geschosszünder benötigen als Initialzündung eine Sprengladung von 400-600 g.

1. Geschosszünder
2. Initialzündung (200-g-Sprengpatrone satt an Geschosszünder angelegt)
3. Sprengkapsel Nr. 8
4. Zeitzündschnur
5. Schlagzünder. Notfalls kann auch nur mit einem Zündholz gezündet werden
6. Unterlagebrett
7. Initialzündung (z. B. 600-g-Sprengbüchse) auf den mittleren Teil des Geschosses aufgelegt, wenn kein Geschosszünder vorhanden ist
8. Seitlicher Zündkanal im Minenkörper

Getarntes Munitionsfreilager
Wasserablaufgraben
Tarnschicht (Rasenziegel, Laub usw.)
Dachpappe als Regenschutz. In der Mitte leicht erhöht, damit das Wasser abfliessen kann
Rundholz oder Bretter zum Abdecken der Grube
Munitionskisten. Fingerbreiter Zwischenraum von Kiste zu Kiste, damit die Luft zirkulieren kann
Bretterboden oder Lattenrost
Unterlage aus groben Rundhölzern
Mindestens 70 cm tiefe Sand- und Kiesschicht als «Sickergrund..
Mehrere Lagen grobe Steine als Sickergrund

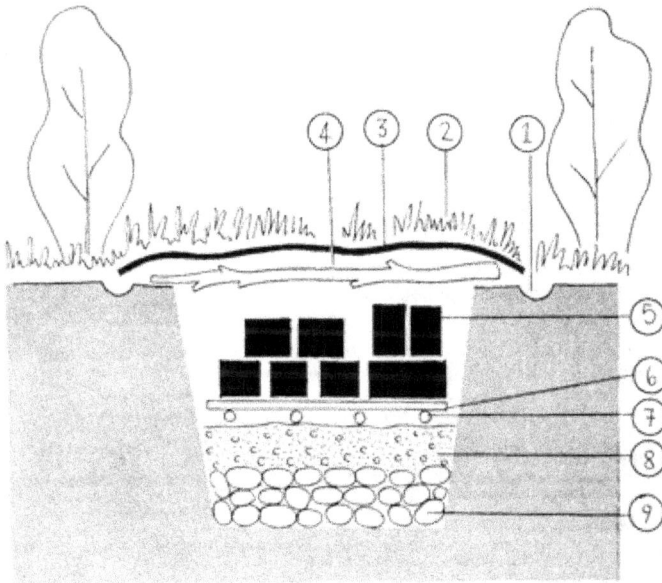

Taktik/Technik

Allgemeines Verhalten

- Gehe mit Vorsicht und List, ja Verschlagenheit ans Werk.

- Wende offene Gewalt nur dann an, wenn du stark überlegen bist.

- Vermeide ein Gefecht, das die Existenz deines Verbandes aufs Spiel setzen würde.

- Lasse dich nie mit einem bedeutenden Feind ein und nimm nie einen offenen Kampf an.

- Hinterhalt und Überfall sind deine wichtigsten Kampfarten.

- Geheimhaltung ist eine wichtige Massnahme für deine Sicherheit.

- Arbeite nie unter Zeitdruck. Warte mit Geduld einen günstigen Zeitpunkt ab, um überraschend zu- schlagen und wieder verschwinden zu können.

- Handle nicht impulsiv, sondern kühl berechnend. Du darfst den Gegner nie unterschätzen und musst die Grenzen deiner Möglichkeiten kennen. Blinde Tapferkeit nützt nichts, erst gepaart mit Klugheit trägt sie reichlich Zinse.

- Gefahren gegeneinander abwägen. Eine gewisse Unbekümmertheit ist zwar notwendig, doch muss hinter ihr eine sorgfältige Berechnung der Chancen liegen.

- Kannst du einem Zusammenstoss mit zur Verfolgung ausgesandten Truppen nicht aus dem Wege gehen, so nimm das Gefecht auf keinen Fall an. Beschränke dich vielmehr auf hinhaltende Kampffüh- rung und löse dich so rasch als möglich vom Feind. Spätestens dann, wenn die Nacht deine Bewe- gung verschleiert.

- Wenn du eingekesselt bist, so versuche nicht gleich zu Beginn der Treibjagd auszubrechen, denn jetzt sind die feindlichen Truppen körperlich und geistig noch frisch. Mit der Zeit wird der Gegner sorgloser, gleichgültiger und weniger aufmerksam. Die Soldaten gehen schwierigen und mühsamen Geländepartien eher aus dem Weg als am Anfang. Die linearen Formationen werden sich auflösen, da die Leute es vorziehen (besonders bei Nacht!) aus Bequemlichkeit Wegen oder günstigen Gelän- departien nachzugehen. Jetzt ist der Moment zum Aussickern gekommen. Nach gelungenem Aus- bruch musst du dich in einem Zuge weit vom Kampfplatz absetzen. (Gewaltmarsch auf Tod und Le- ben!)

- Nach einem gelungenen grössern Unternehmen muss die Gegend gewechselt werden. Nimm hierzu mit zuverlässigen Einwohnern im neuen Raum bereits vor dem Wechsel Verbindung auf. Schicke 1-2 Unterführer zur Rekognoszierung voraus. So bist du nach dem Wechsel mit den neuen Verhältnissen schon vertraut und kannst die kritische Zeitspanne des Einlebens verkürzen.

- Bei überlegenem Gegner musst du dich in kleinste Trupps auflösen und gewissermassen im Gelände versickern, um später an vorbestimmten Punkten wieder neu zu sammeln.

Marsch

- Es liegt in der Natur des Kleinkrieges, dass viel marschiert werden muss. Mute deinen Leuten vor und zwischen den Aktionen keine unnötigen Märsche zu. Halte sie vielmehr frisch und schone ihre Kräfte, damit sie für Kämpfe und Rückzüge in Form sind.

- Der Abmarsch darf durch keine langen Vorbefehle und Vorbereitungen verraten werden. Wo man zu grössern Vorbereitungen gezwungen ist (z. B. Verlegung von Vorräten, ausgedehnte Rekognoszie- rungen usw.) werden diese durch Ausstreuen von Gerüchten über einen andern Plan getarnt.

- Meide grosse Strassen und Ortschaften für den Durchmarsch.

- Wo du das Gelände nicht kennst, nimm ortskundige Führer mit. Entlasse diese aber erst, wenn sie keinen Schaden mehr anzurichten vermögen (Ausplaudern, Verrat).

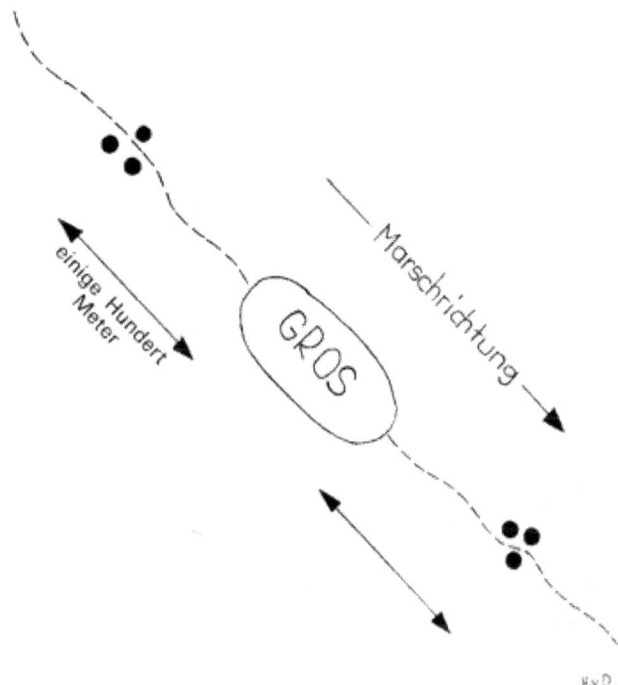

Marschsicherung
Kleinkriegsdetachemente
sichern sich in Marschrichtung
und nach rückwärts durch
einen Trupp von 3-4 Mann, die
um einige hundert Meter voraus, bzw. rückwärts gestaffelt
werden.

- Niemand darf wissen, woher du kommst und wohin du gehst. Das nächste Quartier wird jedermann verschwiegen.

- Täusche die Einwohner über deine wahre Stärke. Gib dich immer stärker aus, als du bist. Z. B. « . . . wir sind nur die Flankensicherung einer grössern Abteilung, die dort drüben marschiert!»

- Marschiere möglichst in der Nacht, um immerwährende Unsicherheit über deinen Standort zu verbreiten.

- Marschiere immer möglichst geschlossen. Wenn alles nahe beisammen ist, kannst du den Entschluss des Augenblicks besser und rascher in die Tat umsetzen.

- Sichere dich in der Marschrichtung und nach rückwärts durch einen Trupp von 3-4 Mann, die um einige hundert Meter voraus, bzw. nach rückwärts gestaffelt werden.

- Bevor du hinterhaltsgefährdetes Gelände betrittst, überlege! Denn einmal in einen Hinterhalt geraten, hast du keine Zeit mehr zum Denken. Du musst vorher wissen, was du in diesem Falle tun willst.

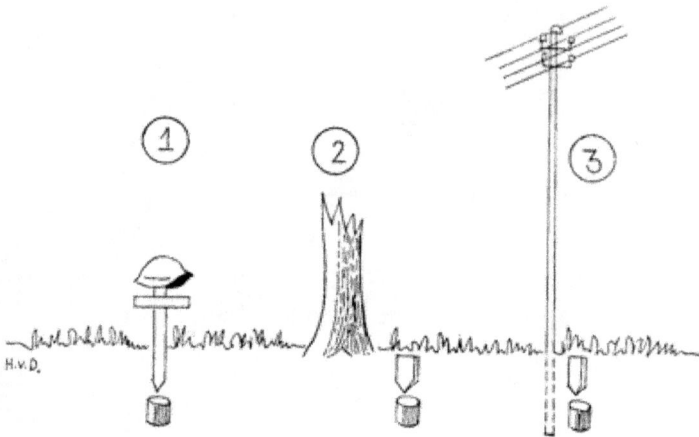

Hinterlegen von Nachrichten

Wer sich vom Kleinkriegsdetachement mit Sonderauftrag entfernt, oder wer im Gefecht versprengt wird, muss wissen, wo er notfalls Nachricht über das Verbleiben des Detachements vorfindet.

Einige Möglichkeiten hierzu:

1. Vorgetäuschtes Soldatengrab
   Merkpunkt: Ost-Ecke des Wäldchens •~Buchholm. Grabkreuz. Am Fusse des Kreuzes ein gegrabene Blechbüchse mit Meldung.
2. Markanter Baum
   Merkpunkt: Vom Blitz gespaltene Schermtanne auf der Weide «Sunnsiten». Auf der Ostseite des Stammes bodeneben eingeschlagener Holzpflock. Am Fusse des Pflocks eingegrabene Blechbüchse mit Meldung.
3. Telephonstange
   Merkpunkt: Wegkreuz von Urseilen. Zehnte Telephonstange in nördlicher Richtung. Auf der Ostseite der Stange bodeneben eingeschlagener Holzpflock. Am Fusse des Pflocks eingegrabene Blechbüchse mit Meldung.

Ausschalten von Wachtposten

Allgemeines:

- Stelle Wachtlokal, Waffenstellungen und Postenablösung fest.

- Studiere die Gewohnheiten der wachestehenden Leute. Insbesondere Ablösungszeit, Weg der Schildwachen und Besonderheiten in ihrem Verhalten.

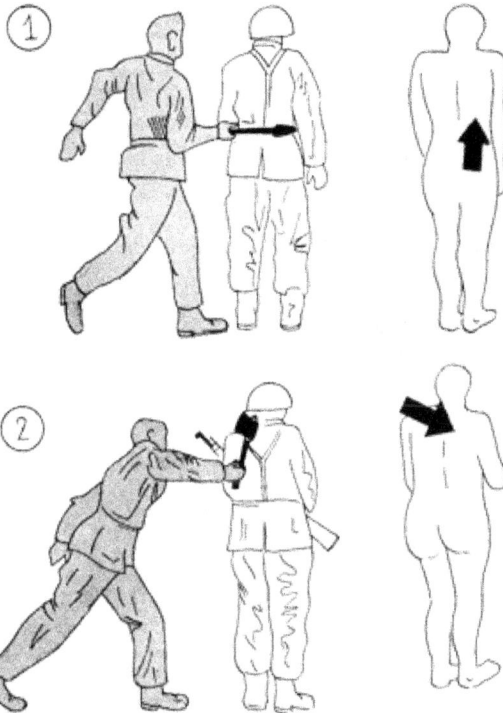

Lautloses Erledigen eines Wachtpostens
Die Stelle, die man treffen muss:
1. Schräg zwischen Kreuz und Lenden oder
2. zwischen die Schulterblätter unterhalb des Nackens

- Ungünstige Witterung (beissende Kälte, lähmende Hitze, stechender Regen usw.) erleichtern dein Vorhaben, indem sie die Aufmerksamkeit des Postens herabsetzen.

Lautloses Erledigen von Posten:

- Die einfachste und sicherste Methode um einen Posten zu erledigen, ist das Erschlagen mit dem Handbeil. Benütze hierzu nicht die Schneide, sondern die stumpfe Seite des Beils. Schlage dem Posten mit aller Kraft zwischen Kreuz und Lenden oder zwischen die Schulterblätter unterhalb des Nackens. Auch in der Dunkelheit kannst du diese Stellen leicht und sicher treffen.

Durchgabe einfacher Meldungen mit primitiven Mitteln

- Gewisse Ortschaften müssen zwangsläufig immer wieder betreten werden. Hierin liegt eine grosse Gefahr für die Kleinkriegsverbände (Hinterhalt durch den Gegner).

- Die Dorfbevölkerung muss mit einfachen Mitteln die Kleinkriegsverbände warnen können.

- Rauch- oder Lichtsignale sowie Schwenken von Tüchern sind zu auffällig und für den Ausführenden zu gefährlich.

- Geeignete Zeichen sind:
- a) am Tag:
  - Öffnen oder schliessen bestimmter Fensterläden.
  - Heraushängen von Wäsche.
  - Bereitstellen oder Verschwindenlassen von Fuhrwerken usw.
- b) bei Nacht:
  - Beleuchtetes oder verdunkeltes Dachfenster, Stalltüre usw.
- Es können mit diesen einfachen Mitteln natürlich nur kurze Meldungen signalisiert werden, z. B. «Achtung Gefahr! Feind im Dorf!», oder «Dorf ist feindfrei!»
- Die Signale müssen so angewendet werden, dass sie von einem nahen Waldrand aus mit dem Feldstecher sicher erkannt werden können.

Sabotage am Strassennetz

Möglichkeiten:

- Wegweiser entfernen oder umstellen.
- Nägel auf die Strasse streuen (Masseneinsatz notwendig).
- Drahtseile quer über die Strasse spannen.
- Strasse verminen.

Die Strassensabotage ist besonders wirksam, wenn sie mit den Ereignissen an der Front koordiniert wird, d. h. wenn der Gegner dringend auf die Benutzung der Strasse angewiesen ist und jede Stunde Verzögerung einen Gewinn darstellt.

Erstellen von Strassensperren

- Als Strassensperre eignen sich am besten umgesägte oder gesprengte Bäume.

- Sprenge oder fälle keine allzugrossen Bäume, in der Hoffnung, dem Gegner dadurch mehr Aufräumungsarbeit zu verursachen. Du verbrauchst nur viel Sprengstoff oder Arbeitszeit. Viel wichtiger ist das Einbauen von Minen und Sprengfallen.

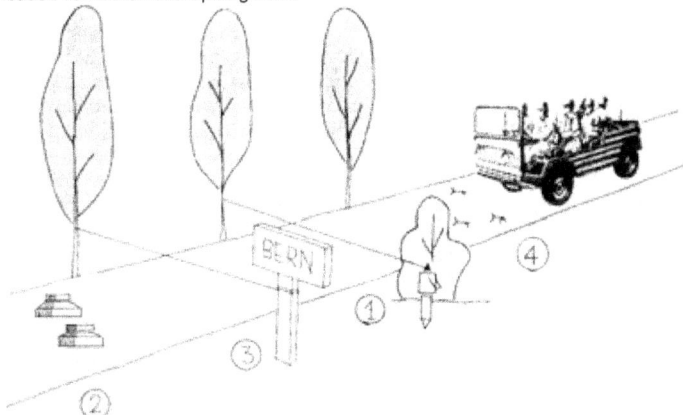

Sabotage am Strassennetz
1. Im Gebüsch getarnt eingebaute Pfahlmine. Vernichtende Splitterwirkung im Umkreis von 30 m. Vorteil: Sehr rasch verlegt. Nachteil: Gefährdet eigene Zivilbevölkerung, da niederer Funktionszug.
2. Panzerminen. Zerstören Motorfahrzeuge. Vorteil: Für die eigene Bevölkerung ungefährlich, da der Funktionsdruck so gross ist, dass der Zünder nur auf schwere Fahrzeuge (Lastwagen, Panzer) anspricht. Nachteil: Grosser Arbeitsaufwand beim Verlegen. (Pro Mine zirka 15 Minuten, während welcher Zeit man der Überraschung durch feindliche Patrouillen ausgesetzt ist.)
3. In Kopfhöhe quer über die Strasse gespannter starker Draht oder dünnes Drahtseil. Bringt Motorradfahrer zu Fall. Beschädigt Autos und gefährdet deren Insassen.
4. Auf die Fahrbahn gestreute Metalldorne.

- Wenn du die Mittel nicht hast, um Sprengfallen oder Minen einzubauen, so täusche solche wenigstens vor. Täuschungsmittel sind:
  a) einzelne, halbversteckte Drähte, die von Baumästen weg in die Erde oder ins Gebüsch führen;
  b) gelockerte und nur schlecht eingedeckte Rasenziegel neben der Strasse, aufgerissener Strassenbelag (lässt auf mangelhaft getarnte Minen schliessen).

Überfall auf ein Einzelfahrzeug

- Das Fahrzeug wird mit einer Schnellsperre zum Stehen gebracht.

- Chauffeur und Beifahrer werden aus Kleinkaliberwaffen (z. B. Flobert) beschossen.

- Kleinkaliberschüsse tönen nicht weit. Die Verwundungskraft genügt aber, um die Angeschossenen so zu verletzen, dass sie nachher leicht mit der blanken Waffe erledigt werden können.

- Durch Vermeidung des Gefechtslärms wird Zeit gewonnen, um die Beute vom Fahrzeug auf Tragtiere oder Karren umzuladen.

- Im Idealfall kann das Motorfahrzeug durch einen eigenen Motorfahrer an einen versteckten Ort gefahren werden. Die tote Besatzung muss in diesem Falle mitgenommen und dort begraben werden, damit der Gegner nicht aufmerksam wird.

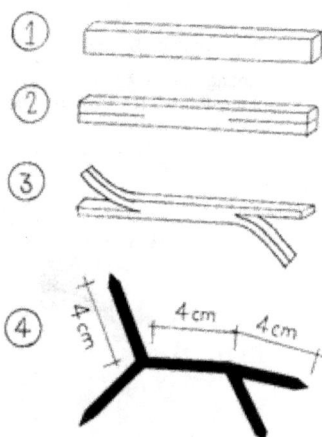

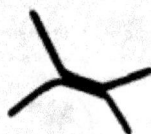

Sabotage am Strassennetz / Metalldorn
zur Zerstörung der Fahrzeugpneus
Anwendung:
- Bei Nacht auf die Strasse streuen.
- Bei parkierten Fahrzeugen unter die Pneus schieben.
Herstellung:
1. Nimm ein Stahlstück von zirka 12 cm Länge und 5--8 mm Durchmesser.
2. Säge beide Enden zirka 4 cm ein.
3. Biege die nun entstandenen 4 Teile auseinander.
4. Feile die 4 Enden scharf zu. Ergibt kantige Nagelspitzen.

Der so entstandene Dorn mag nun zu Boden fallen, wie er will, immer befindet sich eine Spitze oben. Die Widerstandsfähigkeit des Dorns genügt, um Lastwagenpneus zu durchstechen.
Skizze links: Die Herstellung des Dorns. Photo rechts oben: Der Dorn.
Photo rechts: Die Anwendung des Dorns.

- Verwendung des erbeuteten Motorfahrzeuges:
  a) im eigenen Kleinkriegsverband;
  b) Übergabe an die zivile Widerstandsbewegung für «Tarnfahrten» (siehe Seite 187).

- Wenn das Fahrzeug nicht verwendet werden kann, ist es zu zerstören. Das geschieht am billigsten und gründlichsten durch Verbrennen. Vorher sind brauchbare Teile zu entfernen, z. B.
  a) Abmontieren des Verdecks (siehe Seite 42);
  b) Absaugen des Benzins aus dem Tank (Brennstoff für Brandstiftung usw.).

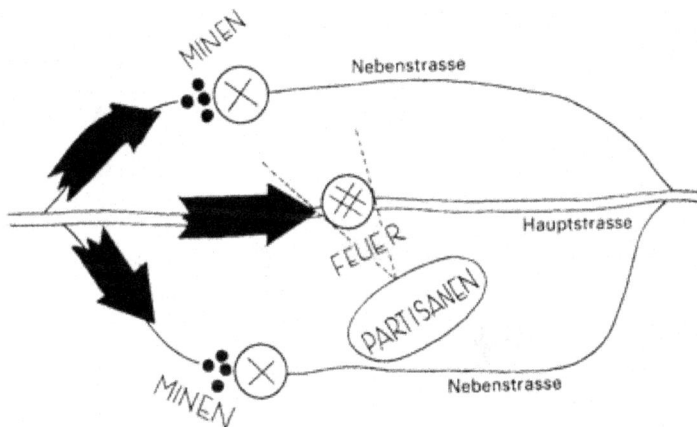

Prinzipielle Strassensperre (Hauptsperre)

Nebenstrassen-Sperre, die eine Umgehungsmöglichkeit sperrt

Panzerminen   An Nebensperren ersetzen die Minen das fehlende
Personenminen   Feuer aus Infanteriewaffen

Umgehungsmöglichkeit

Oberfall auf ein feindliches Fahrzeug

1. Beobachter und Sicherer
   Meldet das Herannahen des feindlichen Fahrzeuges.
   Isoliert den Kampfplatz, so dass eventuelle weitere feindliche Fahrzeuge nicht eingreifen können.
   Deckt notfalls den Rückzug.
2. Sperrtrupp
   Stoppt das feindliche Fahrzeug.
   Sperrmittel: Angesägter Baum, der im letzten Moment über die Strasse gekippt wird. Mit Steinen beladenes landwirtschaftliches Fuhrwerk, das im letzten Augenblick quer über die Strasse geschoben wird.
3. Scharfschützen mit Flobert
   Machen mit einem Minimum an Feuerlärm den feindlichen Motorfahrer kampfunfähig.
   Da mit Flobertmunition geschossen wird, dürfen ausnahmsweise auf beiden Seiten der Strasse Schützen postiert werden (Gefährdung der eigenen Leute!)
4. Nahkämpfer
   Töten Motorfahrer und Beifahrer ohne Lärm mit dem Bajonett. (Mit diesem kann gut in die enge Führerkabine hineingestochen werden. Spaten oder Handbeil eignen sich der Enge wegen nicht.)
5. Motorfahrer
   Fährt das feindliche Fahrzeug an einen versteckten Ort, wo es in Ruhe geplündert werden kann.
6. Beutesammeldetachement
   Tragpferde oder Pferdekarren, um das Beutegut notfalls rasch umladen und abtransportieren zu können.

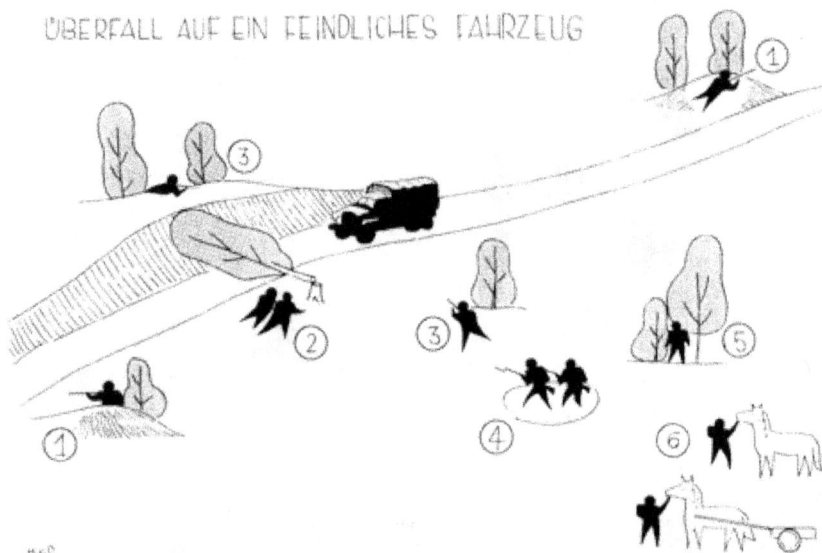

ÜBERFALL AUF EIN FEINDLICHES FAHRZEUG

Feuerüberfälle

Allgemeines:

Kommt nur gegen günstige Augenblicksziele in Frage (rastender oder marschierender Feind usw.). Verspricht grosse Wirkung. Ziel bietet sich nur kürzeste Zeit zum Schiessen, da nach den ersten Schüssen entweder vernichtet oder in Deckung verschwunden. Deshalb alle verfügbaren Waffen einsetzen. Um die Befehlsgebung zu vereinfachen und zu beschleunigen, Stellungsort dicht beieinander. Die hierbei entstehende Massierung ist der kurzen Dauer des Feuerkampfes wegen ungefährlich. Auf Befehl des Gruppenführers «In Stellung» gehen die Leute in Anschlag und fassen Druckpunkt. Wenn das Gros der Gruppe bereit ist, gibt der Gruppenführer das Kommando «Feuer!». Er verzichtet dabei bewusst auf die Mithilfe einiger Nachzügler, um zu verhindern, dass einer der Schussbereiten die Nerven verliert und zu früh schiesst. Leichte Maschinengewehre, Sturmgewehre und Maschinenpistolen schiessen lange Serien, oft sogar Dauerfeuer (Magazinfeuer). Auf Distanzen unter 400 m werden wenn möglich zusätzlich Gewehrgranaten («Stahlgranaten.») mit eingesetzt.

Feuerüberfall auf ein kleines, räumlich enges Ziel:

Siehe Skizze Seite 63.

Feuerüberfall auf ein ausgedehntes Ziel, z. B. Transportkolonne, Eisenbahnzug usw.:

- In unserem stark überhöhten Terrain versprechen Feuerüberfälle mit Sturmgewehr, Lmg, Mg oder Mw auf Marschkolonnen, Strassentransporte und Eisenbahnzüge **auch aus grosser Distanz Erfolg**.

- Normalerweise wird der Gegner durch den Feuerüberfall wie gelähmt sein. Trotzdem musst du damit rechnen, dass er aus Verzweiflung in ausweglosen Situationen, oder unter besonders energischen Führern offensiv reagiert und gegen dich vorgeht. Du musst deshalb über einen offenen Rückzugsweg verfügen.

- Der Chef muss vor dem Feuerüberfall folgende Punkte regeln:
  1. Zeitpunkt der Feuereröffnung. Möglichkeiten:
     a) auf Befehl;

b) Feuereröffnung durch eine Leitwaffe. Nachher ist für alle übrigen Feuer frei;

c) automatisch, wenn die Spitze der Kolonne einen gewissen Punkt im Gelände erreicht hat.

2. Wie wird das Spitzenfahrzeug gestoppt. Möglichkeiten:

a) überraschend ausgelöste Baumsprengung;

b) Auffahren auf Minen;

c) durch Zusammenschiessen.

3. Feuerverteilung.

Es ist eine rasche, grobe Zielverteilung vorzunehmen (Spitze, Mitte, Ende der Kolonne oder des Zuges).

Maschinengewehre, Minenwerfer und rückstossfreie Geschütze werden immer gegen die Mitte eingesetzt. Minenwerfer schiessen erst dann, wenn die Kolonne gestoppt hat.

Signal für das Abbrechen des Kampfes. Möglichkeiten:

Hornstösse, Signalraketen, Loslösen nach der Uhrzeit, z. B. 5 Minuten nach Feuereröffnung.

Praktisches Beispiel für einen Feuerüberfall auf ein kleines, räumlich enges Ziel:

«. . . an der Strasse vor uns eine abgestellte Panzerpatrouille. Die Besatzung rastet daneben. - Wir machen einen Feuerüberfall! - Munitionsart: Gewehrpatronen - Visier 200 m - In letzte Deckung vorarbeiten!-In Stellung!-Feuer! - Halt sichern! - In Deckung! - Häberli weiter beobachten.»

FEUERÜBERFALL AUF EIN KLEINES ZIEL

FEUERSTELLUNG

LETZTE DECKUNG

BEREITSTELLUNG

Praktisches Beispiel für einen Feuerüberfall auf ein ausgedehntes Ziel:

«. . . auf der Strasse 1,5 km N von uns naht eine feindliche Lastwagenkolonne. -Wir machen einen Feuerüberfall!-Feuereröffnung, wenn die Spitze der Kolonne die Doppeltanne erreicht hat - Munitionsart: Gewehrmunition - Visier 200 m -Zielverteilung: Trupp Kehrli die Spitze, Trupp Kohli die Mitte, Trupp Hofer das Ende der Kolonne - Stellungsraum: Krete gerade vor mir - In Stellung!»

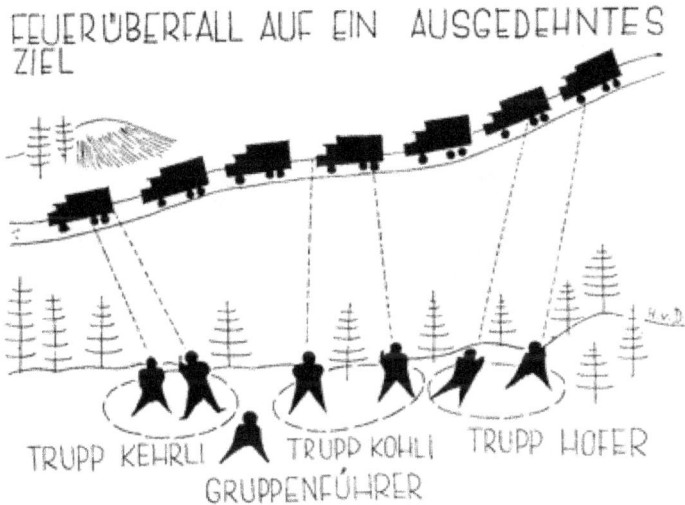

FEUERÜBERFALL AUF EIN AUSGEDEHNTES ZIEL

TRUPP KEHRLI   TRUPP KOHLI   TRUPP HOFER
GRUPPENFÜHRER

Überfall auf einen Strassengeleitzug

Allgemeines:

- Der Gegner führt seine Nachschubtransporte in der Regel als «geschlossene Kolonne» unter Geleitschutz durch das kleinkriegsverseuchte Gelände.

- Auf 20 Lastwagen mit Nachschubgütern kommen in der Regel 2 Eskorte-Fahrzeuge.

- Ein Strassengeleitzug setzt sich wie folgt zusammen:
  a) Transportelement (ca. 40 Lastwagen);
  b) Begleitelement (2 Panzer + 7 Infanteriezug auf Schützenpanzern).

- Der Strassengeleitzug gliedert sich auf der Fahrt wie folgt:
  a) an der Spitze das «Sicherungselement» (1 Panzer + 1-2 Schützenpanzer). Fährt der Lastwagenkolonne 200-300 m voraus;
  b) in der Mitte die Lastwagenkolonne («Transportelement»);
  c) am Schluss das «Kampfelement» (1 Panzer + 1-2 Schützenpanzer). Das Kampfelement hat die Aufgabe, bei Feindberührung die Strasse zu verlassen, den Kleinkriegsverband anzugreifen und zu vertreiben.

Bekämpfung des Sicherungselements:

Grundsatz.

- Lasse den Spitzenpanzer auf Minen auflaufen und setze ihn anschliessend mit Raketenrohr oder Gewehrgranaten ausser Gefecht.

- Nimm die Schützenpanzer und die aussteigende Begleitinfanterie unter Feuer.

Befehlsbeispiel:

« . . . Orientierung: wir bekämpfen das Sicherungselement! Absicht: ich will den Geleitzug durch Minen stoppen - das Spitzenfahrzeug durch Raketenrohr vernichten - anschliessend den Rest des Sicherungselements niederkämpfen! Befehl: Panzerabwehrgruppe vermint die Strasse. Vernichtet den Spitzenpanzer -1. Schützengruppe erledigt den Rest des Sicherungselements! - Verminungsstelle: bei der Doppeltanne - Stellungsräume: Panzerabwehrgruppe auf der Kuppe, 1. Schützengruppe auf der langen Krete links daneben - Feuereröffnung: wenn der Spitzenpanzer auf die Minen aufgelaufen ist - Abbruch des Kampfes: auf meinen Befehl - Mein Standort: bei der Panzerabwehrgruppe! »

(Siehe Skizze Seite 68)

Bekämpfung des Transportelements:

Grundsatz.

- Beschiesse die Lastwagen mit Mg, Sturmgewehr oder Maschinenpistole.

- Nimm eine einfache Zielverteilung vor. Methode:
  a) Zuteilung eines bestimmten Strassenstücks, welches zu bestreichen ist;
  b) Zuteilung eines bestimmten Teils der Kolonne, welcher zu beschiessen ist.

- Bei schwachem Widerstand gehe nach dem Feuerüberfall zum Sturm vor und nimm die Lastwagen im Nahkampf. Ziehe den Transporttrupp nach und sammle Beutematerial.

- Bei starkem Widerstand brich nach einigen Minuten den Kampf ab und gehe zum Sammelpunkt zurück.

- Der Entscheid «Sturm» oder «Abbruch des Kampfes» wird vom Detachementschef gefällt. Sein Standort ist daher bei den Kräften, welche das Transportelement bekämpfen.

Befehlsbeispiel:

«. . . Orientierung: wir bekämpfen das Transportelement! Absicht: ich will den Kampf mit einem Feuerüberfall beginnen. Nachher bei schwachem Widerstand die gestoppten Lastwagen stürmen oder bei starkem Widerstand mich absetzen! Befehl: die Mg-Gruppe geht im Tannenwäldchen so in Stellung, dass sie das Strassenstück vom Bachgraben bis zum verkrüppelten Baum unter Feuer nehmen kann - die z. Schützengruppe geht an der Krete vor uns so in Stellung, dass sie das Strassenstück vom verkrüppelten Baum bis zur Einmündung des Feldweges unter Feuer nehmen kann - Visier: für Mg 300 m, für Schützengruppe 200 m -Feuereröffnung: bei Gefechtslärm, d, h. wenn die Panzerabwehrgruppe rechts von uns das Feuer eröffnet - Sturm oder Abbrechen des Gefechts: auf meinen Befehl - Mein Standort: bei der Mg-Gruppe!»

Abwehr des Kampfelements:

Grundsatz.

- Wenn möglich wird eine berittene Gruppe eingesetzt, da diese 3-5mal schneller ist, als Leute zu Fuss.

- Verlege den Überfallort wenn möglich in ein Gelände, das dem Gegner («Kampfelement») verbietet, das Gefecht ab Fahrzeug zu führen, d. h. in den Kleinkriegsverband hineinzufahren.

- Die Gruppe kämpft um Zeitgewinn. Sie muss daher das Feuer auf maximale Distanz eröffnen. Zielfernrohrgewehre sind besonders gut geeignet.

- Wer das feindliche Kampfelement abwehren muss, hat die schwerste Aufgabe. Der fähigste Unterführer ist daher mit dieser Aufgabe zu betrauen. Ihm sind die besten Leute zuzuteilen.
- Man kann nicht allzuviel vorbereiten, sondern muss nach den Erfordernissen des Augenblicks handeln.

Befehlsbeispiel:

«. . . *600 m vor uns feindliche Panzergrenadiergruppe zu Fuss im Vorgehen -Feuereröffnung wenn der Gegner das Wäldchen erreicht hat - Visier 500 m -wir ziehen uns truppweise zurück, wenn der Gegner den Bach überschreitet -1. Trupp geht zurück zur Baumgruppe, bezieht dort erneut Stellung und deckt den Rückzug des z. Trupps. Dieser weicht aus bis zum Wegeinschnitt! - Mein Standort: beim z. Trupp!»*

(Siehe Skizze Seite 69)

Zerstörung von Motorfahrzeugen

- Motorfahrzeuge werden zerstört durch:
  a) in Brand stecken;
  b) Sprengen;
  c) über einen Abhang stürzen.
  In Brand stecken ist die beste Methode. Ergibt Totalschaden.
  Sprengen ist eine gute Methode. Es werden wesentliche Teile zerstört.
  Über einen Abhang stürzen ist eine unsichere Methode. Bei kleineren Böschungen werden eventuell nur geringfügige Schäden verursacht.

- In Brand stecken:
  1. Schraube den Deckel des Benzintanks auf.
  2. Nimm einen ca. 120 cm langen, fettigen und öligen Tuchstreifen.
  3. Tauche die obere Hälfte des Tuchstreifens in den Benzintank.
  4. Wickle den benzingetränkten Teil des Tuches um den Einfüllstutzen des Tanks. Ein Stück soll ca. handbreit ins Tankinnere hängen.
  5. Zünde das herunterhängende, trockene Ende des Tuches an. 6. Renne vom Fahrzeug weg.
  Das Tuch hat Luntenwirkung. Nach einigen Sekunden erreicht das Feuer den Benzintank. Dieser brennt explosionsartig aus und setzt das ganze Fahrzeug in Flammen.

- Sprengen:
  lege eine Handgranate oder eine geballte Ladung von 500 g auf den Motorblock.
  Über einen Abhang hinunterstürzen:
  1. Gang ausschalten.
  2. Vorderräder talwärts einschlagen.
  3. Fahrzeug im Mannschafts-Schub schräg über die Strasse rollen und über die Böschung kippen.
  Noch fahrbereite Fahrzeuge können im 1. Gang (eventuell mit Handgas) gegen den Abhang gefahren werden. Der Motorfahrer springt im letzten Moment ab.

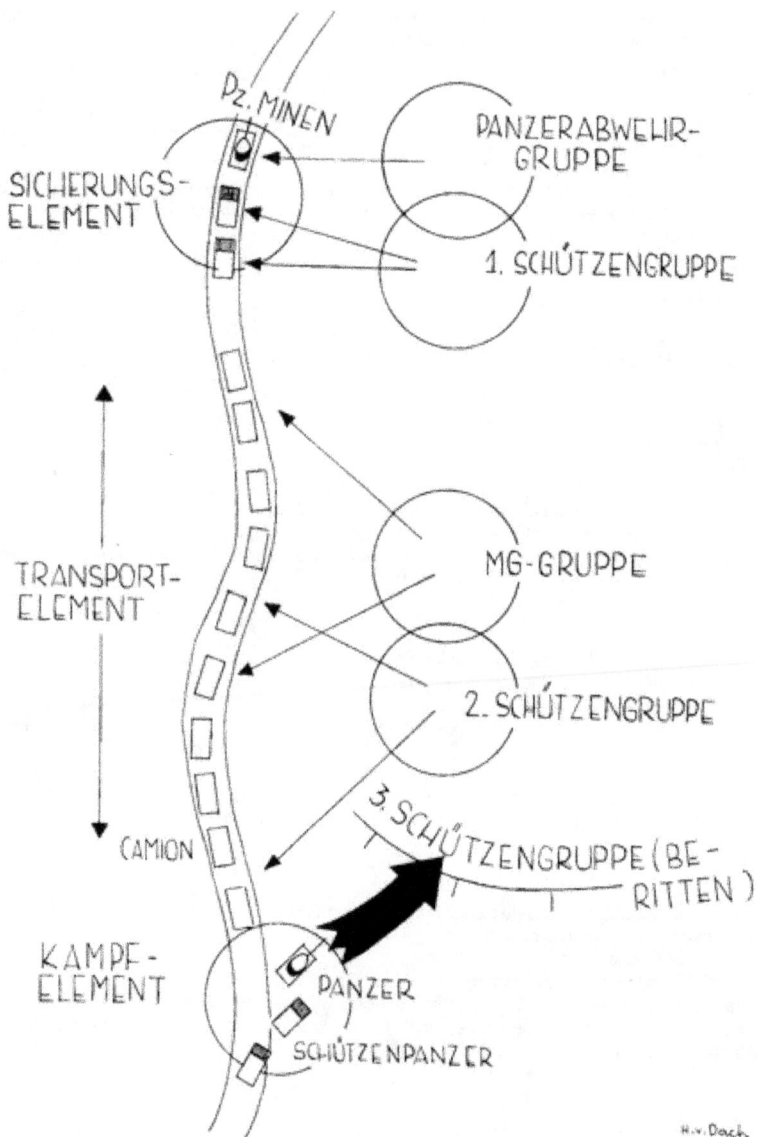

Pz. MINEN

SICHERUNGS-
ELEMENT

PANZERABWEHR-
GRUPPE

1. SCHÜTZENGRUPPE

TRANSPORT-
ELEMENT

MG-GRUPPE

2. SCHÜTZENGRUPPE

CAMION

3. SCHÜTZENGRUPPE (BE-
RITTEN)

KAMPF-
ELEMENT

PANZER

SCHÜTZENPANZER

H.v.Dach

67

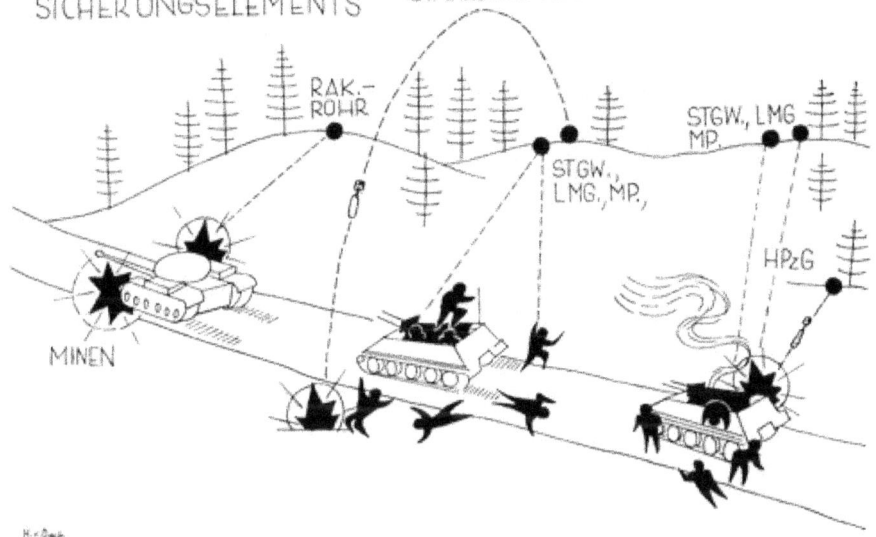

BEKÄMPFUNG DES
SICHERUNGSELEMENTS

GEWEHR-
STAHLGRANATEN

RAK.-
ROHR

STGW., LMG
MP.

STGW.,
LMG., MP.,

HPzG

MINEN

H.×Dosch

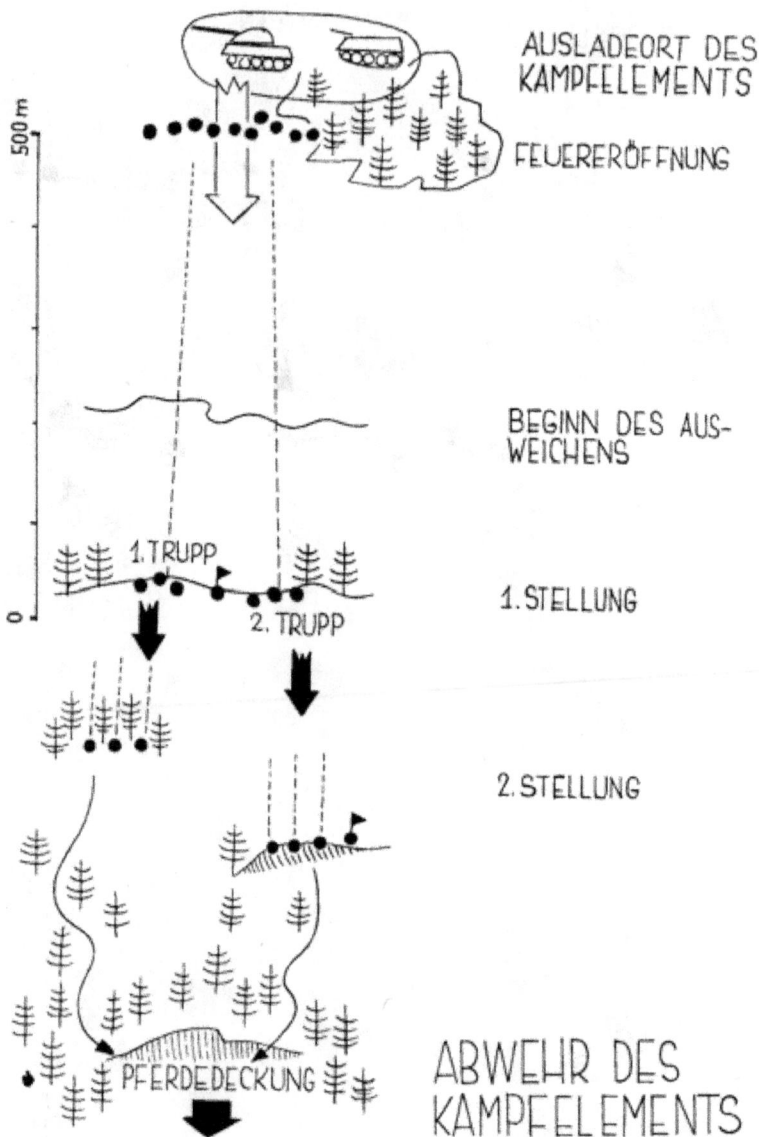

AUSLADEORT DES
KAMPFELEMENTS

FEUERERÖFFNUNG

500 m

BEGINN DES AUS-
WEICHENS

1.TRUPP

1.STELLUNG

0

2. TRUPP

2.STELLUNG

PFERDEDECKUNG

ABWEHR DES
KAMPFELEMENTS

Handstreich

Allgemeines:

- Die anzugreifenden Objekte (z. B. Depots, Unterkünfte, Flugplätze usw.) sind in der Regel bewacht. Daher unterteilt sich der Handstreich in
  a) Kampfaktion: Erledigen der Wache;
  b) technische Aktion: Sprengen, Anzünden, Demolieren, Demontieren usw.

Erkundung/Einweisung: Die Erkundung wird vom Chef persönlich durchgeführt. Möglichkeiten:

- Beobachten mit Feldstecher, Anfertigen von Skizzen, Photographieren, Befragen zuverlässiger Einwohner usw.
- Die Erkundung umfasst:
  a) Stärke, Organisation und Gewohnheiten der Wache;
  b) Angriffsziele;
  c) benötigtes Zerstörungsmaterial (Sprengladungen, Brandmittel, Demolierwerkzeuge usw.);
  d) Anmarschweg, Lauerstellung, Feuerstellung für Unterstützungswaffen, Stellungen für Sicherungstrupps, Rückzugswege und Sammelpunkt.
- Einweisung der Unterführer im Gelände. Möglichkeiten:
  a) durch Feldstecher beobachten lassen und an Hand von Skizzen oder Photos einweisen;
  b) in nächster Nähe des Objekts vorbeigehen. Tarnungsmöglichkeiten:
  harmloser Spaziergänger, Landarbeiter beim Mähen usw.

Organisation:

- Der Kampfplan kann nicht einfach genug sein. Es dürfen keine Unklarheiten bestehen, denn im Gegensatz zum «grossen Krieg> kann nicht mit Verstärkung, Entsatz oder Hilfe in irgend einer Form gerechnet werden.
- Nach der Entschlussfassung sind die Gruppen und Züge der Besonderheit der Aktion angepasst sorgfältig zu organisieren und auszurüsten.
- Kleinkriegsverbände arbeiten meist in 4 Staffeln:
  1. Sicherungstrupps.
  2. Stosstrupp.
  3. Transporttrupp.
  4. Technischer Trupp.
- Der Zeitpunkt des Angriffs muss das Überraschungsmoment sicherstellen. Du darfst deshalb nicht einfach grundsätzlich bei Nacht angreifen.
- Sind verschiedene Sprengungen vorzunehmen, so muss die Reihenfolge genau festgelegt werden (Ausschaltung gegenseitiger Gefährdung!).
- Im Angriff hilft das Überraschungsmoment. Beim darauffolgenden Rückzug fällt dieser Vorteil dahin. Deshalb muss der Rückzug der am sorgfältigsten geplante Teil der ganzen Aktion sein.

Durchführung der Aktion:

- Geheimhaltung des Planes auch vor den eigenen Leuten bis ganz kurz vor Beginn der Aktion (Gefangene, Aussage unter Folter).
- Nur diejenigen Leute einweihen, deren Mithilfe bei den Vorbereitungen unumgänglich ist (Unterführer, Spezialisten).
- Rascher nächtlicher Anmarsch an das Objekt unter Vermeidung des Strassen- und Wegenetzes.
- Beziehen einer gut gedeckten Lauerstellung in der Nähe des Objekts in der die folgende (Angriffs-) Nacht abgewartet wird. Orientierung des ganzen Detachements über den Kampfplan.
- Günstigster Zeitpunkt zum Auslösen der Aktion: knapp nach Nachteinbruch. So kann die Mannschaft noch in der Dämmerung im Gelände eingewiesen werden. Die Aktion selbst geht im Schutze der Dunkelheit vonstatten. Für den anschliessenden Rückzug steht der grösste Teil der Nacht zur Verfügung.
- Durch Handstreich wird die Wachtmannschaft ausser Gefecht gesetzt. Lautlosigkeit ist anzustreben.
- Das Objekt wird durch Sicherungstrupps isoliert, damit Stosstrupp, Transporttrupp und technischer Trupp unbehindert arbeiten können.

Handstreich / Gliederung des Kleinkriegsverbandes
Allgemeines:
- Der Kleinkriegsverband gliedert sich für den Handstreich in:
    a) Sicherungstrupps;
    b) Stosstrupp;
    c) Transporttrupp;
    d) technischer Trupp.

Sicherungstrupps
Aufgaben:
    Sorgen dafür, dass Stosstrupp und technischer Trupp ungestört arbeiten können.
    Verhindern das Eingreifen von Wachtreserven.
    Decken den Rückzug.
    Setzen sich für die Lösung ihres Auftrages an geländemässig günstiger Stelle fest, z. B. Brücke,
    Engpass, Strassenabzweigung usw.
Ausrüstung:
    Karabiner, Sturmgewehre, Maschinenpistolen, Raketenrohre, Handgranaten.

Stosstrupp
Aufgaben:
    Unterbricht Telephonleitung.
    Kämpft Wache nieder.
    Hält eventuelles einheimisches Betriebspersonal in Schach (z. B. Bahnbeamte, Tankwärter usw.).
    Wird nachher Eingreifreserve.
Ausrüstung:
    Karabiner, Sturmgewehr, Maschinenpistolen, Pistolen, Handgranaten, Dolche, «Totschläger» usw.

Transporttrupp
Aufgaben:
    Nimmt getöteten Gegnern und eigenen Gefallenen Waffen, Munition und Ausrüstung ab.
    Transportiert eigene Verwundete ab.
    Transportiert Beutematerial (Verpflegung, Munition, Benzin usw.) ab.
    Setzt sich schleunigst zum vorbestimmten Sammelplatz ab, oftmals noch bevor der Kampf ganz beendet ist.
Ausrüstung:
    Tragbahren, Zelttücher, Rucksäcke, Tragreffe, Tragpferde, Pferdekarren, in Ausnahmefällen
    Motorfahrzeuge.

Technischer Trupp
Aufgaben:
    Zerstört das angegriffene Objekt, nachdem die Wachtmannschaft vom Stosstrupp niedergekämpft ist
    und der Transporttrupp das Beutematerial weggeschafft hat.
Ausrüstung:
    Sprengmittel, Brandmittel, Demoliermittel (Brecheisen, Vorschlaghammer usw.).

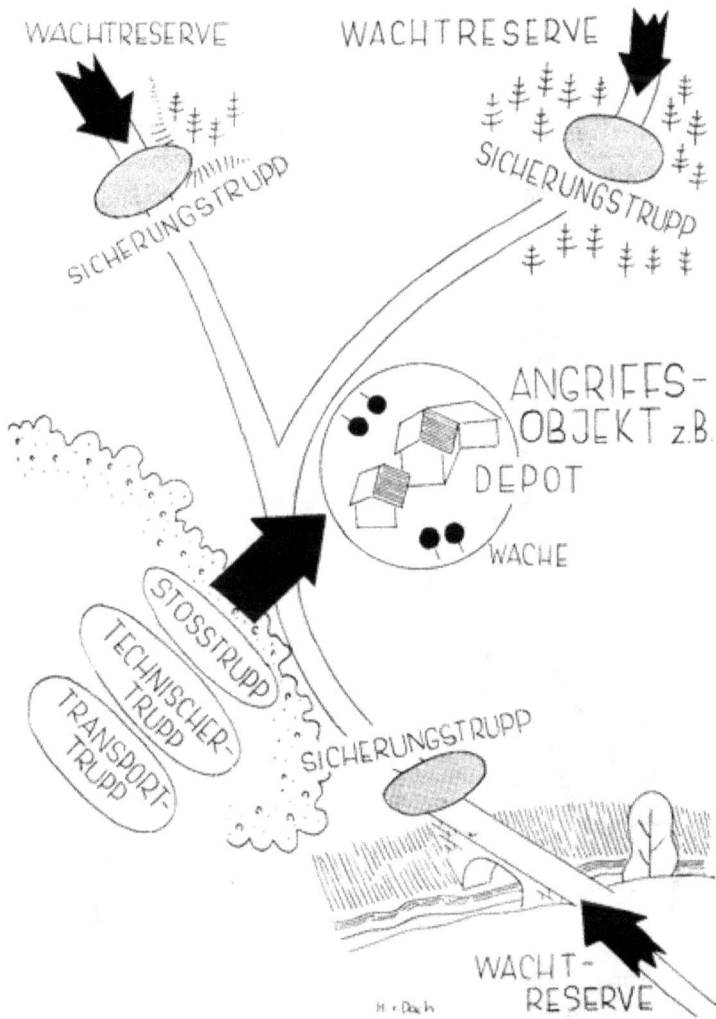

WACHTRESERVE WACHTRESERVE

SICHERUNGSTRUPP SICHERUNGSTRUPP

ANGRIFFS-
OBJEKT z.B.
DEPOT
WACHE

STOSSTRUPP
TECHNISCHER-
TRUPP
TRANSPORT-
TRUPP

SICHERUNGSTRUPP

WACHT-
RESERVE

H. v. Dach

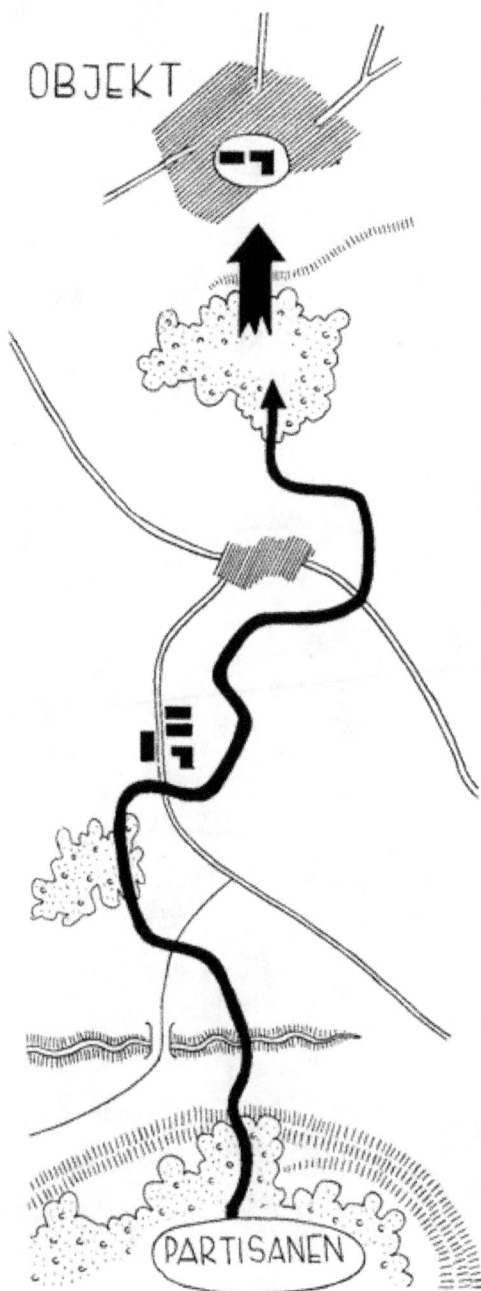

ANGRIFF

Zeitpunkt: Nacht vom Dienstag auf den Mittwoch.

Tätigkeit:
- Durchführung des Handstreiches, z. B. kurz nach Einbruch der Dunkelheit.
- Rückzug.

Zeitpunkt: Dienstag.

LAUER-STELLUNG

Tätigkeit:
- Einweisung der Truppe im Gelände.
- Letzte Angriffsvorbereitungen.
- Abwarten der Angriffsnacht.
- Ruhe / Verpflegung.

ANMARSCH

Zeitpunkt: Nacht vom Montag auf den Dienstag.

Tätigkeit:
- Rascher nächtlicher Anmarsch in die Lauerstellung unter Vermeidung von Strassen, Brücken, Ortschaften usw.
- Beziehen einer gedeckten Lauerstellung in der Nähe des Objekts.

PLANUNG

Zeitpunkt: Montag

Tätigkeit:
- Vorbereitung des Handstreiches.
- Nur Unterführer und Spezialisten einweihen.
- Geheimhaltung des Planes vor dem Gros.

73

- Unvorhergesehene Situationen, die immer zu erwarten sind, muss der Chef meistern durch:
  1. Straffe Führung während der Aktion (d. h. das Ganze nicht einfach blind, fahrplanmässig abrollen lassen).
  z. Wahl eines günstigen Standortes, wo er Überblick und Verbindungs   möglichkeit zu den einzelnen Trupps hat.
  3. Eventuell Bereithalten einer kleinen Reserve (oft genügen schon 3-5 Mann).

Angriff auf ein Verpflegungs-, Fourage- oder Materialdepot

Allgemeines:

- Depotinhalt: Lebensmittel, Fourage, Heu, Stroh, Material usw.

- Verpackung des Depotinhalts: Kisten, Fässer, Säcke, Ballen usw.

- Sicherung, Niederkämpfen der Wache usw., gemäss Seite 71.

- Was nicht für den eigenen Gebrauch abtransportiert oder der Zivilbevölkerung übergeben werden kann, wird zerstört.

- Das einfachste und zugleich wirksamste Zerstörungsmittel ist das Feuer.

BRANDFLASCHEN   LUNTE

- Kisten oder Sackstapel mit Öl, Petrol oder Benzin übergiessen.
- Mit Brandflaschen oder Lunten (benzingetränkte Putzfäden an einer langen Latte) aus Distanz anzünden.

Die Technik der Brandlegung:

- Im Depot vorhandene Löscheinrichtungen zerstören:
- Feuerwehrschläuche durchschneiden
- Wasseranschlüsse demolieren (Haupthahn, Hydranten usw.)
- Schaumlöscher entleeren.
- Durch Öffnen aller Türen und Einschlagen der Fenster Durchzug schaffen, um das Feuer anzufachen.
- Den Depotinhalt immer auf der dem Durchzug zugewandten Seite mit Öl, Petrol oder Benzin übergiessen und anzünden.
- Wenn das Material gepresst ist und eine glatte Oberfläche aufweist (Kisten, Säcke, Heu- oder Strohballen usw.), wird das Feuer nur «motten». In diesem Falle muss an möglichst vielen Stellen angezündet werden. Es geht darum, neben dem eigentlichen Feuerschaden viel Wasserschaden zu provozieren. Viele Zündstellen = überall löschen = grosser Wasserschaden!

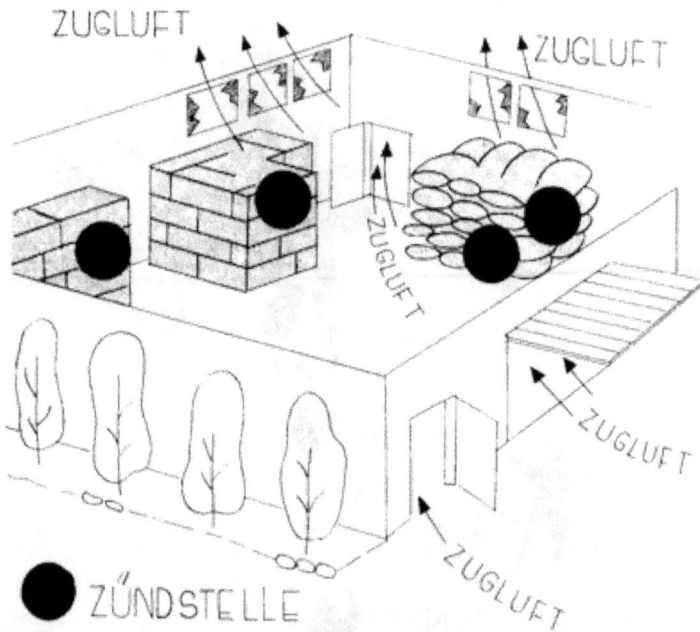

Angriff auf ein Depot mit chemisch/technischen Produkten

Allgemeines:

- Depotinhalt: chemisch/technische Produkte. Hoch feuer- und explosionsempfindlich.
- Verpackung des Depotinhalts: Kisten, Kartons, Säcke, Fässer, Kanister, Flaschen.
- Sicherung, Niederkämpfen der Wache usw., gemäss Seite 71.
- Was nicht für den eigenen Gebrauch abtransportiert werden kann, wird zerstört.
- Das einfachste und zugleich wirksamste Zerstörungsmittel ist Feuer.

Die Technik der Brandlegung:

- Das Problem besteht darin, leicht brennbare, ja explosionsgefährliche Stoffe ohne Risiko für den Zerstörungstrupp (Brandverletzungen!) entzünden zu können.

- Ein einfaches, leicht zu beschaffendes Hilfsmittel stellt NITRO-Lack dar (z. B. Ski-Lack). Die Nitrolackspur übernimmt in diesem Falle die Funktion einer Zündschnur.

- Der Lack muss in einem dünnen, zusammenhängenden Faden auf den Boden gegossen werden. Das Feuer frisst sich auf der Nitrolackspur mit einer Geschwindigkeit von ca. 50 cm pro Sekunde vorwärts. Eine Lackspur von 5 m Länge verschafft somit 10 Sekunden Zeit, um sich vor der explosionsartigen Brandausbreitung in Sicherheit zu bringen.

- Die Bodenbeschaffenheit hat auf die Verwendungsmöglichkeit des Nitrolacks entscheidenden Einfluss. Beton-, Holz- oder Asphaltböden sind gut geeignet. Festgestampfte Erde (z. B. Feldweg) geht gerade noch. Nasse Wiesen, Waldboden, nasse Ackererde und Schnee sind ungeeignet.

- Vorgehen bei der Brandlegung:
  1. Das zu zerstörende Objekt mit einer Kanne Benzin, Petrol oder Terpentin übergiessen.
  2. Vom Brandobjekt her nach rückwärts eine Nitrolackspur auslegen.
  3. Lackspur entzünden und sofort in Deckung gehen.

- Wenn Fass-Stapel abbrennen, explodieren sowohl gefüllte, wie auch halbgefüllte Fässer. Bei der Explosion werden immer die beidseitigen Fassböden herausgerissen und der stichflammenartig abbrennende Fassinhalt in der Längsrichtung zum Fass weggeschleudert. Die Fassrundung wird selten aufgerissen. Eine erfahrene Feuerwehrmannschaft wird diesen Umstand ausnützen und sich von dieser relativ sicheren Seite her dem Brandherd nähern. Dieses Vorgehen kann man verunmöglichen, wenn vor der Brandlegung rasch einige Fässer so gedreht werden, dass ihre Böden in Richtung Magazineingang weisen. Die gerichteten Flammenbündel der Explosionen hindern die Feuerwehrmannschaft am Näherrücken. Die einzelnen Fässer explodieren während des Brandes völlig unberechenbar und in unregelmässigen Abständen.

- (Siehe Skizze Seite 77.)

Angriff auf eine Benzintankanlage

Allgemeines:

- Benzintankanlagen befinden sich in der Regel in der Nähe einer Bahnstation und sind mit dieser durch ein Anschlussgeleise verbunden.

- Benzintankanlagen setzen sich zusammen aus:
  a) Tankwärterhaus: Im Erdgeschoss befindet sich die Abfülleinrichtung für Zisternen-Lastwagen. Im 1. Stock befindet sich die Wärterwohnung. Telephonanschluss;
  b) oberirdische Tanks. Fassungsvermögen bis zu mehreren Millionen Litern;
  c) unterirdische Tanks. Zugänglich durch einen Einsteigschacht. Fassungsvermögen: immer geringer als bei oberirdischen Tanks;
  d) Fass-Stapel, Zisternen-Lastwagen, Eisenbahn-Zisternenwagen;
  e) Abfülleinrichtung für Eisenbahn-Zisternenwagen (am Anschlussgeleise).

- Einteilung des Kleinkriegsverbandes für den Angriff, Niederkämpfen der Wache usw., gemäss Seite 71.

Zünden eines Fass-Stapels (Brennstoff)

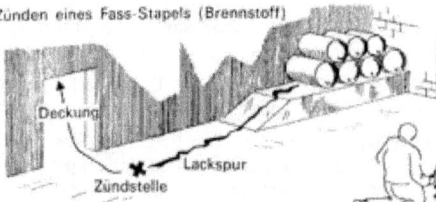

Sackstapel in einem Depot

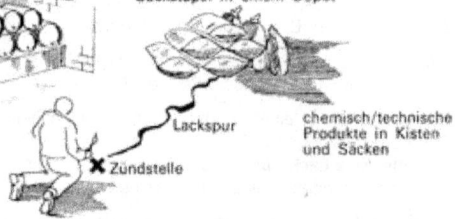

Deckung

Lackspur

Zündstelle

Lackspur

Zündstelle

chemisch/technische
Produkte in Kisten
und Säcken

Nitro-Lack (z. B. Ski-Lack)

Brandobjekt

Richtig

Falsch

Fasslager im Freien auf einer Wiese

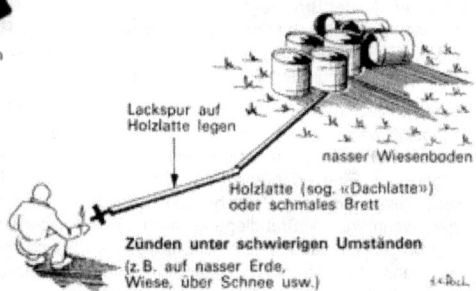

Legen der Lackspur
Richtig = Spur zusammenhängend giessen
Falsch = Spur unzusammenhängend.
Nicht gleichmässig gegossen.

Lackspur auf
Holzlatte legen

nasser Wiesenboden

Holzlatte (sog. «Dachlatte»)
oder schmales Brett

Zünden unter schwierigen Umständen
(z. B. auf nasser Erde,
Wiese, über Schnee usw.)

Zerstörungsmöglichkeiten:

Vorbemerkungen.

- Benzin lässt sich leicht entzünden. Dieselöl dagegen fängt nur schwer Feuer. Hege keine übertriebenen Erwartungen!

- Treibstoffe in Tanks können nur schwer, oft überhaupt nicht entzündet werden.

- Treibstoffe in Tanks brennen nur äusserst langsam ab. Zeitbedarf: Tage und Wochen.

- Wenn möglich zuerst eine grössere Menge Treibstoff auslaufen lassen und nachher anzünden.

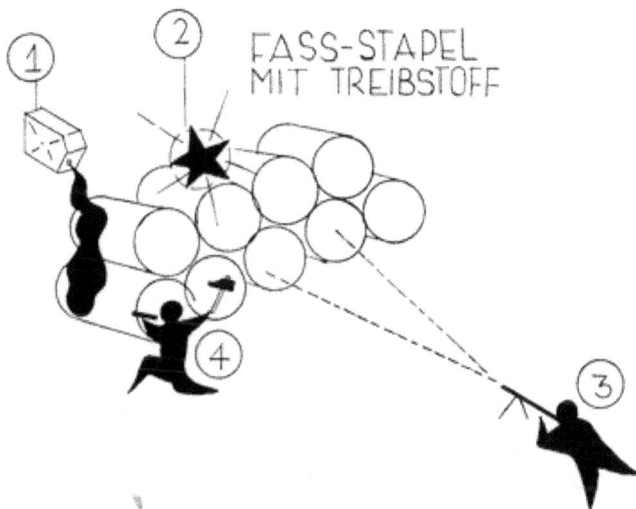

FASS-STAPEL MIT TREIBSTOFF

Zerstörung von Treibstoff-Fass-Stapeln

Möglichkeiten:

1. Fass-Stapel mit Benzin, Petrol usw. übergiessen und aus Distanz in Brand setzen.
2. Mit einer Sprengladung einzelne Fässer aufreissen und den auslaufenden Treibstoff aus Distanz in Brand setzen.
3. Treibstoff-Fässer leck schiessen und den auslaufenden Treibstoff aus Distanz in Brand setzen.
4. Mit Hammer und Meissel einzelne Fässer leck schlagen und den auslaufenden Treibstoff aus Distanz in Brand setzen.

In allen Fällen bringt der entstehende Brand (Hitze) die Fässer zum Platzen. Man darf nicht zu früh anzünden. Je grösser die Treibstofflache ist, um so sicherer wird der ganze Fass-Stapel vernichtet.

Um das persönliche Risiko des Saboteurs zu verkleinern, muss der ausgelaufene Treibstoff immer aus Distanz entzündet werden. Mittel hierzu: Brandflaschen oder brennende Putzfädenknäuel, die an einem schweren Gegenstand befestigt sind, hineinwerfen («Fackeln.>).

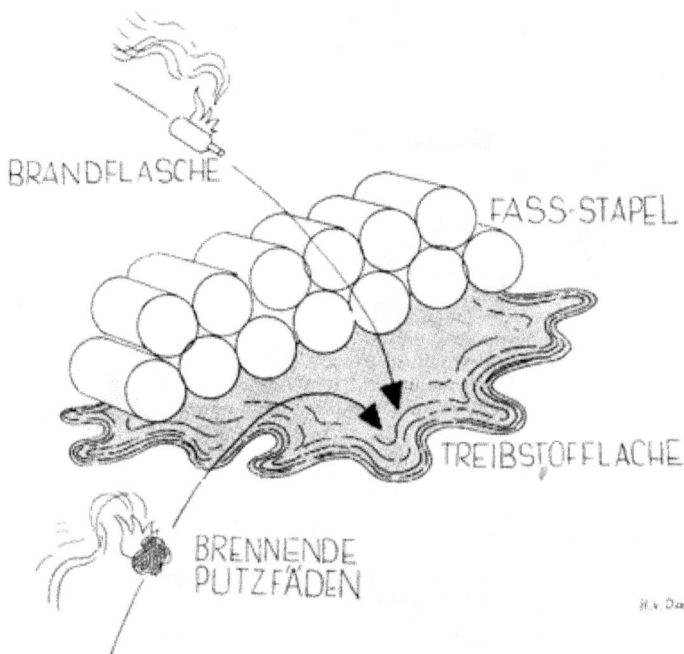

BRANDFLASCHE

FASS-STAPEL

TREIBSTOFFLÄCHE

BRENNENDE
PUTZFÄDEN

H.v.Dach

- Das Inbrandstecken grosser Mengen ausgeflossenen Treibstoffes ist für die Zündmannschaft sehr gefährlich! Daher immer aus Distanz zünden. Möglichkeiten:
  a) Signalrakete oder Leuchtrakete hineinschiessen;
  b) mit Leuchtspurmunition hineinschiessen;
  c) Sprengladung hineinlegen und mit langer Zeitzündschnur zünden. Sprengladungen aus Schwarzpulver ergeben eine grössere Stichflamme und sind daher geeigneter als Trotyl- oder Plastitladungen.

- Trotz diesen vielen Einschränkungen darfst du aus der Tankzerstörung keine Wissenschaft machen. Aufgerissene Tanks müssen repariert werden. Durchlöcherte Fässer sind unbrauchbar. Brände stören!

Oberirdische Tanks

- Beschuss mit Gewehrgranaten oder Raketenrohr. Zielpunkt: Mitte Behälter.

- Anbringen einer geballten Ladung von mindestens 4 kg am Fusse des Behälters.

- Durch Beschuss oder Sprengung wird der Tankinhalt selten in Brand gesetzt. Daher ist der ausfliessende Treibstoff durch Behelfsmittel nachträglich in Brand zu stecken.

Unterirdische Tanks

- Die Tanks sind in der Regel 1-3 m in den Boden eingelassen.

- Bringe die Sprengladung im Einsteigschacht an, und zwar unmittelbar auf dem Tankblech. Verwende mindestens 500 g Sprengstoff.

- Bei gefüllten Tanks bewirkt die Sprengung ein Bersten der Tankwandung, da die Flüssigkeit nicht komprimierfähig ist. Ist der Tank nicht ganz gefüllt, so enthält der restliche Tankraum vielfach ein exp-

79

losionsgefährliches Luftgemisch, welches zur Zerstörung beiträgt. In jedem Falle muss aber die Ladung ausserhalb des Tankraumes angebracht werden.

- Der Tankinhalt wird durch die Explosion selten in Brand geraten. Durch Einwerfen von Fackeln, Brandflaschen, Handgranaten usw. in den Einsteigschacht ist der Treibstoff nachträglich zur Entzündung zu bringen. (Siehe Skizze Seite unten.)

Eisenbahn-Zisternenwagen

- Zerstörung: Beschuss mit Gewehr-Hohlpanzergranaten oder Raketenrohr. Sprengen mit einer Ladung von 500 g. Zielpunkt: untere Hälfte des Tankkessels. Anbringungsort der Sprengladung: im Idealfall Tank-Unterseite, sonst an der Tankseitenwand so tief als möglich. Wirkung: wenn der getroffene Wagen nicht explodiert, so läuft doch wenigstens der Treibstoff aus.

- Beschädigung: Beschuss mit gewöhnlicher Gewehrmunition. Die Kesselbleche werden durchschlagen, der Treibstoff läuft aus und der Wagen muss in Reparatur.

Treibstoff-Fässer-Stapel

- Zerstörung: siehe Skizzen Seiten 78/79.

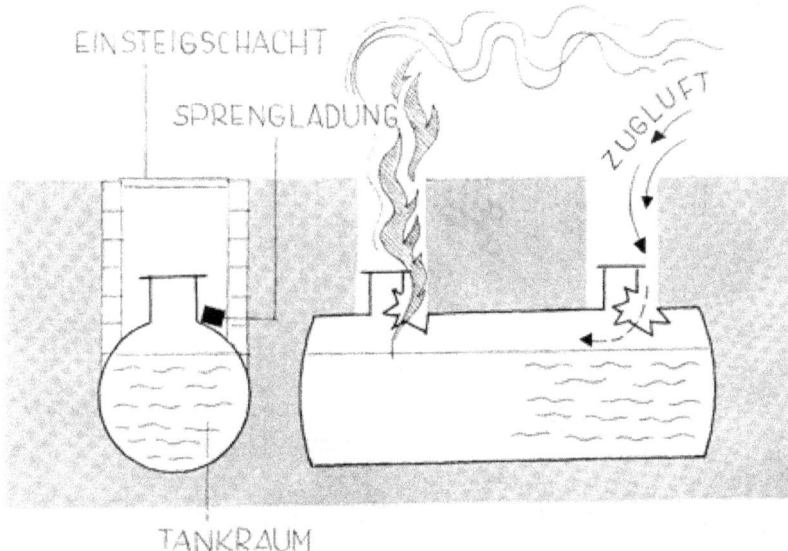

Die Sprengung wird immer ausserhalb des Tankraumes angebracht. Es werden immer beide Tanköffnungen gesprengt, so dass im Tankinnern Durchzug entsteht.

Angriff auf ein Munitionsdepot oder Freilager

- Sicherung, Niederkämpfen der Wache usw., gemäss Seite 71.

- Kleinkriegsverbände leiden unter chronischem Munitionsmangel. Wenn immer möglich wird erbeutete Munition für eigene Zwecke verwendet. Nur in Ausnahmefällen wird Munition zerstört.

- Bei der Munitionszerstörung muss unterschieden werden zwischen:
  a) Kleinwaffenmunition (bis zum Kaliber 12,7 mm);
  b) schwere Munition (Kaliber 20 mm und mehr).

- Munition kann grundsätzlich zerstört werden durch:
  a) in Brand setzen;
  b) Sprengen;
  c) Versenken (Bach, Teich, Fluss, See).
  Nässe verdirbt die Munition sehr schnell! In der Folge ist nur noch von der Methode «Brand/Sprengen» die Rede.

- Zerstörung von Kleinwaffenmunition:
  Wenn man sehr wenig Zeit hat: Kartons und Kisten aufstapeln, mit Benzin übergiessen und anzünden.
  Wenn man etwas mehr Zeit hat: Munitionspackungen aufreissen und Patronen an einen Haufen schütten. Mit Benzin übergiessen und anzünden.
  Wirkung: die Munition detoniert durch die Hitze oder wird deformiert. Selbst äusserlich scheinbar unbeschädigte Munition kann nicht mehr verwendet werden, da sich ihre «innern Eigenschaften» in unberechenbarer Weise verändert haben.

- Zerstörung schwerer Munition:
  Einige Panzerminen oder Sprengbüchsen (insgesamt mindestens 10 kg Sprengstoff) als Initialladung verwenden. Um diese herum die übrigen Munitionskisten aufstapeln. Hochbrisante Munition näher, weniger brisante weiter entfernt. Den Stapel sprengen. Wirkung: ein Teil der Munition wird durch die Initialladung ausgelöst und detoniert ihrerseits. Andere Teile werden durch die Gewalt der Explosion bloss weggeschleudert. Auch diese Munition ist unbrauchbar, da der Gegner befürchten muss, dass die Zünder deformiert sind und Rohrkrepierer entstehen.

SCHWERE MUNITION / PANZERMINE

Zerstörung schwerer Munition
1. Initialladung, bestehend aus einigen Panzerminen oder Sprengbüchsen. Mindestsprengstoffgewicht 10 kg. Zündung mit Sprengkapsel Nr. 8 und Zeitzündschnur.
2. Ober der Initialladung: Kisten mit Minen, Sprengstoff oder Handgranaten.
3. Um oder über die Initialladung: Kisten mit Artillerie- oder Minenwerfermunition.
4. Raketenmunition und pyrotechnische Mittel.
5. Wenig brisante Munition (z. B. 20-mm-Flab- oder gar Kleinwaffenmunition) als «Verdämmungsmaterial> verwenden.

KLEINWAFFENMUNITION

Zerstörung von Kleinwaffenmunition
1. Bessere Methode (wenn man etwas Zeit hat): Lose Patronen aufhäufen, mit Benzin übergiessen und anzünden.
2. Schlechtere Methode (wenn man keine Zeit hat): Munitionskartons oder -kisten aufstapeln, mit Benzin übergiessen und anzünden.

Überfall auf einen Stab oder eine Truppenunterkunft

Grundsätze:

- Das Angriffsobjekt isolieren, um:
  a) ein Entkommen des aufgescheuchten Gegners zu verunmöglichen;
  b) zu verhindern, dass von aussen Hilfe kommt.

- Wache angreifen und lautlos erledigen.

- Den Gegner im Objekt vernichten.

Beispiel (Befehl eines Führers):
1. Orientierung: «... im Gebäude 300 m vor uns befindet sich ein feindlicher Stab. Wir überfallen diesen! Ein Wachtposten steht vor dem Haus bei den drei Pappeln. Ein zweiter Posten befindet sich hinter dem Haus in einer Tannengruppe.»
2. Absicht: «. . . ich will das Haus allseitig umstellen, damit niemand entkommen kann. Den einen Wachtposten lautlos erledigen. Unbemerkt an das Gebäude herankommen und eine geballte Ladung hineinwerfen. Oberlebenden Gegner, der sich ins Freie flüchtet, mit den Überwachungstrupps abschiessen.»
3. Befehl: «. . . den Wachtposten bei den drei Pappeln erschlage ich mit dem Handbeil persönlich. Überwachungstrupp Nr. 1 - Schweizer und Blumenstein - überwacht die N- und W-Fassade. Stellungsraum in der Nähe der Wegeinmündung. Oberwachungstrupp Nr. 2 -Moser und Müller - überwacht die S- und E-Fassade. Stellungsraum bewaldete Bodenerhebung 80 m hinter dem Haus.
Feuereröffnung der Überwachungstrupps:
wenn alles gut geht, nach der Sprengung;
wenn etwas schief geht, d. h. der Gegner aufmerksam wird, sofort! Achtung auf den eigenen Sprengtrupp.
Sprengtrupp - Blaser und Nyffenegger - geht auf mein Lichtzeichen an die Westfassade heran und wirft die geballte Ladung (5 kg Sprengstoff) durch das schlecht verdunkelte Fenster. Nach der Detonation ziehen sie sich sofort über die drei Pappeln hierher zurück, damit die Überwachungstrupps freies Schussfeld haben!, »
(Siehe Skizze Seite 83.)

82

Angriff auf einen kleinen Stützpunkt

- Der Kleinkriegsverband wird eingeteilt in:
  a) Kampfdetachement (Feuerunterstützungstrupps, Stosstrupps, Drahtschneide- oder Entminungstrupps usw.);
  b) Zerstörungsgruppe (Sprengmittel, Brandmittel);
  c) Beutesammelgruppe (Transporttrupps).

- Gleich zu Beginn des Überfalls werden alle Verbindungen des Gegners mit der Umwelt (Nachbargarnison, Jagdkommandos usw.) unterbrochen, damit keine Hilfe herbeigerufen werden kann. Zerschneide hierzu alle Telephonleitungen. Den Funkverkehr kannst du nicht unterbinden. Setze aber sofort einen Stosstrupp gegen den Standort des Funkgeräts an. Dessen Platz ausfindig zu machen gehört mit zur sorgfältigen Aufklärung.

- Alle wichtigen Punkte wie Offiziersunterkunft, Mg- und Mw.-Stellungen, Scheinwerferstände usw. werden gleichzeitig angegriffen.

- Wenn möglich ist der Abwehrkampf der Besatzung von innen her zu sabotieren. Mittel: vor langer Zeit vorsorglich in den Stützpunkt eingeschleuste Elemente der zivilen Widerstandsbewegung (Hilfspersonal wie Köche, Putzer, Wagenwascher, Handwerker usw.).

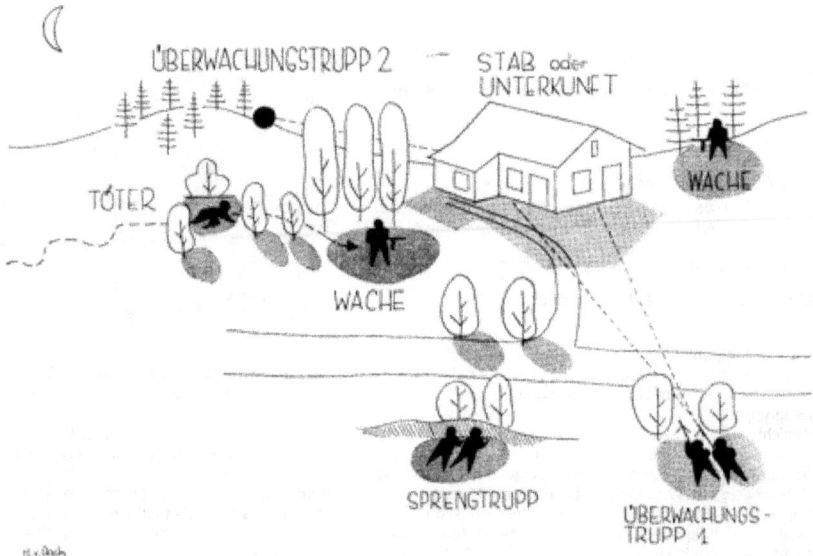

Angriffe auf das Telephonnetz

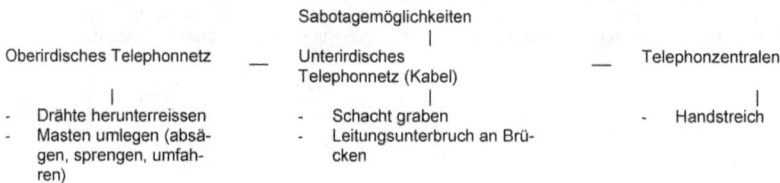

	Sabotagemöglichkeiten		
Oberirdisches Telephonnetz —	Unterirdisches Telephonnetz (Kabel)	—	Telephonzentralen
- Drähte herunterreissen	- Schacht graben		- Handstreich
- Masten umlegen (absägen, sprengen, umfahren)	- Leitungsunterbruch an Brücken		

Unterbrechung der Telephonfreileitungen:

- Säge oder sprenge Leitungsmasten um, so dass die Drähte zerreissen.
- Befestige ein Stück Eisen oder einen Stein an einer langen, starken Schnur und wirf diesen über die Drähte. Ziehe an der Schnur und reisse so den Telephondraht herunter.[1]
- Fälle Bäume so, dass sie beim Sturz die Telephondrähte herunterreissen. Erschwere die Aufräumungsarbeiten durch den Einbau einiger Personenminen oder Sprengfallen. Im Gewirr der herunterhängenden Telephondrähte fallen die Zugdrähte zu den Zündern nicht auf.

Unterbrechung der unterirdischen Telephonkabel:

- Die unterirdischen Leitungen bestehen aus mehreren Leitungsdrähten, die gegeneinander und gegen die Erde durch eine Isoliermasse abgedichtet sind (Kabel). Zu vermehrtem Schutz gegen äussere Beschädigungen sind die Kabel stellenweise in eiserne Röhren oder Zementkästen eingelegt. Durchschnittliche Eingrabtiefe der Kabel 80 cm.
- Die Zerstörung unterirdischer Kabel ist delikat und gefährlich, da die Kabel normalerweise einer belebten Strasse entlanglaufen und ein auffälliger Schacht in die Erde gegraben werden muss.
- Gründliches Verfahren: Kabel ausgraben, Isolation entfernen, Kabel zersägen, Kabel wieder abisolieren, Loch zudecken und Spuren der Grabarbeit verwischen.
- Schnellverfahren: Kabel ausgraben, Kabel zersägen, vor dem Zufüllen des Lochs beide Kabelenden so legen und mit Steinen beschweren, dass sie sich nicht berühren, Loch zudecken und Grabarbeiten tarnen.
- Notverfahren: Zum Überwinden von Gewässern werden Telephonkabel in grossen Blechröhren unter den Brücken oder den Brückenrändern entlang geführt. Da lange nicht alle Brücken vom Gegner bewacht werden, lassen sich die Kabel hier durch Sprengung leicht zerstören.
- Die erzielte Unterbrechung beträgt im Mittel 3-4 Tage.

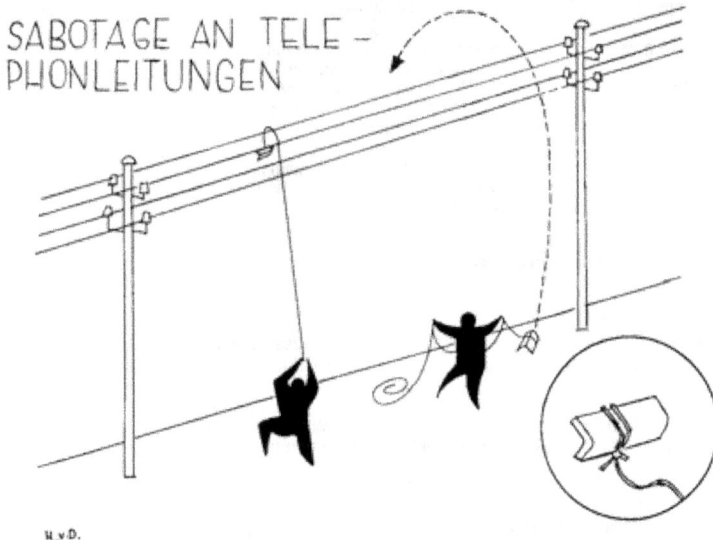

SABOTAGE AN TELE-
PHONLEITUNGEN

H.v.D.

---

[1] Damit keine Unfälle passieren, muss der Saboteur rasch und sicher zwischen Telephonleitungen und Starkstromleitungen unterscheiden können. Bei Telephonleitungen laufen die Leitungsdrähte parallel (die Isolatoren sind beidseitig der Stange auf gleicher Höhe angeordnet). Bei Starkstromleitungen laufen die Leitungsdrähte versetzt (die Isolatoren sind beidseits des Mastes nach der Höhe gestaffelt).

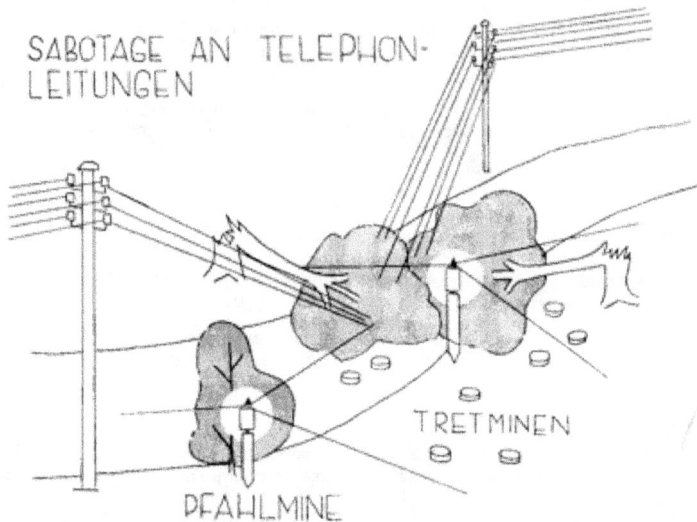

Angriffe auf das Elektrizitätsnetz

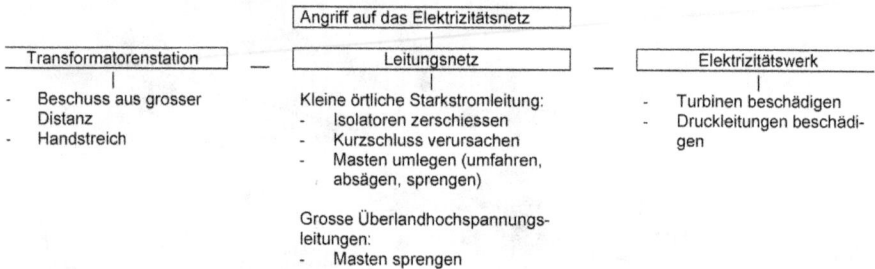

		Angriff auf das Elektrizitätsnetz		
Transformatorenstation	—	Leitungsnetz	—	Elektrizitätswerk

Transformatorenstation	Leitungsnetz	Elektrizitätswerk
- Beschuss aus grosser Distanz - Handstreich	Kleine örtliche Starkstromleitung: - Isolatoren zerschiessen - Kurzschluss verursachen - Masten umlegen (umfahren, absägen, sprengen) Grosse Überlandhochspannungs-leitungen: - Masten sprengen	- Turbinen beschädigen - Druckleitungen beschädigen

Angriff auf eine Transformatorenstation

Allgemeines:

-   Transformatorenstationen sind wichtige und zugleich äusserst verletzliche Anlagen der Elektrizitäts-versorgung. Sie stellen das dankbarste Angriffsobjekt im Kampf gegen die Elektrizitätsversorgung dar.

-   Mit der Zerstörung einer Transformatorenstation wird die Energieversorgung eines grossen Gebiets schlagartig unterbrochen. Der angerichtete Schaden kann nur schwer wieder gutgemacht werden.

-   Eine Transformatorenstation weist folgende Objekte auf:
    a)   Wärterhaus
         Im Erdgeschoss eine Halle mit der Kontroll- und Schaltapparatur. Im 1. Stock die Wohnung für Angestellte, welche die Anlage ständig betreuen. Telephonzuleitung.
    b)   Transformatorenanlage
         Besteht aus Transformatoren, Kühlern, Schaltern und Isolatoren.
    c)   Scheinwerferstand
         Zur Beleuchtung des Areals, damit auch bei Nacht gearbeitet werden kann. Erleichtert zugleich die Bewachung der ganzen Anlage.

d) Umzäunung

Soll Starkstromunfälle verhüten. Solider 2-3 m hoher Drahtgeflechtzaun. Erleichtert zugleich die Bewachung der Anlage.

e) Stromzuleitung

Der letzte Hochspannungsleitungsmast steht in unmittelbarer Nähe der Umzäunung (in der Regel weniger als 100 m entfernt).

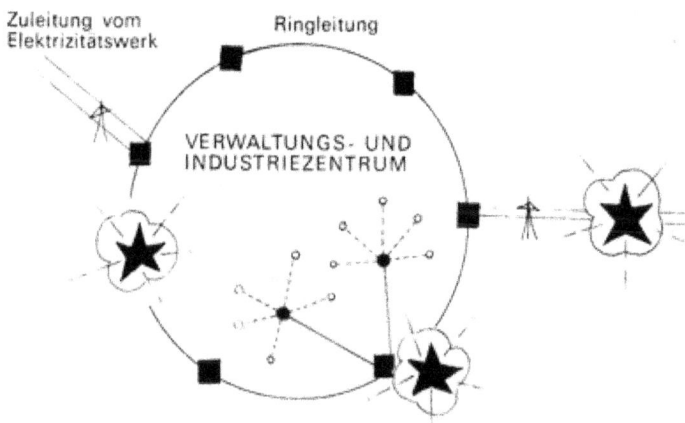

Zuleitung vom Elektrizitätswerk

Ringleitung

VERWALTUNGS- UND INDUSTRIEZENTRUM

○ Verbraucher (Fabrik, Haushaltung usw.)

● Ortszentrale (pro Transformatorenstation gibt es etwa 5 Ortszentralen)

■ Transformatorenstation (pro grössere Stadt hat es etwa 5-6 Freilufttransformatorenstationen)

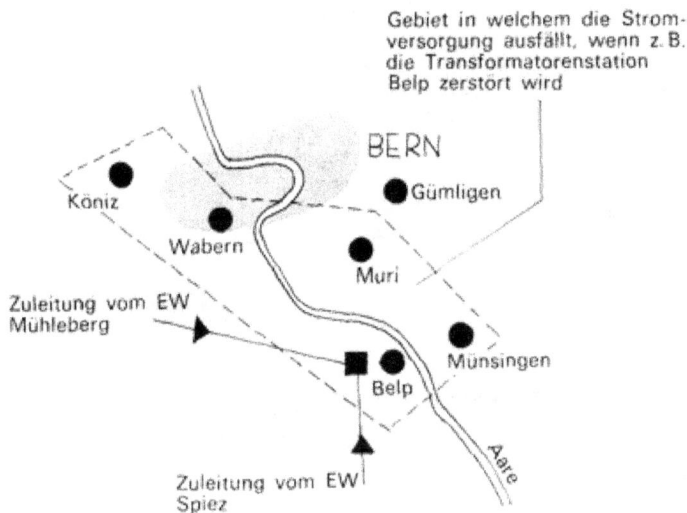

Gebiet in welchem die Stromversorgung ausfällt, wenn z. B. die Transformatorenstation Belp zerstört wird

BERN

Köniz

Gümligen

Wabern

Muri

Zuleitung vom EW Mühleberg

Belp

Münsingen

Zuleitung vom EW Spiez

Aare

Gebiet in welchem die Stromversorgung ausfällt, wenn z. B. die Transformatorenstation Belp zerstört wird

Zerstörungsmöglichkeiten:

- Sicherung, Niederkämpfen der Wache usw., gemäss Seite 71.
- Dringlichkeitsfolge in der Zerstörung.

Wenn man wenig Zeit hat:

Zerstöre die Transformer. Diese bilden das Herzstück der ganzen Anlage. Sie sind geschützt durch eine ca. 10 mm starke Metallverschalung.
Zerstörungsmöglichkeiten:
a) Beschuss mit Stahlkernmunition, Gewehr-Hohlpanzergranaten oder Raketenrohr;
b) Auflegen einer 3-kg-Sprengladung auf das Transformatorengehäuse.

Wenn man mehr Zeit hat:

Zerstöre zusätzlich die Kühler.
Zerstörungsmöglichkeiten:
a) Beschuss mit Stahlkernmunition, Gewehrgranaten oder Raketenrohr;
b) Anbringen einer 2-kg-Sprengladung in halber Höhe des Kühlers (Schnur, Draht, Haken usw.).

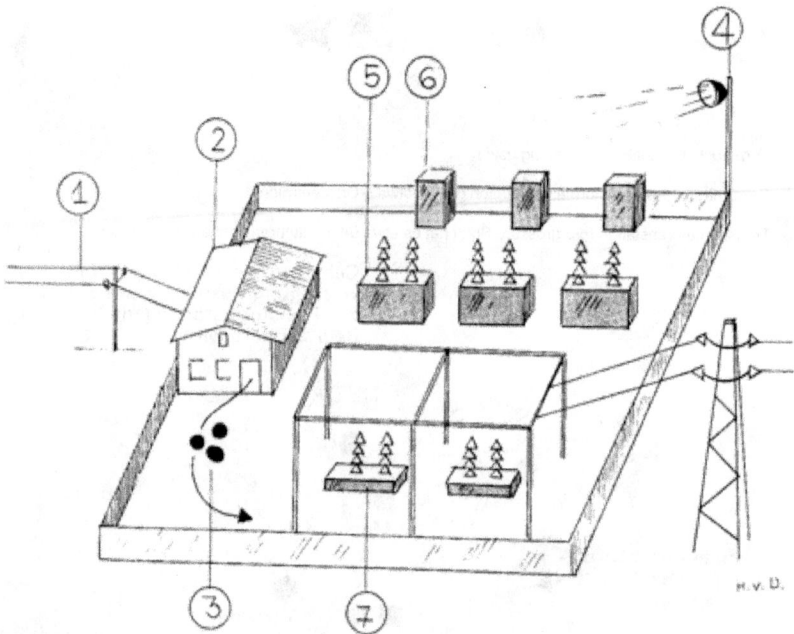

Handstreich auf eine Transformatorenstation
Stosstruppziele:
1 Telephonverbindung
2 Wärterhaus
3 Wachtpatrouille
4 Scheinwerferstand

Ziele für den Zerstörungstrupp:
5 Transformatoren
6 Kühler
7 Isolatoren

Wenn man viel Zeit hat:

Zusätzlich die Isolatoren, die Apparatehalle und den Zuleitungsmast zerstören.
Zerstörungsmöglichkeit der Isolatoren (bestehen aus ca. 3 cm dickem Porzellan):
a) Beschuss mit Sturmgewehr;
b) Zerschlagen mit Vorschlaghammer (vorher Strom ausschalten!);
c) Sprengen mit Einzelladungen von je 200 g. Am besten Plastit, das zwischen die Isolatorenschei-
   ben geklebt wird.
Zerstörungsmöglichkeiten der Apparaturenhalle:
a) geballte Ladung von mindestens 5 kg Sprengstoffgewicht in der Raummitte zur Detonation bringen. Zur Erhöhung der Wirkung vorher alle Türen und Fensterschliessen;
b) in Brand stecken.

Angriff auf das Leitungsnetz

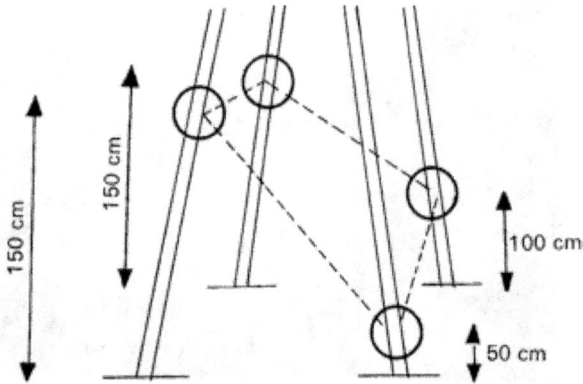

Sprengen eines Oberland-Hochspannungsleitungsmastes

Taktik:
Sprenge nicht einen Mast in der Ebene und neben einer Strasse. Der Gegner kann so den Schaden leicht und ohne sonderliche Mühe beheben. Sprenge an einer möglichst abgelegenen Stelle und in schwierigem Gelände (z. B. Steilhang), so dass dem Gegner allein schon für Materialtransport und Anmarsch grosse Schwierigkeiten erwachsen. Sprenge immer dort, wo die Spannweite zwischen den einzelnen Masten sehr gross ist, also z. B. an Flussläufen, Tobeln usw.

Technik:
Einen unregelmässigen Keil heraussprengen. Erleichtert ein Kippen und Verdrehen des Mastes. Im Idealfall alle Ladungen mit Knallzündschnur verbinden. Notfalls durch vier Einzelladungen sprengen.
Bei der Sprengung auch die Zugwirkung der Kabel berücksichtigen.

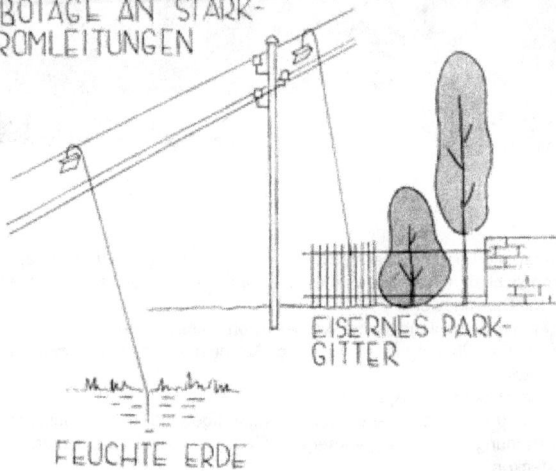

Verursachen von Kurzschluss

Ein starker Draht (eventuell ein dünnes Drahtseil) wird an einem eisernen Geländer befestigt oder in feuchtes Erdreich gesteckt. Am Wurfende wird als Beschwerung ein Stück Eisen befestigt und der Draht anschliessend über die Leitung geworfen. Achtung! Draht beim Wurf sofort loslassen. Nach erfolgtem Kurzschluss kann in einem gewissen Umkreis eine starke Erdspannung entstehen. Diese ist jedoch nur gefährlich, wenn ihr Bereich mit raschen, grossen Schritten verlassen wird. Der Saboteur muss deshalb langsam und mit kurzen Schritten weggehen.

Angriff auf das Eisenbahnnetz

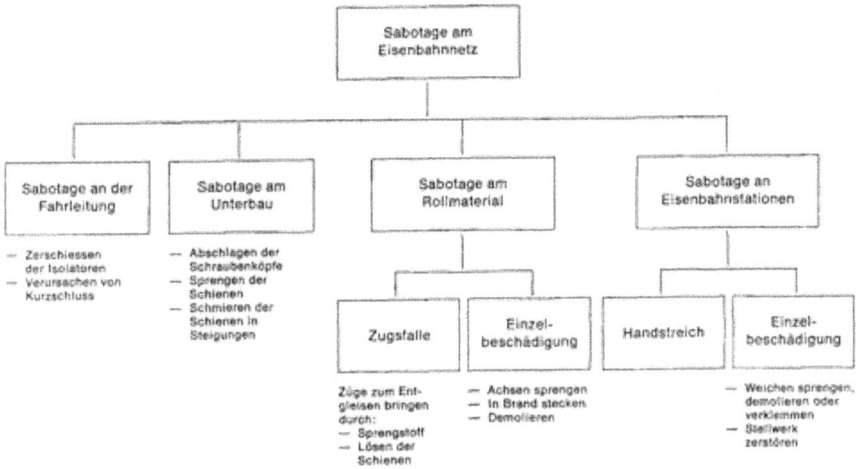

Sabotage am Eisenbahnnetz

- **Sabotage an der Fahrleitung**
  - Zerschiessen der Isolatoren
  - Verursachen von Kurzschluss

- **Sabotage am Unterbau**
  - Abschlagen der Schraubenköpfe
  - Sprengen der Schienen
  - Schmieren der Schienen in Steigungen

- **Sabotage am Rollmaterial**
  - **Zugsfalle**
    - Züge zum Entgleisen bringen durch:
      - Sprengstoff
      - Lösen der Schienen
  - **Einzelbeschädigung**
    - Achsen sprengen
    - In Brand stecken
    - Demolieren

- **Sabotage an Eisenbahnstationen**
  - **Handstreich**
  - **Einzelbeschädigung**
    - Weichen sprengen, demolieren oder verklemmen
    - Stellwerk zerstören

Sabotage an der Fahrleitung.

- Zerschiessen der Isolatoren. Schiesse mit wohlgezieltem Einzelschuss die Fahrleitungsisolatoren herunter. Verübe diese Sabotage auf freier Strecke und weitab von Stationen.

- Du musst unterscheiden zwischen «Tragseil» und «Fahrdraht». Ziel des Sabotageaktes ist, das «Tragseil» durch Zerschiessen der stützenden Isolatoren auf das «Tragwerk» (Leitungsmast) herunterfallen zu lassen, wobei Kurzschluss entsteht und das Tragseil durchschmilzt.

- Lege beim Schiessen die Waffe auf, um rasch und ohne grossen Munitionsaufwand zu treffen.

- Halte dich beim Schiessen in vorsichtiger Distanz (50-80 m) damit dich der bei Kurzschluss entstehende Lichtbogen nicht gefährdet.

- Bei Doppelspur müssen beide Fahrleitungen zerstört werden.

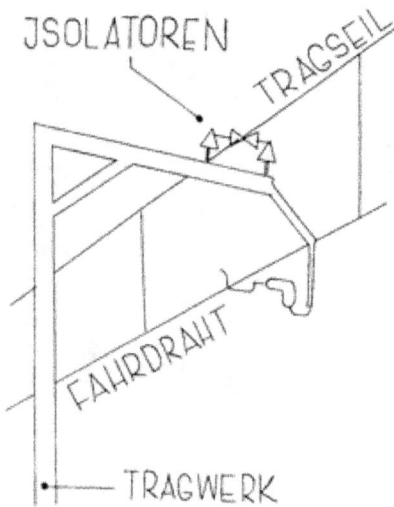

Sabotage an der Fahrleitung.

Verursachen von Kurzschluss - Von einer Überführung aus:

- Verbinde Schutzgeländer und Schiene mit einem dünnen Drahtseil von 5-8 mm Stärke.

- Befestige ein gleiches Drahtseil am Schutzgeländer. Binde an das Wurfende des Kabels ein Stück Eisen als Beschwerung.

- Wirf das Kabel von der Oberführung aus auf die Fahrleitung. Lasse das Kabel sofort los (Lebensgefahr!). Da Geländer und Schutzwände der Oberführung geerdet sind, ist das Verfahren für den Saboteur relativ ungefährlich.

- Verwende nur starke Kabel. Dünne schmelzen sofort durch, was lediglich einen momentanen Spannungsabfall in der Leitung zur Folge hat.

Verursachen von Kurzschluss - Auf freier Strecke an einer Böschung:

- Befestige das Drahtseil an der Schiene. Binde ans Wurfende ein Eisenstück als Beschwerung.

- Wirf das Seilende von der Böschung aus über die Fahrleitung. Hierbei spielt es keine Rolle, ob du das Tragseil oder den Fahrdraht triffst, beide stehen unter Spannung.

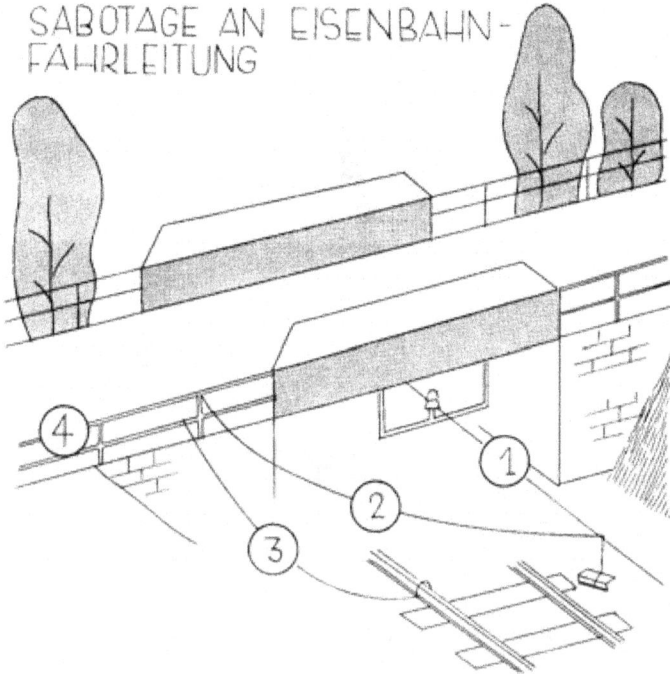

SABOTAGE AN EISENBAHN-
FAHRLEITUNG

1.   Fahrleitung
2.   Wurfkabel
3.   Kabelverbindung .<Eisenbahnschiene Metallmasse des Schutzgeländers (Erdung)
4.   Schutzgeländer

Sabotage am Unterbau (Geleise). Abschlagen der Schraubenköpfe

-   Die Schraubenköpfe an den Eisenbahnschwellen lassen sich leicht mit einem Vorschlaghammer abschlagen (grosse Kälte erleichtert das Abspringen!).

-   Hege bezüglich Erfolg keine übertriebenen Erwartungen. Eisenbahnzüge werden keine entgleisen. Aber Kontroll- und Reparaturmannschaften werden stark beansprucht und fehlen dann anderswo.

Sabotage! Schlage die Schraubenköpfe mit einem Vorschlaghammer weg.

Sabotage am Unterbau. Sprengen der Geleise

- Auf offener Strecke werden die Geleise immer in einer Kurve gesprengt. Gründe:
  - Gebogene Schienen sind schwerer zu ersetzen als gerade.
  - -In Kurven entgleisen Züge leichter (Zentrifugalkraft!).
  - Das Zugspersonal vermag Breschen im Schienenstrang später und schlechter zu erkennen als auf gerader Strecke.

- Sprenge immer den äusseren Strang. So treibt die Zentrifugalkraft den heranbrausenden Zug an der Zerstörungsstelle leichter aus den Schienen und wirft die Trümmer gleichzeitig auf das Nebengeleise. Fahrtrichtung der Züge im regulären Verkehr: Links.

- Entgleisungswahrscheinlichkeit: Wenn der Lokomotivführer die Bresche nicht bemerkt und in einer Kurve mit voller Geschwindigkeit in die Sprengstelle hineinfährt, so genügt eine Lücke von 30 cm.

- Wenn das Bahnpersonal die Zerstörungsstelle kennt und den Zug im Schrittempo über die Sprengstelle führt, so können auch noch Breschen von 50-60 cm Breite ohne Entgleisung überwunden werden.

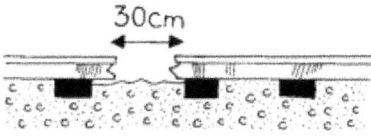

Sprengen von Eisenbahnschienen

Entscheidend für Entgleisen oder Nichtentgleisen ist nicht die Grösse der Bresche, sondern die Geschwindigkeit des Zuges. Breschen von mindestens 30 cm führen bei unverminderter Geschwindigkeit zur Entgleisung. Bei «Schleichfahrt» können nötigenfalls auch noch Breschen bis zu 60 cm ohne Entgleisung überfahren werden.

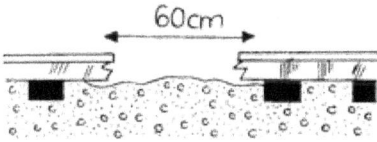

SPRENGLADUNG TYP A

Für einfache Geleisesprengung

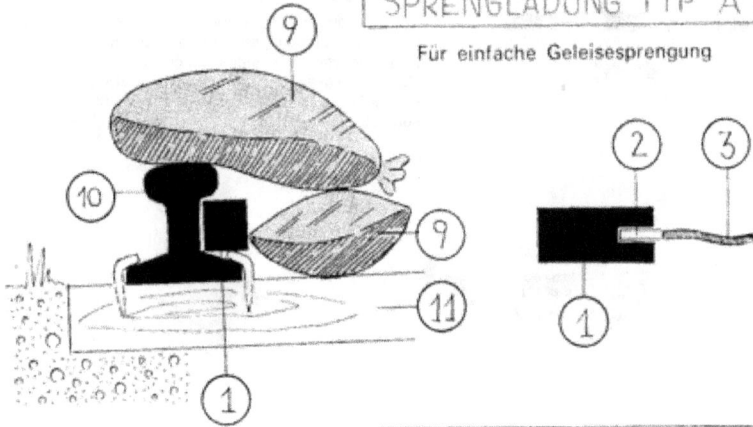

SPRENGLADUNG TYP B

Für überraschendes Auslösen der
Sprengung, wenn man keine Knallzündschnur und keine Schlagzünder
zur Verfügung hat.

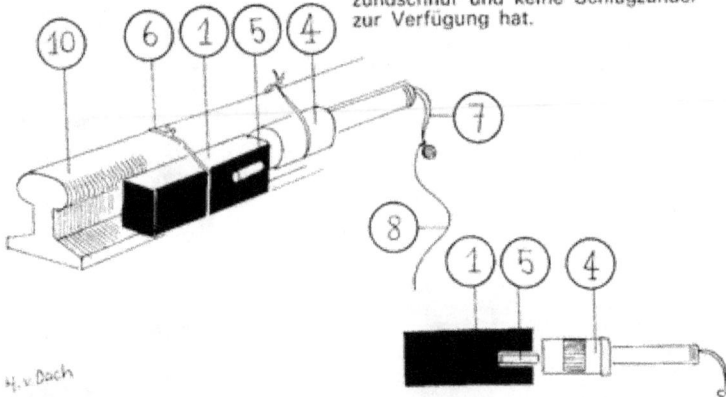

H. v. Dach

Bildlegende zur Skizze

1. Sprengladung: - Sprengbüchse 500 g oder 1 kg, oder - 500 bis 1000 g PLASTIT oder Zivilsprengstoff
2. Sprengkapsel Nr. 8
3. Zeitzündschnur
4. Handgranate 43 als Initialzündung der Sprengladung
5. Sprengkapsel Nr. e in Sprengladung eingesetzt, um die Detonationsübertragung zu gewährleisten
6. Drahtbund zum Befestigen der Sprengladung oder der Handgranate
7. Abreissschnur der Handgranate
8. Verlängerungsschnur, um die Sprengladung aus einer Deckung heraus zünden zu können
9. Sandsäcke zur Verdämmung der Sprengladung
10. Eisenbahnschiene
11. Eisenbahnschwelle

Sabotage am Unterbau. Zerstörung von Weichen und Herzstücken.

Weichen werden mit einer Sprengladung von 1 kg gesprengt. Wenn Sprengmittel fehlen, wird das Weichenantriebs-gestänge mit Vorschlaghammer oder Brecheisen verkrümmt.

Herzstücke werden mit zwei Sprengladungen von je 1 kg gesprengt.

Sabotage am Unterbau. Schmieren der Schienen.

- Bestreiche die Geleise in Steigungen mit Fett, Öl oder Schmierseife.

- Bestreiche immer beide Schienen auf einer Mindestlänge von 200 m. Andernfalls schleudern zwar die Räder der Lokomotive, aber der Zug schlittert durch den innewohnenden Schwung über die Sa-botagestelle hinweg.

Zerstörung von Rollmaterial

Elektrische Lokomotive:

- Zerschiesse die Dachisolatoren.

- Zerschlage mit einem Vorschlaghammer die Instrumente im Führerstand.

- Schlage im Maschinenraum mit einem Pickel Löcher in die dünne Metallumwandung der Transforma-torenkessel und zünde das ausfliessende Öl an.

Dampflokomotiven:

- Wirf eine Sprengladung von 1 kg durch die Feuerungstüre.
- Zerschlage mit einem Vorschlaghammer die Instrumente im Führerstand.
- Zerschiesse mit Gewehrmunition den Dampfkessel. Zielpunkt: mittleres Drittel der Lokomotive, ca. 2 m vor dem Führerstand.

Zerstörung einer Dampflokomotive
1. Beschiessen des Dampfkessels mit Sturmgewehr (Stahlkernmunition).
2. Zerschlagen der Steuerungseinrichtung und der Instrumente im Führerstand. Sprengen der Feuerbüchse. Hierzu wird eine HG oder geballte Ladung durch die Heizungstüre (Feuerloch) in den Heizraum geworfen.

Eisenbahnwagen:

- Sprenge die Wagenachsen mit einer Sprengladung von 1 kg.

Sabotage am Eisenbahnrollmaterial: Wirf in jede Schmierbüchse eine Handvoll Sand, Schmirgelpulver oder Eisen-späne. Die Schmierbüchsendeckel, speziell an Güterwagen, können von blosser Hand leicht geöffnet werden. Der Erfolg tritt nicht sofort ein. Die Lager werden jedoch unverhältnismässig rasch abgenützt. Da man keine technischen Hilfsmittel benötigt und der Sabotagevorgang äusserst einfach ist, kann jedermann das Verfahren unauffällig anwenden.

Handstreich auf eine Eisenbahnstation

Allgemeines:

Eine Eisenbahnstation weist folgende Objekte auf:

- Stationsgebäude mit Büro, Stellwerk und Wohnung des Vorstandes.
- Geleiseanlagen mit Schienen, Weichen, Herz- und Kreuzstücken, eventuell Drehscheibe.
- Fahrleitung mit Hauptleitungsmast und gewöhnlichen Leitungsmasten. Am Hauptleitungsmast einen Ölisolator.
- Signalanlagen mit Ein- und Ausfahrtssignalen.
- Verbindungsnetz mit Privattelephon, Diensttelephon und Diensttelegraph.

Einteilung des Kleinkriegsverbandes für den Angriff:

- gemäss Seite 71.

Zerstörungsmöglichkeiten:

- Wenn man wenig Zeit hat: nur die Weichen sprengen.
- Wenn man mehr Zeit hat: zusätzlich Kreuz- und Herzstücke sprengen und die Stellwerkeinrichtung mit dem Vorschlaghammer zertrümmern.
- Wenn man viel Zeit hat: zusätzlich den Ölisolator am Hauptleitungsmast mit Gewehr zerschiessen und die Drähte der Signalanlagen zerschneiden.

Besonderes:

- Uniformen und eventuell Waffen des Bahnpersonals behändigen.
- Stationskasse behändigen (ist kein Diebstahl. Geld gehört der Besetzungsmacht).
- Fahrkarten behändigen (können der zivilen Widerstandsbewegung übergeben werden).
- den Güterschuppen auf brauchbares Material, Lebensmittel usw. durch suchen.

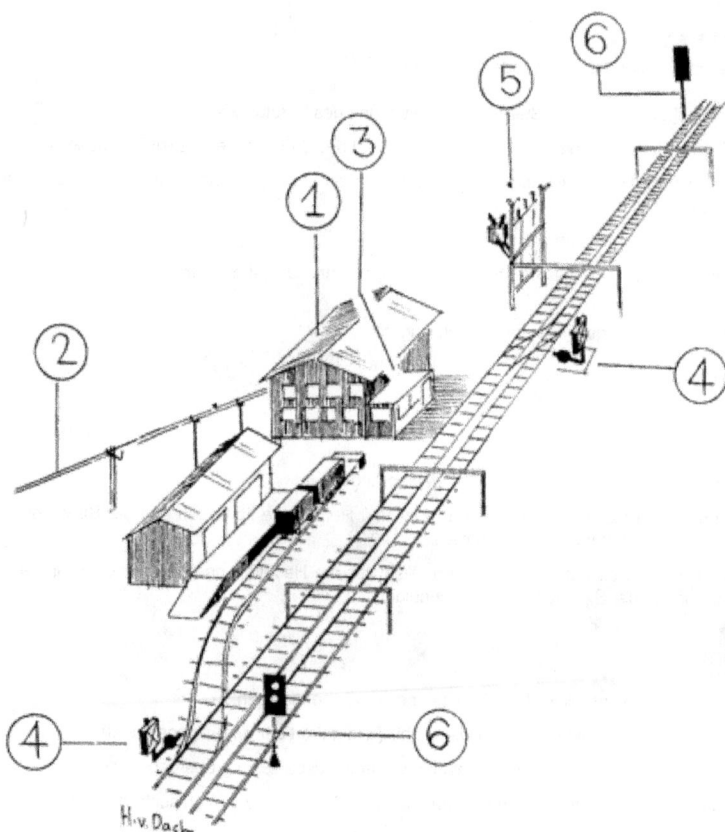

H.v.Dach

Handstreich auf eine Eisenbahnstation
Stosstruppziele:
1 Stationsgebäude mit Büro und Wohnung
2 Telephonverbindung – Diensttelephon/ Öffentliches
Telephon

Ziele für den Zerstörungstrupp:
3 Stellwerk
4 Weichen
5 Hauptleitungsmast mit Ölisolator
6 Signale

Taktik der Linienunterbrechung

- Es geht darum, einen geregelten Bahnbetrieb zu verunmöglichen und die Unterbrechungszeiten maximal auszudehnen. Das wird erreicht, indem die Reparaturorganisation möglichst oft neu anlaufen muss (Alarmierung der Arbeitsequipen, Zusammenstellen der Hilfszüge usw.).

- Eine Zugskatastrophe pro Monat belastet den Gegner weniger als das pausenlose tägliche Beheben von Kleinschäden.

- Eine einfache Geleisesprengung ergibt eine Linienunterbrechung von 5-6 Stunden. Eine Zugsentgleisung eine solche von 12-13 Stunden.

- Der Gegner wird als Gegenmassnahme eine allgemeine Geschwindigkeitsbeschränkung für die Züge einführen. Dadurch entgleisen jeweils nur die vordersten 3-4 Wagen. Die Geschwindigkeitsbegrenzung setzt jedoch die Leistungsfähigkeit der betreffenden Linie erheblich herunter. Durch Mischen von Personenwagen mit Schweizer Reisenden und Güterwagen mit Kriegsmaterial oder Truppen versucht die Besetzungsmacht, die Partisanen von Bahnanschlägen abzuhalten. Die mitgeführten Zivilpersonen sollen sozusagen einen «Schutzschild» bilden. Durch Voranschieben einiger leerer oder sandbeladener Güterwagen sollen die wertvollen Lokomotiven vor Beschädigung geschützt werden. Zusätzlich in die Zugskomposition eingeschobene offene Güterwagen mit aufmontierten Geschützen oder Mg. sichern den Zug und sollen die Überfalldetachemente aktiv bekämpfen.

- Eine statische Bahnbewachung wird erst wirksam, wenn alle 100 m ein Posten steht.

Angriffe auf Eisenbahnzüge

Der Angriff auf einen Eisenbahnzug kann sich auf folgende Arten abwickeln:

- Blosses Beschiessen des vorbeifahrenden Zuges mit Gewehr oder Maschinengewehr.

- Einfaches Entgleisenlassen des Zuges.

- Entgleisenlassen des Zuges und nachfolgendes Beschiessen der Trümmer mit Gewehren, Maschinengewehren und Minenwerfern.

- Entgleisenlassen des Zuges. Beschiessen der Trümmer. Herangehen eines Stosstrupps, Niederkämpfen eventuellen Widerstandes in den Zugstrümmern (überlebende Begleitmannschaft). Einsammeln von Beutematerial.

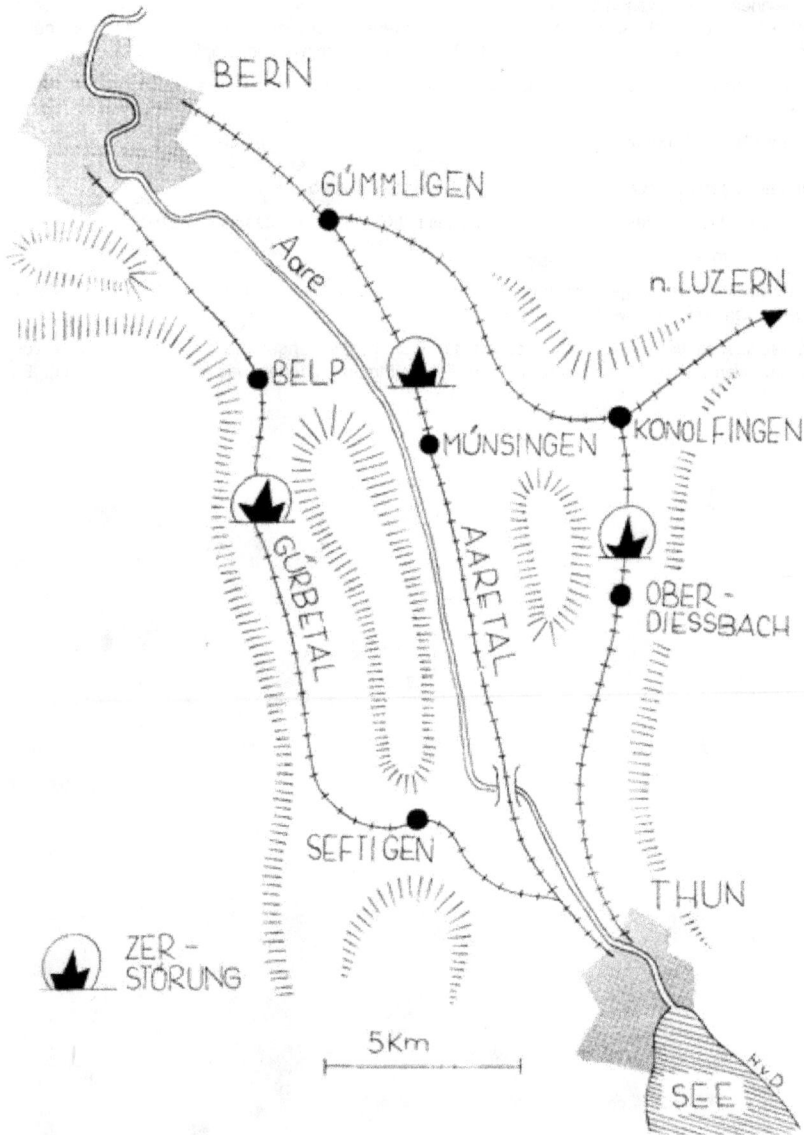

Praktisches Beispiel:
Der Eisenbahnverkehr aus dem Raume Bern ins Oberland (Thun) soll unterbrochen werden. Es nützt wenig, nur die Hauptlinie durch das Aaretal im Raume Münsingen zu zerstören.
Wichtige Transporte können umgeleitet werden:
    a) durch das Gürbetal (Belp)
    b) über Konolfingen-Oberdiessbach
Die nachhaltigsten Zerstörungen nützen nichts, wenn die Sprengstellen umfahren werden können.
Es müssen in unserem Beispiel alle drei Linien gleichzeitig oder doch kurz nacheinander unterbrochen werden.

In der Folge wird nur noch die letzte Methode, der eigentliche Handstreich, behandelt.

Allgemeines:

- Man unterscheidet taktisch:
  a) Überfallort;
  b) Treffpunkt;
  c) Nachrichtenstelle;
  d) Ausweichraum.
- Man unterscheidet technisch:
  a) Hauptsprengstelle;
  b) Nebensprengstellen.

Der Überfallort:

- Der Überfallort setzt sich zusammen aus der «Hauptsprengstelle» und der «Lauerstellung des Klein-kriegsverbandes».
- Die Lauerstellung des Kleinkriegsverbandes setzt sich zusammen aus:
  a) Feuerstellungen für Zielfernrohrgewehre, Maschinengewehre und Minenwerfer, welche den ent-gleisten Zug unter Feuer zu nehmen haben;
  b) Warteplatz des Stosstrupps, der an den entgleisten Zug herangeht und den Transporttrupp deckt;
  c) Warteplatz des Transporttrupps, der Beutematerial einsammelt und mit Tragtieren und Pferdekar-ren abtransportiert.

Die Hauptsprengstelle:

- Hier wird der Eisenbahnzug zum Entgleisen gebracht. Technische Durchführung: «Eisenbahnfalle».

Die Nebensprengstellen:

- Befinden sich einige Kilometer von der Hauptsprengstelle entfernt.
- Sollen Hilfemassnahmen **verzögern** und Wiederherstellungsarbeiten **vergrössern**.
- Es wird nur je eine Sprengpatrouille von 5-7 Mann eingesetzt.
- Die Geleisesprengung wird erst ausgelöst, wenn an der Hauptsprengstelle (Überfallort) der Kampf im Gange ist. Auslösungszeichen: Gefechtslärm.

Der Treffpunkt:

- Geländepunkt, der jedem bekannt ist und der leicht gefunden werden kann. Einige Kilometer vom Überfallort entfernt.
- Bis zum Treffpunkt geht jede Gruppe einzeln zurück. Vom Treffpunkt an geht der ganze Verband geschlossen zurück.

Die Nachrichtenstelle:

- Befindet sich einige Kilometer vom Treffpunkt entfernt. Ist jedem im Detachement bekannt. Wer den Treffpunkt zu spät oder überhaupt nicht erreicht, findet hier versteckte Nachricht über den Verbleib der Kameraden (Technik siehe Seite 55).

Der Ausweichraum:

- Hierher wird ausgewichen, um eventuellen Verfolgungsaktionen des Gegners zu entgehen.
- Befindet sich 8-10 km vom Überfallort entfernt. Die an sich kleine Distanz genügt, wenn mehrere Hügelzüge dazwischen liegen!

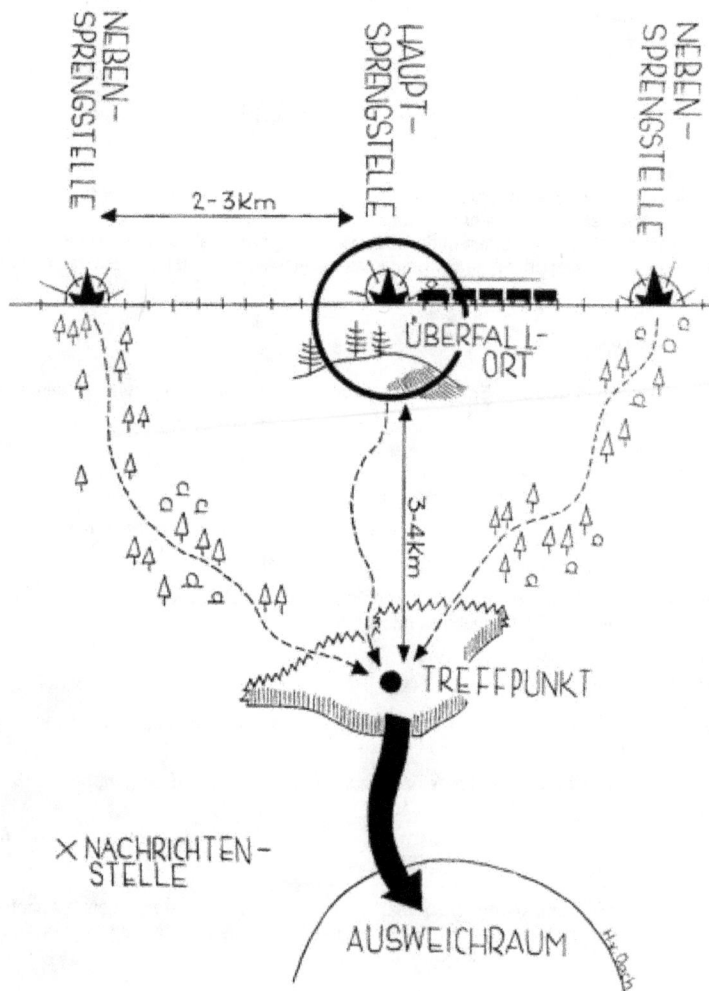

ÜBERSICHTSPLAN

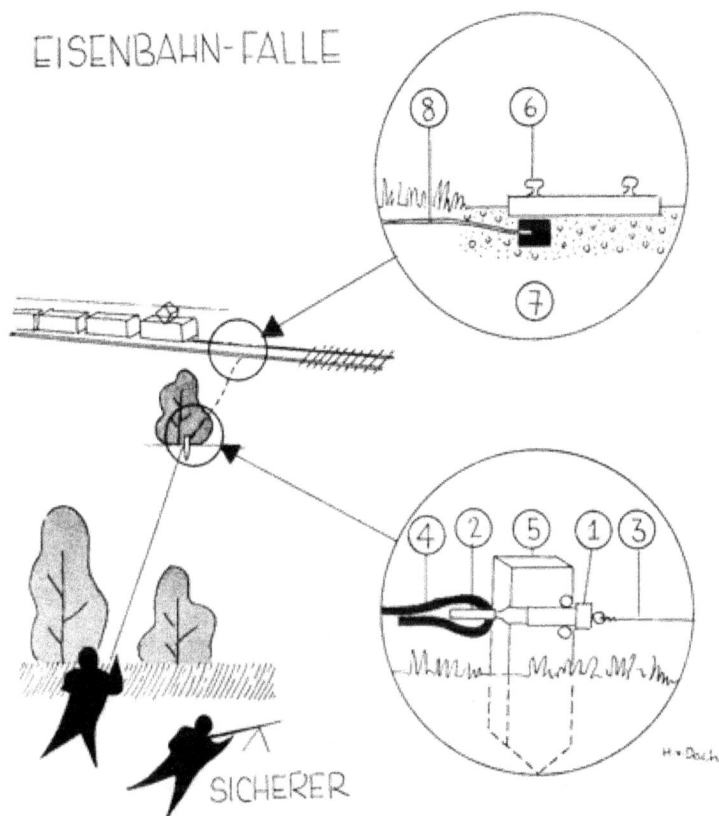

EISENBAHN-FALLE

SICHERER

Arbeitstechnik, wenn das Kleinkriegsdetachement gut ausgerüstet ist und über Knallzündschnur und Schlagzünder verfügt

1. Schlagzünder; Mit Agraffen am Holzpflock befestigt.
2. Sprengkapsel Nr. 8; Direkt auf den Schlagzünder aufgesteckt und festgeklemmt
3. Abzugschnur oder Draht; Löst die Detonation augenblicklich, d. h. ohne jede Verzögerung aus.
4. Knallzündschnur; Mit Isolierband an Sprengkapsel und Schlagzünder befestigt.
5. Holzpflock (tarnen)
6. Bahngeleise
7. Sprengladung (5-kg-Sprengbüchse, Panzermine, Artilleriegeschoss usw.)
8. Knallzündschnur (tarnen)

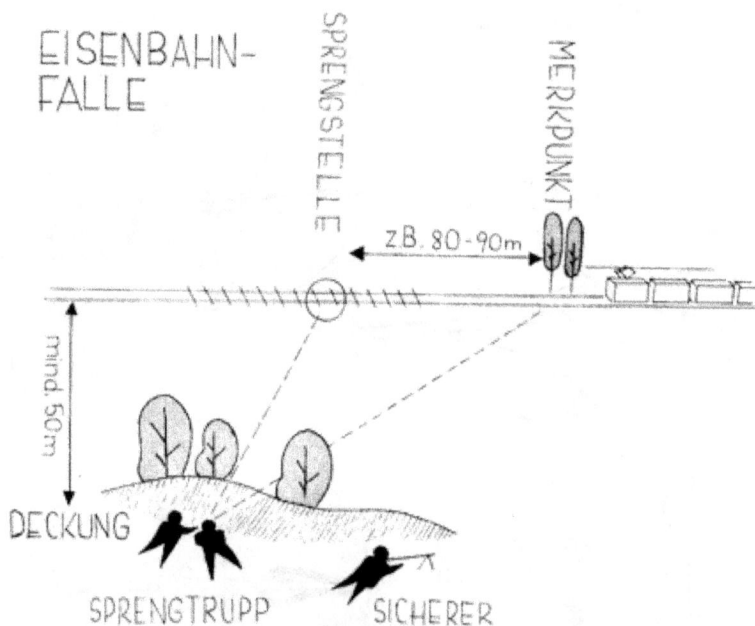

EISENBAHN-FALLE

SPRENGSTELLE

MERKPUNKT

z.B. 80-90m

mind. 50m

DECKUNG

SPRENGTRUPP   SICHERER

Arbeitstechnik, wenn das Klefnkriegsdetachement schlecht ausgerüstet ist und mit einer Handgranate gezündet werden muss

- Transportzüge fahren mit einer durchschnittlichen Geschwindigkeit von 50 km/h. Sie legen daher pro Sekunde ca. 14 m zurück. Eine HG 43 hat 6 Sekunden Verzögerung (Brennzeit). Sie muss also 6 Sekunden, bevor die Lokomotive die Sprengstelle passiert, gezündet werden. Vorhaltedistanz 80-90 m. Es wird z. B. gezündet, wenn die Lokomotive den Merkpunkt «2 Pappeln» passiert.
- Kleine Fehler beim Schätzen der Distanz oder der Geschwindigkeit machen nichts. Wird etwas zu früh gezündet, so vermag der Zug kaum noch rechtzeitig vor der Sprengstelle (Bresche) anzuhalten. Wird etwas zu spät gezündet, so erfolgt die Detonation mitten unter dem Zug und reisst diesen entzwei. Im Zweifelsfall ist es besser, etwas zu früh zu zünden.
- Die Distanz «Auslösestelle»-«Sprengstelle» muss mindestens 50 m betragen, damit der Sprengtrupp der gröbsten Splitterwirkung der Sprengung sowie der zerschmetternden Wucht des entgleisenden Zuges entzogen ist.

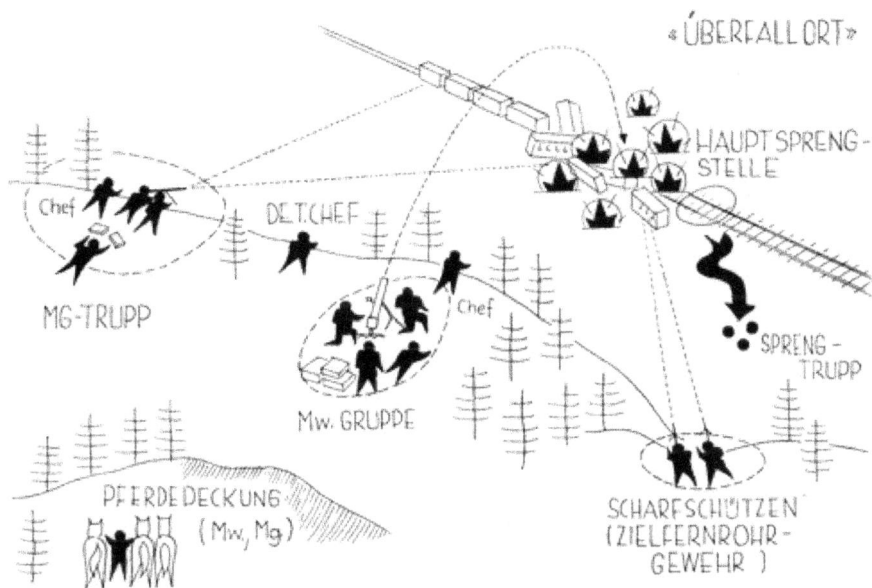

«ÜBERFALLORT»

HAUPTSPRENG-
STELLE

Chef

MG-TRUPP

DET.CHEF

Chef

Mw. GRUPPE

SPRENG-
TRUPP

PFERDEDECKUNG
(Mw, Mg)

SCHARFSCHÜTZEN
(ZIELFERNROHR-
GEWEHR)

H. v. Dach

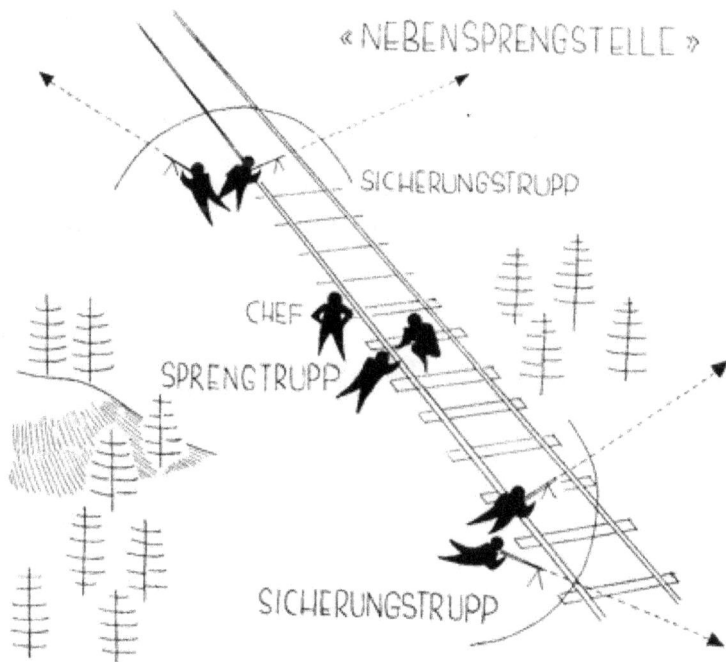

«NEBENSPRENGSTELLE»

SICHERUNGSTRUPP

CHEF

SPRENGTRUPP

SICHERUNGSTRUPP

H. v. Dach

Angriff auf eine Brücke

Allgemeines:

- Wichtige Brücken werden auf dem Rückzug von unsern Truppen gesprengt. Kleinkriegsverbände werden lediglich in die Lage kommen, vom Gegner eingebaute «Kriegsbrücken» zu zerstören.
- Kriegsbrücken weisen normalerweise Holz- oder Stahlkonstruktion auf.

Holzbrücken:

- Wenn du sehr wenig Zeit hast, wird mit Schnell-Ladungen gesprengt (gestreckte Ladungen, Sprengröhren usw.). Dort wo Streckbalken sind, am meisten Sprengstoff auflegen.
- Wenn man mehr Zeit hat, werden zusätzlich die Unterstützungen gesprengt.

Eisenbrücken:

- Wenn du sehr wenig Zeit hast, werden mit Schnell-Ladungen lediglich die Gurtungen gesprengt.
- Wenn man mehr Zeit hat, wird planmässig gesprengt.
- Zerschneide die Brücke durch einen einfachen Trennschnitt. Sprenge:
  a) beide untern Gurtungen;
  b) eine obere Gurtung;
  c) auf derselben Seite eine Diagonale;
  d) die Fahrbahnträger.
- Durch Nichtsprengen einer obern Gurtung erreicht man, dass die Brücke sich vor dem Absturz seitlich verdreht. Das Wegräumen der Trümmer wird so erschwert und die Wiederverwendung der Hauptträger verunmöglicht.

Hege bei diesen einfachen Brückensprengungen keine übertriebenen Hoffnungen und Erwartungen hinsichtlich Zerstörungswirkung. Du erzielst lediglich einen mehr oder weniger langen Verkehrsunterbruch. In der Mehrzahl der Fälle wird der Gegner, der mit modernsten Baumethoden arbeitet, das von dir zerschlagene Objekt in relativ kurzer Zeit wieder hergestellt haben. Es ist deshalb nicht so wichtig, wie du sprengst, als vielmehr, wann du sprengst. Eine technisch primitiv durchgeführte Zerstörung, aber taktisch geschickt kurz vor entscheidenden Aktionen ausgelöst, ist militärisch wertvoller als eine hervorragend vorgenommene Sprengung zu einem flauen Zeitpunkt, wo der Gegner nicht so sehr auf die Verbindungen angewiesen ist.

TRENNSCHNITT OBERGURT DIAGONALE

UNTERGURT GEMAUERTES WIDERLAGER

⌐⌐ — OBERGURT

□ — DIAGONALE

⌐⌐ — UNTERGURT

FAHRBAHN

○ = SPRENGSTELLE

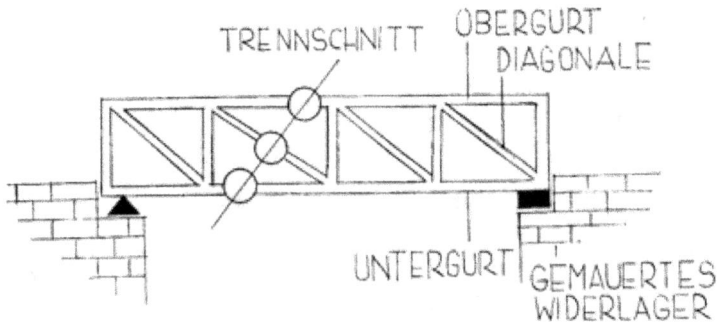

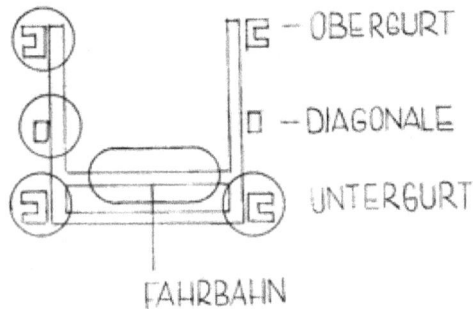

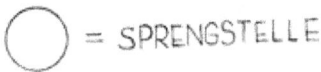

Angriff auf Flugplätze

- Man unterscheidet:
  a) Grossflugplätze;
  b) Feldflugplätze.

- Grossflugplätze verfügen über sehr lange Hartbelagpisten und eignen sich für Start und Landung von Bombern, schweren Transportflugzeugen und Hochleistungsjägern. Der Überfall auf einen Gross-flugplatz ist normalerweise die Aktion eines Verbandes von mindestens Bataillonsstärke. Feldflug-plätze verfügen als Start- und Landefläche lediglich über Wiesen. Eventuell verstärkt durch Stahlgit-ter-Bodenbeläge. Sie eignen sich nur für den Flugbetrieb mit Verbindungsflugzeugen, leichten Transportern, Helikoptern und Jabos für «Kurzstart ab Graspisten». Feldflugplätze sind lohnende An-griffsziele für Kleinkriegsdetachemente. In der Folge ist nur noch von ihnen die Rede.

- Als Zerstörungsobjekte kommen in Frage:
  a) mobile schwere Funkstationen;
  b) mobile Radarstationen;
  c) abgestellte Flugzeuge;
  d) Treibstoff- und Munitionsvorräte;
  e) Flugzeugbesatzungen und Flieger-Bodenpersonal. Normalerweise reichen die Kräfte eines Kleinkriegsdetachements nur aus, um 2-3 Objekte zu zerstören. Der Kommandant muss sich entscheiden, welche Ziele er angreifen will.

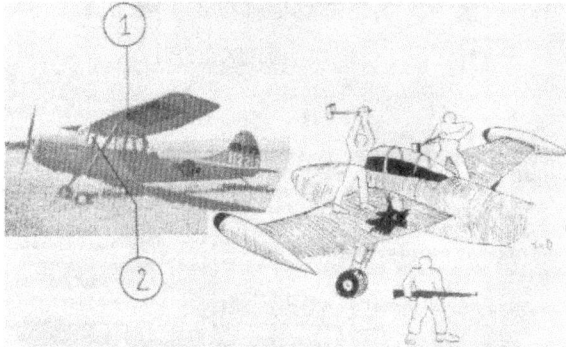

Zerstörungsmöglichkeiten an einem Leichtflugzeug
- Rumpf und Flügel sind teilweise stoffbespannt und deshalb leicht brennbar (Brandflaschen, Brandkanister).(2)
- Mit Axt, Vorschlaghammer oder Brecheisen können die Flugzeugflügel leicht zerstört werden. Von oben werden die Beplankungsbleche eingeschlagen und nachher die Leitungen und Steuergestänge zerstört. (1)
- Das Kabinendach wird eingeschlagen und das Armaturenbrett zertrümmert (2) oder eine Handgranate ins Flugzeuginnere geworfen.

- Bei den Angriffsaktionen unterscheidet man:
  a) Feuerüberfälle;
  b) Handstreiche.

- Bei den Feuerüberfällen werden abgestellte Flugzeuge, Funk- und Radarstationen, Unterkunftsbaracken usw. mit Minenwerfern, rückstossfreien Geschützen, Maschinengewehren, Raketenrohren und Zielfernrohrgewehren aus Distanz beschossen. Ein eigentlicher Infanterieangriff ins Angriffsziel hinein findet nicht statt.

- Bei Handstreichen wird der Feldflugplatz durch Sicherungstrupps isoliert. Stosstrupps kämpfen Sicherungsmannschaft und Personal nieder. Technische Trupps sprengen die Zerstörungsobjekte oder legen Brände. Transporttrupps behändigen Beutematerial. Die Raschheit der Aktion ist von entscheidender Bedeutung.

Zerstörungsmöglichkeiten an einem Jagdbomber
1. Wirf eine geballte Ladung in den Luftansaugschacht. Hierbei wird das Triebwerk zerstört sowie Flügel und Rumpf beschädigt. Notfalls genügt auch eine HG.
2. Die Hauptfahrwerksnische ist ein günstiger Punkt zum Placieren von Sprengladungen. Hierbei werden Fahrwerk, Brennstofftanks und komplizierte Leitungssysteme in den Flügeln zerstört.
3. Zerschlagen der Armaturenbretter in der Pilotenkabine.

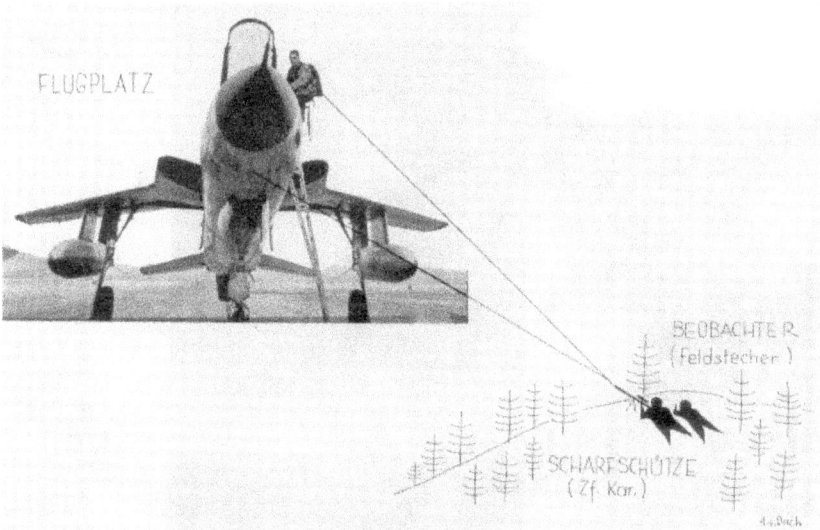

FLUGPLATZ

BEOBACHTER
(Feldstecher)

SCHARFSCHÜTZE
(Zf. Kar.)

Beschuss aus sicherer Entfernung mit Zielfernrohrkarabiner genügt, um empfindlichen Schaden anzurichten. Im Lärm der heulenden Düsentriebwerke geht der Knall der wohlgezielten Einzelschüsse unter!
in coupierten Gelände, wo man Einblick von oben her hat (Hügel), ist diese Technik besonders gut anwendbar.

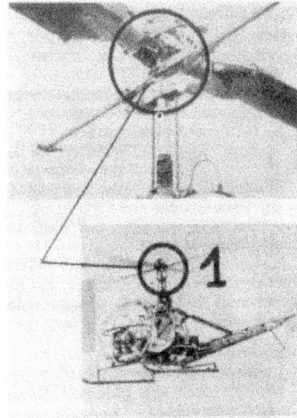

Zerstörungsmöglichkeiten an einem Helikopter
Die empfindlichsten Punkte an einem Helikopter sind:
- Rotorköpfe (1) und
- Armaturenbrett in der Pilotenkanzel (2).
Eine Sprengladung unter den Rotorkopf oder eine gewaltsame Beschädigung mit Brecheisen oder Vorschlaghammer setzen den Helikopter für eine lange Zeit ausser Betrieb. Das Armaturenbrett wir mit einem Vorschlaghammer zertrümmert.

Angriff auf mobile Raketen-Abschussrampen

Allgemeines:

- Abschuss-Stellen für Lenkwaffen stellen lohnende Ziele für Kleinkriegsverbände dar.

- Lenkwaffen-Batterien oder Abteilungen setzen sich zusammen aus:
  a) mehreren Selbstfahr-Abschussrampen;
  b) 1-3 Feuerleit-Radarstationen;
  c) einer Treibstoffabfüllstation, um die Raketen vor dem Start aufzutanken;
  d) einer Reihe von Zisternen-Lastwagen mit flüssigem Raketentreibstoff;
  e) einem infanteristischen Sicherungselement.

- Der umfangreiche und schwerfällige Tross verrät die Lenkwaffenabteilungen. Weiter fallen die zehn und mehr Meter langen Raketen allen unsern Beobachtern sofort auf.

- Beim Abfüllen (Auftanken) der Raketen entstehen weithin sichtbare Dämpfe. Ebenso verraten Feuerschein und Rauchwolke bei Tag und Nacht den Abschussort und locken alle in weitem Umkreis befindlichen Kleinkriegselemente an.

Zerstörungsmöglichkeiten:

- Lenkwaffenverbände sind äusserst verletzlich.

- Abfüllstationen und Zisternen-Lastwagen sind Ziele für Maschinengewehre und Sturmgewehre.

- Mobile Radarstationen werden am besten mit Raketenrohr oder Gewehrgranaten (Hohlpanzergranaten oder Stahlgranaten) beschossen.

- Die Raketen selbst sind mit ihren ungezählten elektronischen und mechanischen Einzelteilen äusserst empfindlich. Schon einzelne Treffer aus Zielfernrohrkarabinern in den Raketenkörper führen zur sichern Zerstörung. Der Zielpunkt ist gleichgültig. Die Hauptsache ist, dass mit mindestens einem Schuss getroffen wird.

- Der taktisch idealste Moment für den Beschuss des Raketenkörpers ist dann gekommen, wenn die Rakete abgefeuert wird:
  der Startlärm übertönt unsere Schüsse;
  die Raketenbedienungsmannschaft befindet sich in voller Deckung und kann nicht mehr beobachten;
  die infanteristische Sicherungsmannschaft ist entweder ebenfalls in Deckung oder aber hat ihre

Hauptaufmerksamkeit dem attraktiven Abschussschauspiel zugewandt.

- Der Abschussmoment ist daran zu erkennen, dass:
  im Umkreis von mindestens 200 m um die Rakete herum alles in Deckung ist;
  am hintern Ende der Rakete Rauch auszutreten beginnt.

- Der Start geht nicht wie z. B. der Abschuss eines Raketenrohrs im Bruchteil von Sekunden vor sich. Er verläuft vielmehr langsam und erstreckt sich über mehrere Sekunden. Theoretisch ist es sogar dann noch möglich, die Rakete mit Maschinengewehr, Sturmgewehr oder Zielfernrohrkarabiner zu treffen, wenn sie sich (sehr langsam!) vom Boden abzuheben beginnt.

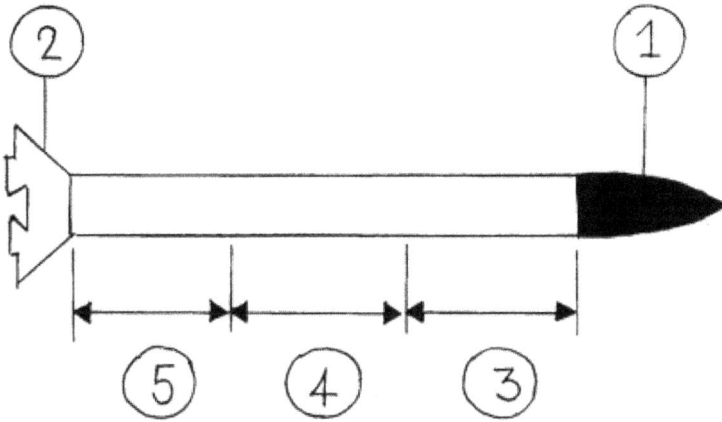

1. Sprengkopf mit atomarer oder konventioneller Ladung.
2. Stabilisierungsflügel. Wenig empfindlich.
3. Vorderes Drittel: Elektronische Lenkung. Am empfindlichsten. Wenn möglich hier treffen)
4. Mittlerer Teil: Treibstoff. Empfindlich.
5. Hinteres Drittel: Raketenmotor. Brennkammern. Empfindlich.

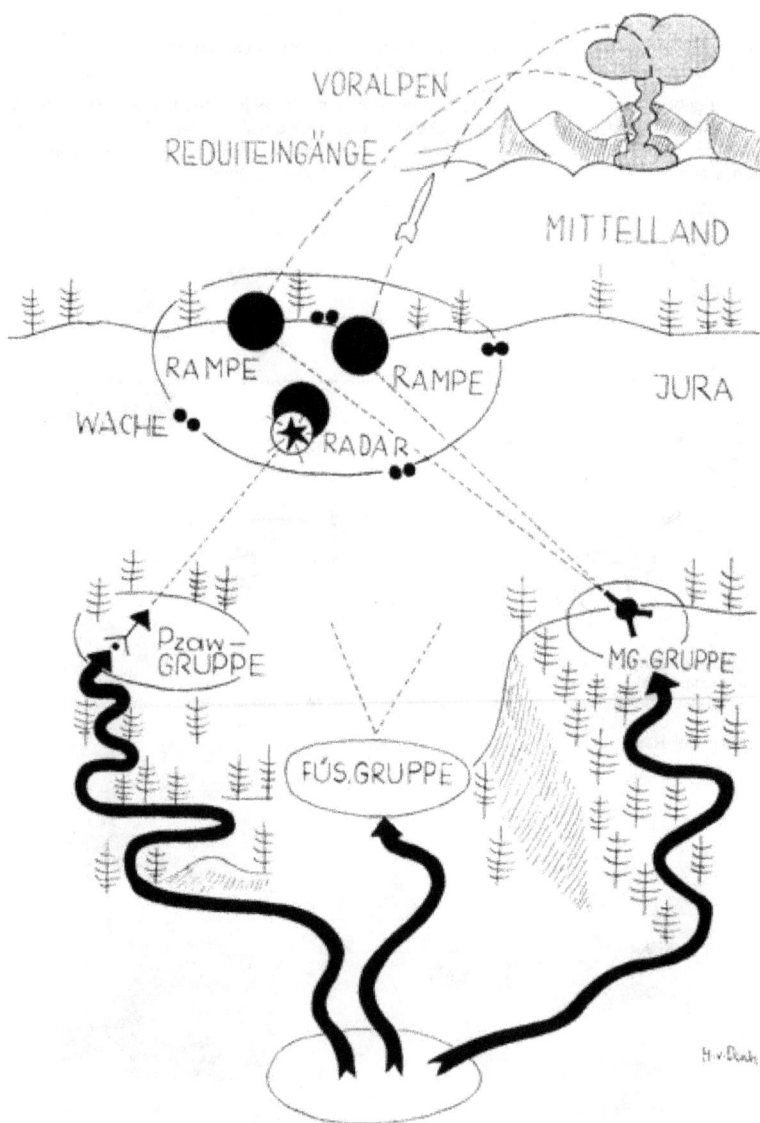

VORALPEN

REDUITEINGÄNGE

MITTELLAND

RAMPE RAMPE JURA

WACHE RADAR

Pzaw-GRUPPE MG-GRUPPE

FÜS.GRUPPE

H.v.Dach

113

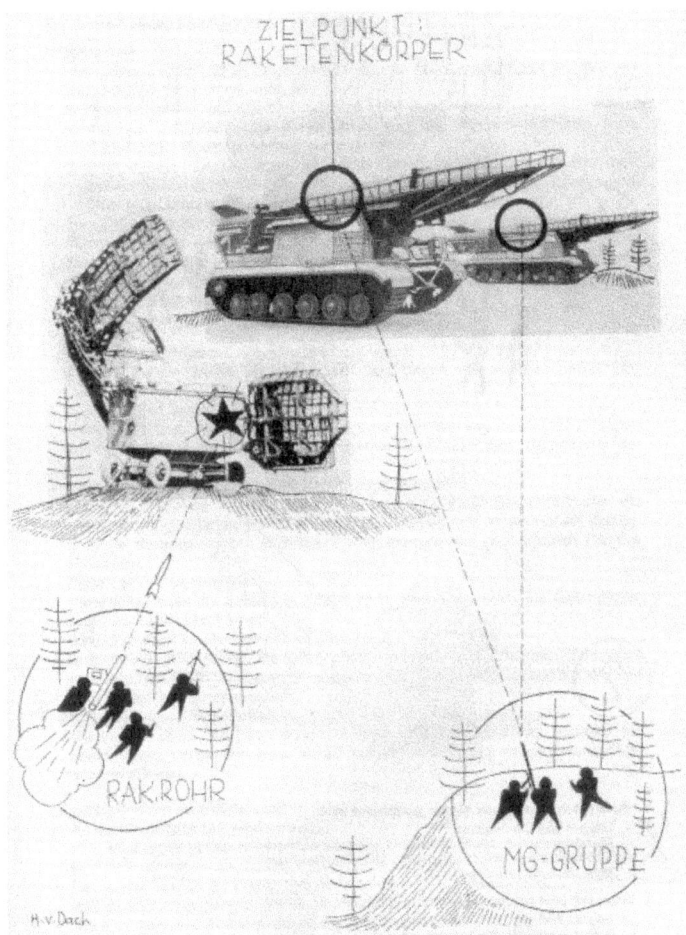

ZIELPUNKT:
RAKETENKÖRPER

RAK.ROHR

MG-GRUPPE

H.v.Dach

ZEITPUNKT FÜR DEN BESCHUSS

1 Wenn schon jetzt auf die Rakete geschossen wird:
- Gegner hört die Schüsse.
- Wachtmannschaft tritt in Aktion und beginnt die Umgebung abzusuchen.
- Bedienungsmannschaft untersucht die Rakete. Diese ist zwar zerstört (Teilerfolg!), kann aber ausgewechselt werden.

2 Wenn erst jetzt geschossen wird:
- Gegner hört die Schüsse nicht (Startlärm!).
- Selbst wenn die Bedienungsmannschaft den Beschuss merken sollte, kann der Abschussvorgang nicht mehr abgestoppt werden. Es ergibt sich ein Raketenfehlstart mit allen für die Bedienungsmannschaft und technischer Apparatur hiermit verbundenen Gefahren.

Vorübergehendes Besetzen von Ortschaften

Allgemeines:

- Wenn der Gegner durch Rückschläge an der Front gezwungen ist, das besetzte Gebiet zu räumen, wird er:
  a) die politischen Gefangenen hinrichten oder verschleppen;
  b) wichtige Industriezweige demontieren und die Werkeinrichtungen samt zugehörigen Spezialarbeitern verschicken;
  c) ausgedehnte Zerstörungen an nicht demontierbaren öffentlichen und industriellen Einrichtungen vornehmen (Elektrizitätswerke, Gaswerke, Eisenbahnanlagen, Übermittlungseinrichtungen, Brücken usw.).

- Zum Durchkreuzen dieser Massnahmen müssen unsere Kleinkriegsverbände in der Lage sein, grössere Ortschaften rasch und zweckmässig zu besetzen. Wenn es den Widerstandskräften gelingt, wenigstens Teile der Industrie und der öffentlichen Einrichtungen intakt in die Nachkriegszeit hinüberzuretten, so leisten sie dadurch dem Land unschätzbare Dienste.

Angriffsziele:

- Besetzen der Brücken.
  - Sichert uns den freien Verkehr. Sperrt dem Gegner die internen Verbindungen.

- Besetzen der Radiostation.
  - Ermöglicht uns, Weisungen an die eigene Bevölkerung sowie Mitteilungen an das befreundete Ausland durchzugeben. Erschwert dem Gegner die Beeinflussung der Bevölkerung.

- Besetzen der Verwaltungs- und Regierungsgebäude.
  - Keine koordinierte Abwehr für den Gegner möglich. Erleichtert uns die Steuerung der eigenen Bevölkerung. Stellt Archive und Akten sicher. Ermöglicht die Gefangennahme wichtiger Kollaborateure und gegnerischer Persönlichkeiten.

- Besetzen der Gefängnisse.
  - Verhindert, dass die politische Polizei im letzten Augenblick die Gefangenen ermordet oder verschleppt.

- Besetzen der Telephonverwaltung (Zentrale).
  - Unterbricht schlagartig die gesamten internen und externen Telephonverbindungen des Gegners. Ermöglicht uns, Gespräche abzuhorchen und falsche Befehle durchzugeben.

- Besetzen der Bahnhofanlagen. Sperren der Ein- und Ausfallsachsen.
  - Verhindert, dass der geschlagene Gegner mit dem schweren Material abziehen kann. Verhindert, dass Verstärkungen von aussen rasch herangeführt werden können.

- Organisation der Angriffstruppe:

- An der Angriffsaktion sind beteiligt:
  a) Kleinkriegsverbände;
  b) Kräfte der örtlichen, zivilen Widerstandsbewegung.

- Der eigentliche Angriff wird von den Kleinkriegsverbänden geführt. Die zivile Widerstandsbewegung begleitet, unterstützt und schirmt ab.

- Die Kleinkriegsverbände gliedern sich in:
  a) Sicherungsdetachemente.
     Sperren die Hauptzufahrtsachsen an geländemässig günstigen Stellen (Brücken, Engnissen usw.) und isolieren die angegriffene Ortschaft
  b) Stosstrupps.
     Greifen Brücken, Radiostation, Unterkünfte, Stützpunkte, Gefängnisse usw. an.
  c) Reserve.

- Die im Ort lebende zivile Widerstandsbewegung leistet dem Kleinkriegsverband folgende Hilfe:
  - a) Auskundschaften der feindlichen Unterkünfte, Alarmplätze und Stützpunkte, Postenstandorte, Waffenstellungen, Gewohnheiten der Wachen;
  - b) Rekognoszieren günstiger Bereitstellungsräume für Stosstrupps;
  - c) Erkunden von Schleichwegen für das Einsickern der Stosstrupps in die Bereitstellung (durch Kanalisation, Hinterhöfe, Gärten, Einschmuggeln mit Fahrzeugen usw.).

Durchführung der Aktion:

- Die Stosstruppführer erkunden in Zivilkleidern ihre Angriffsobjekte.

- Die Stosstrupps infiltrieren in die Ortschaft und beziehen ihre gut getarnten Bereitstellungsräume (Kanalisationsanlagen, Mietwohnungen und Geschäftslokale nahe den Angriffsobjekten).

- Die Sicherungsdetachemente isolieren das Gefechtsfeld.

- Die wichtigsten Objekte werden von den Stosstrupps schlagartig angegriffen und besetzt.

- Die Reserve wird herangezogen, säubert den Ort endgültig und wehrt zusammen mit den Sicherungsdetachementen Entsatzversuche ab. Die Reserve wird sofort behelfsmässig motorisiert. Grossgaragen zählen daher mit zu den Angriffszielen der Stosstrupps. Motorfahrer werden in die Reserve eingeteilt.

(Im übrigen siehe Seiten 192/193.)

Aufbau und Kampfführung der zivilen Widerstandsbewegung

Grundlagen und Organisation

Allgemeines

- Die Bevölkerung ist im Weltanschauungskrieg weder verschont noch ausgeschlossen. Schon deshalb muss man sie organisieren.
- Der Kampf der zivilen Widerstandsbewegung ergänzt den militärischen Kleinkrieg.

Die Aufgaben der zivilen Widerstandsbewegung

- Aufrechterhaltung des Glaubens an den endlichen Sieg.
- Aufklärung der Bevölkerung über zweckmässiges Verhalten gegenüber der Besetzungsmacht.
- Bekämpfung der Kollaboration (Zusammenarbeit mit dem Gegner).
- Führung eines Verzeichnisses aller Greueltaten und Übergriffe des Gegners für den Tag der Abrechnung[1].
- Aufbau einer Organisation zum Verstecken verfolgter Mitbürger.
- Aufbau einer Fluchtorganisation für abgeschossene Flugzeugbesatzungen oder entwichene Kriegsgefangene.
- Herausgabe eigener Zeitungen («Untergrundzeitungen»).
- Ausstrahlen eigener Radiosendungen («Freiheitssender»).
- Fälschung von Geld und Ausweispapieren[2].
- Aufbau eines Nachrichtendienstes zugunsten:
  a) der eigenen Organisation (Widerstandsbewegung);
  b) der eigenen Kleinkriegsverbände;
  c) der eventuell im Alpenreduit noch haltenden Restteile der Armee;
  d) der schweizerischen Exilregierung im Ausland;
  e) der noch kämpfenden freien Welt.
- Sammeln und verbergen von Waffen und Munition für den Moment, wo zum offenen Aufstand geschritten werden kann.
- Organisation des passiven Widerstandes und der Sabotage.
- Organisation von Attentaten auf Verräter und prominente feindliche Funktionäre.
- Bildung von Kampfgruppen für den offenen Aufstand[3].

---

[1] Durch Maueranschläge, Flugblätter und Flüsterpropaganda ist dafür zu sorgen, dass der Gegner um diese Massnahme weiss. Das veranlasst viele Funktionäre zur Mässigung.
[2] Z. B. Fälschung von Rationierungskarten für die Versorgung von Personen, die vom Gegner als «Staatsfeinde» ausgestossen und damit stillschweigend zum Hungertode verurteilt sind.
[3] Dieser Moment ist dann gekommen, wenn der Gegner vor dem Zusammenbruch steht.

118

ANSATZPUNKTE DER WIDERSTANDSBEWEGUNG

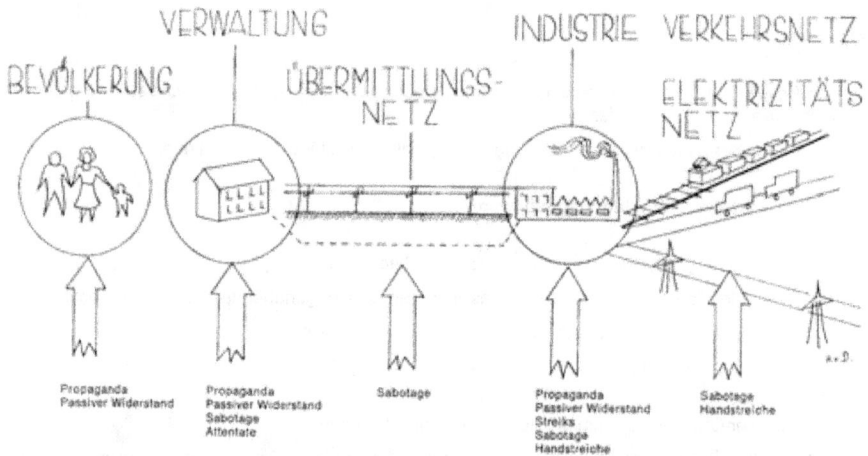

Das Problem der Kollaboration

Kurz nach der Besetzung:

- Der Niederlage der Armee folgt eine allgemeine Betäubung und Gleichgültigkeit der Bevölkerung.

- Historisches Beispiel: Der Norwegische «Verhandlungssommer» 1940.

- Parallel mit der Konsolidierung der Macht durch den Gegner, läuft eine Welle der Kollaboration durch die Bevölkerung. Ein gewisser, wenn auch zahlenmässig kleiner Teil des Volkes macht mit dem Gegner gemeinsame Sache. Erfahrungsgemäss sind Menschen, die materiell viel zu verlieren haben, der Versuchung zur Kollaboration besonders ausgesetzt.

- Der Gegner lässt «Überläufern» bewusst eine Chance. Die Möglichkeit, unter fremder Fahne nicht nur am Leben zu bleiben, sondern auch Stellung und Besitz zu behalten, veranlasst viele zum Gesinnungswechsel. Die Überläufer übersehen allerdings, dass ihnen trotz des Einschwenkens für immer das Odium des Unzuverlässigen anhaftet und dass sie früher oder später auf jeden Fall kaltgestellt oder liquidiert werden.

-

Die «innere Situation» einige Jahre nach der Besetzung:

- Der totalitäre Gegner und die von ihm eingesetzte Verräterregierung legen **auch im Kriege** entscheidendes Gewicht auf politische Fragen. Sie werden deshalb unablässig für ihre Weltanschauung werben. Insbesondere legen sie Wert auf den **Eintritt** in die **Staatspartei** oder in eine ihrer zahlreichen **Nebenorganisationen**.

- Nach einigen Jahren der Besetzung wird die Bevölkerung zerfallen in:

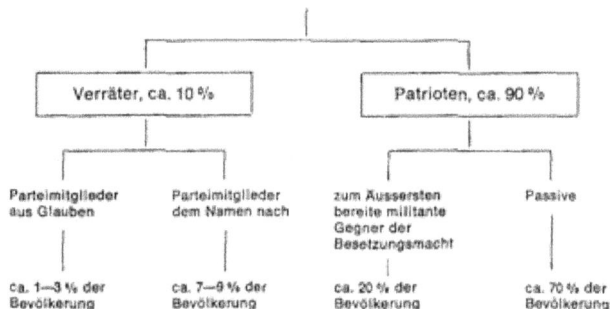

```
                                    |
            ┌───────────────────────┴───────────────────────┐
    ┌───────────────────┐                       ┌───────────────────┐
    │  Verräter, ca. 10 %│                       │  Patrioten, ca. 90 %│
    └───────────────────┘                       └───────────────────┘
            │                                               │
    ┌───────┴───────┐                       ┌───────────────┴───────────┐
```

Parteimitglieder aus Glauben	Parteimitglieder dem Namen nach	zum Äussersten bereite militante Gegner der Besetzungsmacht	Passive
ca. 1—3 % der Bevölkerung	ca. 7—9 % der Bevölkerung	ca. 20 % der Bevölkerung	ca. 70 % der Bevölkerung

- Die Gruppe der «Passiven» umfasst alle Schattierungen, vom gelegentlichen «Geschäftemacher» bis zur verbissenen «schweigenden Opposition».

Der Schritt von der «schweigenden Opposition zum «aktiven Widerstand

- Habe Geduld, lasse die Bevölkerung erst wieder zu Atem kommen. Die Zeit arbeitet für dich.

- Versuche nicht, die noch Schwankenden durch Gegenterror zu mobilisieren. Der Gegner wird sie dir mit der Zeit ganz von selbst in die Arme treiben. Mit Gewalt gepresste Anhänger nützen nichts. Solche Leute kannst du zur Not noch gerade in der regulären Armee verwenden, wo sie Schulterschluss haben und unter ständiger Kontrolle stehen. Im Widerstandskampf dagegen, wo alles von der Verschwiegenheit und Standhaftigkeit des Einzelnen abhängt, taugen sie nichts, ja bilden sie sogar eine Gefahr.

Die Bevölkerung wird für die Mitarbeit in der Widerstandsbewegung reif gemacht durch:

- Verwaltungsfehler der Besetzungsmacht und der von ihr gestützten Verräterregierung.

- Zwangsaushebungen von Arbeitskräften für Arbeitseinsatz im Ausland.

- Zwangsrequisitionen, Demontagen.

- Übersetzte Arbeitsnormen in den Betrieben.

- Überheblichkeit des Siegers. «Herrenmenschen-Mentalität».

- Terrormassnahmen.

- Wortbrüche, Erpressungen, Geiselentnahmen, Deportationen, Folterungen, Hinrichtungen.

- Die persönliche Gefährdung misst sich im Kampf der Ideologien nicht mehr daran, ob du zur Widerstandsbewegung gehörst oder nicht.

- Sich als Unbeteiligter aus dem Widerstandskampf heraushalten zu wollen, hilft heute nichts mehr, da das System der Geiselnahme, Sippenhaft und kollektiven Verschickung wahllos jeden - Kämpfer oder Nichtkämpfer -trifft! Dem «Nichtkämpfer» hilft in der Stunde der Not niemand. Als Mitglied der Widerstandsbewegung schützt dich die Organisation, die alles Interesse daran hat, ihre Mitglieder durch Warnung und Fluchtbegünstigung dem Zugriff des Gegners zu entziehen.

- Alle jene, die wegen Herkommen, Beruf oder Weltanschauung als potentielle Feinde gelten und somit Deportation oder Hinrichtung riskieren, müssen «untertauchen» oder «in den Wald gehen», d. h. sich einem Kleinkriegsverband anschliessen.

- **Suche Verbindung und Rückhalt bei Gleichgesinnten.** Wer einsam und isoliert ist, verliert den Glauben an die eigene Kraft und den Sieg der guten Sache. Genauso wie der einsame Kämpfer des regulären Krieges im «**EinmannSchützenloch**», ohne ein Feigling zu sein, bald einmal von Furcht und Verzweiflung gepackt wird, genauso verzagt der isolierte Widerstandskämpfer!

Die Rekrutierung der Widerstandsbewegung

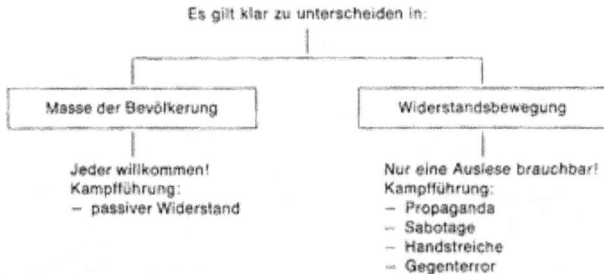

Es gilt klar zu unterscheiden in:

```
                    Es gilt klar zu unterscheiden in:
                                  |
              +-------------------+-------------------+
              |                                       |
    +------------------+                  +----------------------+
    | Masse der Bevölkerung |            | Widerstandsbewegung  |
    +------------------+                  +----------------------+
              |                                       |
    Jeder willkommen!                     Nur eine Auslese brauchbar!
    Kampfführung:                         Kampfführung:
    — passiver Widerstand                 — Propaganda
                                          — Sabotage
                                          — Handstreiche
                                          — Gegenterror
```

- Für die aktive Mitarbeit in der Widerstandsbewegung sind trotz gutem Willen nicht alle Leute geeignet. Von der geschickten Auswahl hängt in wesentlichem Masse Erfolg oder Misserfolg der Widerstandsbewegung ab.

- Leute, die sich in Friedenszeiten in der Öffentlichkeit exponiert haben, dürfen nicht rekrutiert werden. Man muss zum vornehinein damit rechnen, dass diese verhaftet und einer «Spezialbehandlung» unterzogen werden. Sie dürfen nichts wissen, damit nichts aus ihnen herausgepresst werden kann.

- Verkünde diesen Grundsatz laut, damit er auch dem Gegner bekannt wird. Damit kannst du diese wertvollen Leute wenigstens in einem bescheidenen Ausmasse schützen, indem der Gegner automatisch einen Teil seines Interesses an ihnen verliert.

- Ungeeignete Mitglieder für die Widerstandsbewegung sind:
  - prominente Politiker (aktive und solche, die sich längst aus der Öffentlichkeit zurückgezogen haben);
  - Leute in führenden Wirtschaftspositionen;
  - Gewerkschaftsfunktionäre;
  - hohe Funktionäre der Verwaltung;
  - hohe kirchliche Würdenträger;
  - Redaktoren;
  - Professoren;
  - Leiter von Jugendbewegungen.

- Alle diese Leute sind zu bekannt, um im «Untergrund» kämpfen zu können. Sie werden sicher überwacht und früher oder später verhaftet und liquidiert. Am besten gehen sie «in den Wald» und schliessen sich einem Kleinkriegsverband an.

- Prominente Persönlichkeiten setzen sich noch einer besonderen Art von Gefahr aus: sie können in einer bestimmten Phase der Besetzung durch Folterung und «Sonderbehandlung» (z. B. Gehirnwäsche usw.) zu willenlosen Sprachrohren umgeformt und dann als Aushängeschild für den Gegner und sein Regime benützt werden.

- Wer in der Widerstandsbewegung mitmachen will, muss möglichst unauffällig sein und sich in der Öffentlichkeit still verhalten.

Zellenbildung

Allgemeines:

- Aus der Masse der Unzufriedenen, die individuell und unorganisiert passiven Widerstand leisten, sondern sich die energischsten ab und bilden so den Kern («Urzelle») des spätern aktiven Widerstandes.

- Nach einer mehr oder weniger langen Zeitspanne des Abwartens und Abtastens beginnen sie Gleichgesinnte um sich zu scharen und bewusst gemeinsam Widerstand zu leisten.

121

- Durch Schulterschluss und Rückhalt bei Kameraden wachsen Mut und Zuversicht. Das Kampfverfahren wird laufend verfeinert und auf immer weitere Bereiche des Lebens ausgedehnt. Man wagt sich nun an Aufgaben heran, die vorher unlösbar schienen.

Die Organisation der Zellen:

- Bilde Zellen durch Zusammenschluss einiger Personen, die sich gegenseitig gut kennen.
- Eine Zelle besteht aus 3-10 Personen. Man unterscheidet:
  a) Zellenchef;
  b) Zellenmitglieder.
- Knüpfe Verbindung an mit andern Zellen.
- Baue die einzelnen Zellen aus. Sobald diese zu gross werden - mehr als 10 Personen - teile sie und bilde neue Zellen.
- Fasse mehrere Zellen unter einem Leiter zusammen. Diese bilden dann einen Kreis.
- Sobald mehrere Kreise bestehen und die Untergrundorganisation einen gewissen Umfang angenommen hat, beginne Spezialsektionen zu schaffen.

Die Absicherung:

- Innerhalb der Zelle kennt jeder jeden.
- Der Zellenchef kennt die Chefs einiger benachbarter Zellen. Jedoch nicht deren Mitglieder.
- Die Zellenmitglieder kennen niemand in den Nachbarzellen.
- Diese weitgehende Trennung der einzelnen Zellen ist notwendig! (Sicherheit, Abschirmung gegen Verrat.) Gewisse minimale Kontakte müssen aber bestehen, sonst ist keine Zusammenarbeit möglich. Und ohne Zusammenarbeit kann keine grössere Aktion durchgeführt werden.
- Überbetonte Sicherheit führt zur Wirkungslosigkeit der Organisation. Leichtsinnigkeit zur sichern und raschen Vernichtung. Es geht darum, ein gut ausgewogenes Verhältnis zwischen Sicherheit und praktischer Arbeitsmöglichkeit zu schaffen. (Siehe Skizze Seite 123.)

Organisation und Tätigkeit der verschiedenen Sektionen

- Allgemeines: Die Widerstandsbewegung gliedert sich in verschiedene Sektionen.
- Eine Sektion umfasst in der Regel 2-4 Untergruppen.
- Wir unterscheiden:

Aufklärungs- und Propagandasektion	Ausbildungssektion
Nachrichtensektion	Rekrutierungssektion
Übermittlungssektion	Fälschungssektion
Fluchtsektion	Sabotagesektion
Finanzsektion	Kampftruppen
Polizeisektion	

- Keine Zentralisation. Bewusste Aufsplitterung in sehr viele Sektionen und Untergruppen.
- Jeder Beteiligte kennt nur gerade das Minimum der Organisation. So kann bei Versagen oder Verrat einzelner nicht die ganze Organisation aufgerollt und zerschlagen werden.

Prinzipskizze der Organisation einer Zelle (Idealform)

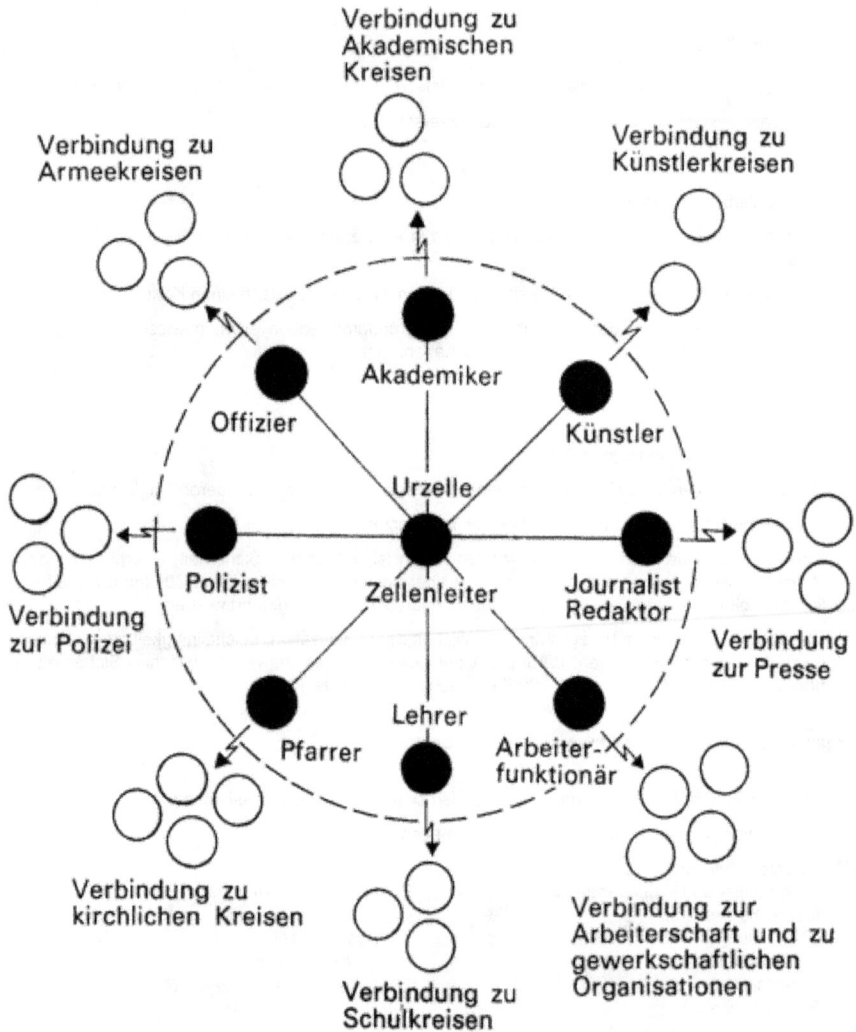

Zellenleiter:	Stärkste Persönlichkeit. Seele des Widerstandes.
Urzelle:	3-10 Personen, die sich gut kennen und gegenseitig schätzen, bilden eine Zelle. Die einzelnen Mitglieder der Urzelle bilden Kern und Sammelpunkt der neuen Zellen.

Aufklärungs- und Propagandasektion:

- Aufgaben: Aufrechterhaltung des Widerstandswillens durch Verbreitung von Nachrichten über die wahre Kriegslage. Anleitung der Bevölkerung zu zweckmässigem Verhalten im Umgang mit der Besetzungsmacht.

- Organisation:
  a) Geheimsender. «Freies Radio» für Nachrichten und Gegenpropaganda;
  b) Geheimdruckerei für Untergrundzeitungen, Plakate, Flugblätter usw.;
  c) Mauerparolen-Anschreibtrupps, Plakat-Anklebetrupps, Verteilerequipe für Flugblätter usw.;
  d) Aufklärungsequipe für die Instruktion der Bevölkerung.

Nachrichtensektion:

- Beschaffung politisch und militärisch wichtiger Nachrichten. Mittel: Abhorchen von Telephongesprächen, Öffnen der Post, Einschleusen von Verbindungsleuten in Kommando-, Verwaltungs- und Regierungsstellen.

Übermittlungssektion:

- Hält vermittelst Funk, Brieftauben und Kurieren Verbindung mit
a)   Kleinkriegsverbänden;

b)   eigener Armeeleitung im Alpenreduit;

c)   schweizerischer Exilregierung im Ausland.

Fluchtsektion:

- Verhilft notgelandeten Fliegern, entwichenen Kriegsgefangenen und verfolgten Zivilpersonen zur Flucht.
- Organisation:
  a) Transportgruppe.
     20-30 Personen, welche die Flüchtlinge verschieben. Darunter einige Chauffeure von Übertand-Transportunternehmungen, sowie Eisenbahner;
  b) Transitstationen.
     Eine Reihe zuverlässiger Einwohner, bei welchen die Flüchtlinge vorübergehend untergebracht und verpflegt werden können.

Finanzsektion:

- Aufgabe: Beschaffung und Verwaltung von Geldern für die Widerstandsbewegung.

Geldverwendung:

- Bestechung von Funktionären der Besetzungsmacht.
- Materialkäufe, z. B. Waffen, Munition, Papier für die Geheimdruckerei usw.
- Fürsorge. Wer untertauchen muss, wer deportiert, eingekerkert oder hingerichtet wird, soll sicher sein, dass seine Familie nicht mehr materielle Not leiden muss, als unbedingt nötig ist. Mit getarnten Geldbeiträgen oder Naturalgaben werden diese Familien von der Widerstandsbewegung unterstützt.

Geldquellen:

- In der freien Welt hergestelltes und über dem besetzten Gebiet mit Flugzeugen abgeworfenes Falschgeld.
- Im besetzten Gebiet selbst hergestelltes Falschgeld.
- Anwerben von Bank- und Postangestellten, die unter Mitnahme von Riesenbeträgen bei der Widerstandsbewegung untertauchen.
- Überfall und Plünderung von Bahnschaltern, Postämtern, Banken und verstaatlichter Verkaufsläden. Habe hierbei keine Hemmungen, denn du schädigst ja nicht Mitbürger, sondern den «Pseudo-Staat»,

resp. die Besetzungsmacht.

Fälschungssektion:

- Die Fälschungssektion besteht aus 8-10 Spezialisten.
- Diese fälschen Ausweispapiere oder ändern bestehende ab. Die Fälschungen umfassen Identitäts-karten, Reisepässe, Ausweise, Geld, Lebensmittelkarten, Benzincoupons, Eisenbahnbillette usw. (Im übrigen siehe Skizze Seite 127.)

Polizeisektion:

- Die Polizeisektion gliedert sich in mehrere Equipen.
- Auswerteequipe: Sammelt Erfahrungen und wertet diese aus. Spricht mit Personen, die vom Gegner verhaftet, verhört oder eingesperrt wurden. Arbeitet laufend neue, den gegnerischen Methoden an-gepasste Verhaltungsmassregeln aus.
- Archivequipe: Führt ein Archiv betreffend Übergriffe der fremden Machthaber, für den Tag der Ab-rechnung.
- Fahndungsequipe: Sucht nach getarnter Kollaboration. Entlarvt Spitzel und Zuträger.
- Attentatsequipe: Bestraft besonders wichtige oder grausame Exponenten der Besetzungsmacht so-wie Verräter.

Ärztliche Sektion:

- Setzt sich aus einem Arzt und einem Apotheker zusammen.
- Aufgaben:
  a) heimliche Behandlung Verwundeter oder Kranker in den Unterschlupfen;
  b) Lieferung von Sanitätsmaterial und Heilmitteln an Untergetauchte;
  c) Ausstellung gefälschter Krankheitsbescheinigungen usw.;
  d) getarnte Einlieferung verwundeter Widerstandskämpfer in die Spitäler; (Die Verwundung wird als Folge eines Arbeits- oder Verkehrsunfalls dargestellt.)
  e) Herstellung von Giftkapseln für Selbstmord. Verteilung der Giftkapseln an die Widerstandskämp-fer (siehe Seite 127).

Ausbildungssektion:

- Ausbildung der Chefs und Spezialisten über Organisationsgrundsätze, Sicherheitsmassnahmen, Taktik und Technik, Kriegsrecht usw.
- Anwerbung von Spezialisten. Ausgleichen von Verlusten. Erweiterung der Widerstandsbewegung.

Sektion für passiven Widerstand:

- Organisation des passiven Widerstandes (Weiteres siehe Seite 173).

Sabotagesektion:

- Ist ein Kampfinstrument der Widerstandsbewegung.
- Hält Verbindung zu den Kleinkriegsverbänden, welche Munition und Sprengmittel liefern und Wün-sche bezüglich Angriffsziele anmelden.
- Organisation:
  Eisenbahnsabotage   Industriesabotage
  Strassensabotage   PTT-Sabotage
  Verwaltungssabotage   Elektrizitätsversorgungs-Sabotage

Kampfgruppen:

- sind Kampfinstrumente der Widerstandsbewegung;
- werden erst in einem verhältnismässig späten Stadium gebildet;
- halten sich still und lauern auf den Moment zum offenen Aufstand;
- treffen Aufstandsvorbereitungen;
- führen Handstreichaktionen durch.

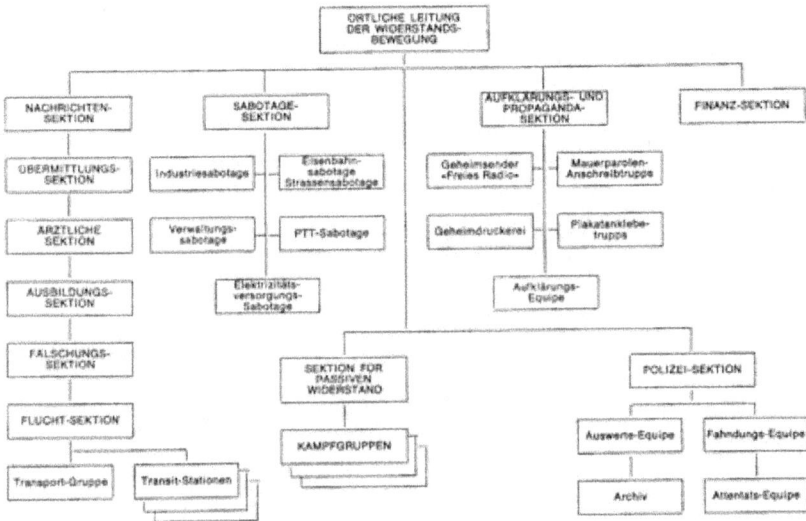

Stempelschneider

Kupfer- Kennen nur
stecher den Equipenchef

Graveur (Equipenchef)
Kennt nur den Besitzer
des Clichéateliers.
Kennt die Clichierequipe nicht!

Galvanoplastiker, Ätzer Kennen nur
den Equipen-
chef

Reproduktionsphotograph
Retoucheur

Andrucker (Equipenchef)
Kennt nur den Besitzer
des Clichéateliers.
Kennt die Stempelfälscher nicht!

Stempelfälschungsequipe   Clichierequipe

DIE FÄLSCHUNGSSEKTION

Chef
Besitzer des Clichéateliers.
Kennt: a) die beiden Chefs der Arbeitsequipen
b) den «Mittelsmann»

«Mittelsmann»
Erteilt Aufträge.
Nimmt die Arbeitserzeugnisse entgegen.
Kennt: a) den Besitzer des Clichéateliers
b) den Leiter der «Fälschungssektion»

WIDERSTANDSBEWEGUNG
Leiter der Fälschungssektion
Erteilt Arbeitsaufträge. Kennt nur den Mittelsmann.

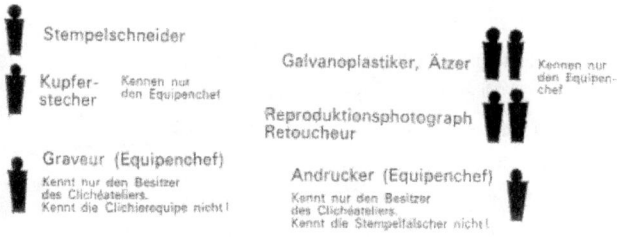

Beschaffung und Verteilung von Giftkapseln

Allgemeines:

-   Dem gefangenen Widerstandskämpfer wird kaum der Luxus eines raschen Todes geboten. Sein Sterben wird vielmehr langsam und unendlich qualvoll sein.

-   Die Furcht vor Gefangennahme und Folter beeinflusst die Widerstandskämpfer in hohem Masse. Diese Furcht wird gemildert, wenn der Widerstandskämpfer ein Mittel zum Selbstmord besitzt.

-   Das Wissen, jederzeit **rasch, sicher und relativ schmerzlos** Selbstmord begehen zu können, erhöht Einsatzwille und Selbstvertrauen. Es vermittelt dem Widerstandskämpfer eine gewisse Gelassenheit.

-   Jede Gefangennahme birgt das Risiko des spätern Verrats in sich. Niemand weiss im voraus, wie standhaft er wirklich ist. Der Widerstandskämpfer muss daher die Möglichkeit haben, in auswegloser Lage der Gefangennahme durch Selbstmord zu entgehen.

- Erschiessen mit der Pistole ist keine sichere Methode. Oft verletzt sich der Selbstmörder nur. Zudem gibt es viele Lagen, wo man keine Pistole auf sich tragen kann.
- «In-die-Luft-sprengen» mit einer Handgranate ist zwar eine sichere Methode. Doch kann man oft keine Handgranate auf sich tragen.
- Die Kriegserfahrung lehrt, dass die Giftkapsel das beste Selbstmordmittel ist.
- Giftkapseln werden von der ärztlichen Sektion hergestellt und verteilt.

Technische Anforderungen an die Giftkapseln:

- Müssen absolut sicher wirken.
- Der Tod soll rasch, d. h. in längstens 30 Sekunden eintreten. Dem Gegner darf keine Zeit für Gegenmassnahmen bleiben (Überführen ins Spital, Auspumpen des Magens usw.).
- Der Tod soll nicht allzu schmerzhaft sein.
- Die Kapseln müssen klein sein (Versteckmöglichkeiten: in einem Medaillon, in der Fassung eines Fingerringes usw.).
- Die Kapseln müssen so beschaffen und verpackt sein, dass sie während längerer Zeit auf dem Körper getragen werden können (Wärme, Kälte, Reibung, Schwitzen, nasse Kleidung usw.).

Die Rolle der einheimischen Polizei

- Der Gegner versucht, die bestehende einheimische Polizeiorganisation möglichst intakt zu übernehmen und seinen Zielen dienstbar zu machen.
- Primär soll die einheimische Polizei:
  a) den Verkehr regeln;
  b) den allgemeinen Ordnungsdienst versehen;
  c) Verbrechen bekämpfen (kriminelle, nicht politische!);
  d) die bestehenden Strafanstalten für Kriminelle weiterführen.
- Unabhängig hiervon wird die Besetzungsmacht ihren eigenen Polizeiapparat für den politischen Sektor aufziehen durch
  a) Installieren der politischen Polizei;
  b) Aufbau eines Spitzelnetzes;
  c) Einrichten eigener Gefängnisse und Konzentrationslager für politische Gefangene.
- Die feindliche höhere Polizeiführung wird aber immer - je nachdem, wie sie die Zuverlässigkeit der einheimischen Polizei einschätzt - diese für gewisse Hilfeleistungen beiziehen.
- Bei dieser erzwungenen Zusammenarbeit ergeben sich eine Reihe von Sabotagemöglichkeiten (siehe Seite 174).
- Polizeioffiziere, höhere Unteroffiziere und wichtige Spezialisten (z. B. Funktionäre des ND) werden vom Gegner vor die Wahl «Zusammenarbeit» oder «Tod» gestellt.
- Um nicht zum Verräter zu werden und um der Hinrichtung zu entgehen, müssen diese Polizeibeamten untertauchen.
- Sie sind einer Vielzahl von Leuten bekannt und eignen sich nicht für die Arbeit in der zivilen Widerstandsbewegung. Sie müssen daher «in den Wald gehen», d. h. sich einem Kleinkriegsverband anschliessen.
- Beim Verschwinden haben sie folgendes Material mitzunehmen:
  - Waffen und Munition; Dienstkleider und Ausweise (als Tarnung);
  - Stempel, Formulare (für Fälschungen);
  - Dienstfahrzeuge und Reservebenzin;
  - tragbare Funkgeräte;
  - Schlüssel zu Gefängnissen, Amtsräumen, Magazinen, Aktenschränken, Tresors usw. (für Einbrüche, Handstreiche usw.).

Die Taktik der Besetzungsmacht

Allgemeines

Im ideologischen Krieg begnügt sich der Gegner nicht mit dem militärischen Sieg. Dicht hinter den Kampftruppen rücken die politischen und wirtschaftlichen Organe des Feindes nach, mit dem Ziel, das eroberte Territorium nicht nur militärisch, sondern auch politisch und wirtschaftlich dem eigenen Machtbereich anzugliedern.

Die Organisation der Besetzungsmacht

Man unterscheidet grundsätzlich:

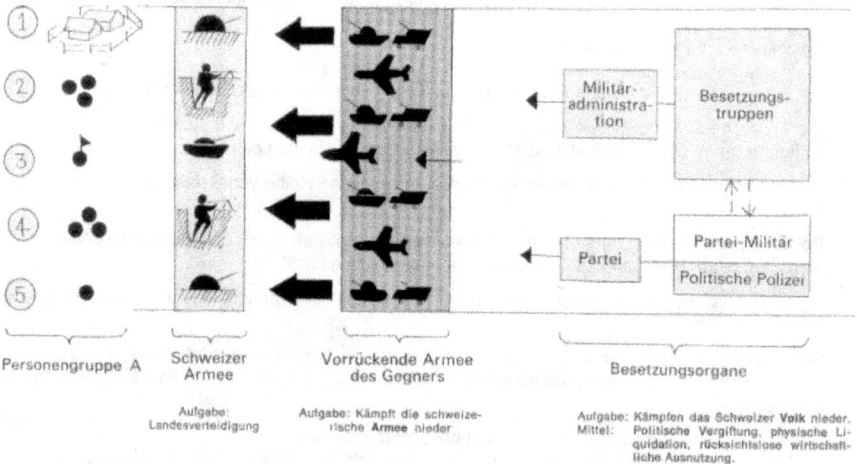

Personengruppe A	Schweizer Armee	Vorrückende Armee des Gegners	Besetzungsorgane
	Aufgabe: Landesverteidigung	Aufgabe: Kämpft die schweizerische Armee nieder	Aufgabe: Kämpfen das Schweizer **Volk** nieder. Mittel: Politische Vergiftung, physische Liquidation, rücksichtslose wirtschaftliche Ausnutzung.

Besetzungstruppen:

- Truppen der regulären Armee. Meist Verbände in Divisionsstärke. Politisch eher indifferent.
- Oft zweitklassige Truppen, z. B.

129

- Satellitenverbände, Verbündete;

- Rekrutenverbände;

- ältere Jahrgänge, nicht mehr voll frontdiensttaugliche Verbände;

- nicht mehr ganz modern ausgerüstete Verbände;

- an der Front abgekämpfte Truppen, die nun in Ruheverhältnisse gelegt und aufgefrischt werden sollen.

Parteimilitär:

- Vergleichbar etwa mit der frühern deutschen SS oder der russischen NKWD.

- Charakteristik: Schwer definierbares Mittelding zwischen Polizei und Militär. Im Grunde genommen doch eher Polizeitruppe. Politisch zuverlässiger als die Armee. Prätorianergarde des Regimes.

- Ausrüstung ähnlich der Armee.

- Bewaffnung: Leichte und schwere Infanteriewaffen. Wenig Panzer, viele Schützenpanzer und Motorfahrzeuge. Überdurchschnittlich gute Funkausrüstung.

- Ausbildung: Allgemeine militärische Grundausbildung. Dazu Spezialausbildung für:
  a) Niederhalten einer feindlich gesinnten Bevölkerung (sowohl im eigenen Land, wie auch im besetzten Gebiet);
  b) Bewachung und Verwaltung von Lagern mit politischen Gefangenen (Konzentrationslager, Zwangsarbeitslager);
  c) Bekämpfung von Unruhen und Aufständen;
  d) Vergeltungs- und Säuberungsaktionen.

- Aufgaben im besetzten Gebiet. Das Parteimilitär soll:
  a) zusammen mit den Besetzungstruppen die Bevölkerung niederhalten;
  b) im Alltag den Besetzungstruppen das Rückgrat stärken (diese auch überwachen und unter Druck halten);
  c) im Kampf das eiserne Gerippe bilden. Die nicht immer kampffreudigen und ganz zuverlässigen Besetzungstruppen mitreissen und in Krisensituationen bei der Stange halten.

Politische Polizei:

- Vergleichbar etwa mit der frühern deutschen GESTAPO oder der russischen GPU.

- Charakteristik: siehe Seite 133.

- Aufgaben im besetzten Gebiet. Die politische Polizei überwacht:
  a) die Bevölkerung;
  b) die Besetzungstruppen;
  c) das Parteimilitär;
  d) die Militäradministration. Später, nach Einführung der «Selbstverwaltung», die Marionettenregierung und ihre Organe.

Besonderes:

- Stützpunkte und Posten in den Städten und auf dem Lande, Jagdkommandos, Überwachungspatrouillen und Geleitschutzkommandos werden von den Verbänden der Besetzungstruppen gestellt.

- Die zentrale «Eingreifreserve» zur Unterdrückung lokaler Unruhen oder für die Niederwerfung von Aufständen wird aus Verbänden des Parteimilitärs und der Besetzungstruppen gebildet.

Militäradministration

- Die ersten Tage der Besetzung: individueller Terror der Kampftruppen sowie der Etappensoldateska. Plünderungen, Vergewaltigungen, Morde.

- Die ersten Wochen und Monate der Besetzung: systematische Terrorisierung der Bevölkerung durch speziell geschulte Organe des Gegners (militärische Verwaltungsbehörden, Parteimilitär, politische Polizei).

Selbstverwaltung

Währungsreform:

- Einige Monate nach der Besetzung wird eine Währungsreform durchgeführt. Das Schweizergeld wird völlig vom Geld des Gegners verdrängt. Hierbei können nur kleine Summen umgewechselt werden. So wird die Bevölkerung von Barmitteln entblösst und verarmt rasch und gründlich.

- Lebensmittel und Waren verschwinden aus den Läden und können nur noch auf dem schwarzen Markt zu hohen Preisen gekauft werden. Die Bevölkerung wird dadurch gezwungen, mit dem Verkauf von Hab und Gut zu beginnen (Teppiche, Bilder, Bücher, Möbel usw.). Was vom Kriege noch verschont wurde, geht nun so verloren.

- Geldreform und Rückzug der Verkaufsgüter lassen das Volk rasch verelenden. Es soll hierdurch für die neue Ideologie reif gemacht werden.

Enteignungen:

- Einige Zeit nach der Besetzung werden die neuen Behörden damit beginnen, das Privatkapital abzuschaffen. Grössere Firmen werden zwangsweise geschlossen, währenddem kleinere Betriebe von selbst eingehen, d. h. unter der masslos übersetzten Steuerlast zusammenbrechen.

- Die Aufhebung der kleinen Betriebe und Läden bringt die Versorgung der Bevölkerung in grosse Schwierigkeiten. Das Los besonders der Arbeiter verschlechtert sich laufend. Die städtische Bevölkerung leidet vorerst am stärksten unter den neuen Verhältnissen.

- Lebensmittel und Industriewaren verschwinden. Dafür werden «geschlossene Läden» eröffnet, in denen sich Besetzungsarmee, Verwaltungs- und Polizeiorgane sowie schweizerische Verräter eindecken können.

Die Erledigung des Bauernstandes:

- Die Kollektivwirtschaft wird eingeführt. Mit einer wohldurchdachten Zermürbungstaktik werden die Bauern zum Beitritt gezwungen.

- Vorerst werden die führenden Persönlichkeiten des Dorfes, die den Widerstand gegen die Kollektivierung organisieren oder führen, verhaftet. Dann wird der einzelne Bauer von den Beauftragten der Staatspartei auf seinem Hof so lange beschwatzt, beschimpft und bedroht, bis er unterschreibt.

- Beim Kollektivsystem kommt der Einzelbauer finanziell schlecht weg. Weiter wird er durch Leute geführt, die von Landwirtschaft kaum etwas verstehen. Dadurch erlischt sein Interesse an der Arbeit und die landwirtschaftliche Produktion bricht in kurzer Zeit zusammen.

Die Erledigung des Handwerks:

- Die freien Handwerker werden in Produktionsgenossenschaften zusammengefasst. Die Chefs dieser Genossenschaften verstehen in der Regel wenig vom Handwerk, sind dafür aber Mitglied der neuen Staatspartei.

- Renitente Handwerker, die der Genossenschaft nicht beitreten wollen, werden zermürbt, indem die Behörden ihnen das zur Berufsausübung notwendige Rohmaterial sperren. Entweder gehorchen sie, oder gehen wirtschaftlich zu Grunde, wobei erst noch die Bestrafung wegen «Produktionssabotage» und staatsfeindlicher Gesinnung droht.

Die Terrorisierung der Arbeiterschaft:

- Die Gewerkschaften werden von einer «Interessenvertretung der Arbeitnehmer» in eine staatliche Antreiberorganisation umgewandelt.

- Das Versammlungs- und Streikrecht wird abgeschafft. Arbeitsniederlegung gilt als Sabotage und unterliegt schwerster Strafe. Gegen «das Volk» darf man nicht streiken!

- Jedes Mitspracherecht im Betrieb wird abgeschafft.

- Soziale Errungenschaften wie «8-Stunden-Tag» oder «5-Tage-Woche» gehen verloren. Die Verlängerung der Arbeitszeit «im Interesse des Volkes» darf nicht verweigert werden.

- Der Arbeitsplatz darf nicht mehr gewechselt werden.

- Sonderentschädigungen für Überstunden, Nacht- oder Sonntagsarbeit gehen verloren. Vom «Volk» darf für Mehrarbeit keine höhere Bezahlung gefordert werden!

- Zum «neuen Arbeiten» gehören auch die sogenannten «Aufbaustunden». Das sind unbezahlte Überstunden, die man freiwillig und strahlend lächelnd für das allgemeine Wohl (lies die Parteiführung) zu leisten hat.

- Jeder muss den andern ununterbrochen «erziehen» und wird seinerseits auch wieder erzogen. Die Bespitzelung der Kollegen im Betrieb wird als selbstverständlich vorausgesetzt.

- Als Mitglied einer obligatorischen «Betriebsbrigade» ist jeder verpflichtet, seine Kinder in die Jugendorganisation der Staatspartei zu schicken, wo sie ihm entfremdet und zur Bespitzelung der eigenen Familie erzogen werden.

- Die Arbeiter werden nicht nur rücksichtslos ausgebeutet, sondern dazu auch noch von einer verlogenen Propaganda verhöhnt.

Der allgemeine politische Druck:

- Die bisherigen politischen Parteien werden aufgelöst und verboten. An ihre Stelle tritt die Einheitspartei, die sogenannte «Staatspartei».

- Der politische Druck, der auf Männern, Frauen und Kindern lastet, ist fürchterlich. Jeder steckt in einem dichten Netz von Verpflichtungen, aus dem es kein Entrinnen gibt. Von einem Privatleben kann keine Rede mehr sein.

- Ständig sind Schulungskurse zu absolvieren und Vorträge zu besuchen, wobei die Frauen wohl oder übel mitmachen müssen.

- Wenn Propagandastücke laufen, muss jedermann ins Kino oder Theater. Anschliessend gilt es in einem bestimmten Kreis den Film oder das Theaterstück zu besprechen und zu loben.

- Die Zerstörung der Familie ist Mittel zum Zweck: Durch Frauenarbeit, obligatorische Jugendverbände, Schulungskurse ausserhalb der Arbeitszeit usw. werden die Menschen aus ihrem angestammten Lebenskreis herausgerissen. Sie sollen einem Gefühl der Vereinsamung erliegen und aus diesem heraus Anlehnung beim Staat und seinen Organisationen suchen.

- Selbständiges Denken wird nicht nur nicht geschätzt, sondern geradezu geahndet.

- Allmählich wird das Leben unerträglich. Unterdessen ist die politische Polizei unentwegt tätig. Nacht für Nacht verschwinden vorerst Dutzende, später Hunderte und Tausende von Schweizer Bürgern.

Neuwahlen:

- Relativ spät, aber doch noch im ersten Jahr der Besetzung werden «allgemeine Wahlen» für die Marionettenregierung durchgeführt. Diese dauern mehrere Wochen und sind von einer mächtigen Propagandaflut begleitet. In allen Fabriken, Büros und Wohnblöcken werden angeblich freiwillige und spontane - in Wirklichkeit aber befohlene und kontrollierte - Versammlungen und Diskussionen durchgeführt.

- Die örtlichen Propagandastellen sind den Besetzungsbehörden dafür verantwortlich, dass die Staatspartei 100 % der Stimmen erhält. Daher wird als Stimmaterial nur eine «Einheitsliste» abgegeben. Um eine hohe Stimmbeteiligung (99,9 %) zu erreichen, werden die Stimmpflichtigen Fabrik- oder Wohnblockweise geschlossen ins Wahllokal geführt. Hierbei müssen sie Kampflieder singen, Sturmfahnen, Spruchbänder und Führerbilder mit sich tragen.

Die politische Polizei

Die politische Polizei ist uns wesensfremd. Erste Voraussetzung, um Kämpfen können, ohne unnötige Verluste zu erleiden, ist die Kenntnis des Gegners.

Allgemeines:

- Im Rechtsstaat dient die Polizei lediglich zur Abwehr von Gefahren. Im totalitären Staat dagegen stellt sie ein ausgesprochenes Machtmittel dar.

- Die Arbeit der politischen Polizei beginnt lange vor dem Krieg durch Sammeln von Material über Emigranten, wichtige Persönlichkeiten und potentielle Gegner in den später zu besetzenden Ländern.

- Bei der politischen Polizei handelt es sich weniger um eine eigentliche Polizeitruppe, als vielmehr um eine Terrororganisation.

- Die eigentlichen polizeitechnischen Kenntnisse und Fähigkeiten sind gering und reichen niemals an diejenige einer normalen Kriminalpolizei heran.

- Das Vorgehen der politischen Polizei ist deshalb grob und weist wenig kriminalistische Finessen auf. Was ihr an technischem Können abgeht, kompensiert sie durch um so grössere Brutalität und Grausamkeit.

- Das Geheimnis, das sie umwittert, erhöht die Terrorwirkung. Die politische Polizei lebt zum grossen Teil vom schreckenerregenden Ruf und weniger von den effektiven Ergebnissen.

- Gewöhnlich weiss nicht einmal mehr der Gegner selbst, wo die Kompetenzen der politischen Polizei beginnen und wo sie enden. Ihre natürliche Tendenz, einen Staat im Staat zu bilden, ist deshalb gross und meist von Erfolg gekrönt. Sie terrorisiert auch die eigene Armee und die Verwaltungsfunktionäre. Deshalb besteht keine eigentliche Zusammenarbeit zwischen diesen Amtsstellen, sondern es herrscht eine latente Spannung und Rivalität, welche die gegenseitige Wirksamkeit herabsetzt.

- Die Angehörigen der politischen Polizei arbeiten normalerweise in Zivil. Nur selten und zu besondern Anlässen treten sie in Uniform auf.

- Die politische Polizei braucht sich an keine bestimmten Gesetze oder Regeln zu halten. Sie geht, im Gegensatz zur gewöhnlichen Polizei, nicht darauf aus, durch reine Anwesenheit vorbeugend zu wirken und notfalls Täter zu ermitteln, sondern verfährt vielmehr nach dem Grundsatz «Vorbeugen ist besser als Heilen!». In die Praxis übersetzt: Jeder, der als möglicher Gegner in Frage kommt, wird vorsorglich schon jetzt liquidiert. Normalerweise noch bevor er etwas «verbrochen» hat. Deshalb werden ganze Bevölkerungsschichten und Berufsgruppen und nicht nur bestimmte Einzelpersonen ausgemerzt.

- Das ständige Misstrauen auch den eigenen Funktionären gegenüber ist nicht nur «deformation professionnelle», sondern System. Durch Zwischenschaltung vieler Amtsstellen selbst bei Bagatellangelegenheiten kann kein Funktionär von der offiziellen Linie abweichen. Jeder muss automatisch seine miteingeschalteten Kollegen an «Härte», «Systemtreue» und «Hass auf den Gegner» zu übertreffen suchen.

Berichterstattung durch die politische Polizei:

- Die politische Polizei erstattet grundsätzlich 3 Arten von Berichten:
  a) «Tagesberichte» wesentlicher Dinge;
  b) «Sammelberichte» über die Gesamtlage. Periodische, meist monatliche Berichte zu Handen der interessierten Amtsstellen;
  c) «Berichte von Fall zu Fall», wenn solche nötig werden.
- Am interessantesten und aufschlussreichsten ist der «Sammelbericht».

Dieser umfasst folgende Punkte:

1. Allgemeines Stimmungsbild der Bevölkerung.

2. Tätigkeit der aufgelösten ehemaligen Parteien, Verbände usw.:

   a) ehemalige Sozialdemokratische Partei   }   vom Gegner am meisten
   b) ehemalige Gewerkschaften   }   gehasst und gefürchtet
   c) ehemalige bürgerliche Parteien.

3. Kirchenpolitik:

   a) katholische Kirche (vom Gegner am meisten gehasst und gefürchtet);
   b) protestantische Kirche;
   c) freie Glaubensgemeinschaften.

4. Jugendorganisationen:

   a) aufgelöste ehemalige Jugendorganisationen;
   b) jetzige staatliche Jugendorganisationen.

5. Staatspartei und ihre Untergruppen:
   - Verhalten der Funktionäre (ob geschicktes oder stümperhaftes Vorgehen, Aktivität, Einsatzwille).
   - Mängel (taktische Fehler, Missstände innerhalb der eigenen Bewegung).
   - Vorschläge.

6. Besetzungstruppe, Parteimilitär, Militäradministration, Zivilregierung.

7. Kulturpolitische Lage.
   - Presse, Literatur.
   - Kino, Theater, Veranstaltungen.
   - Radio, Fernsehen.

8. Wirtschaftliche Lage der Bevölkerung (sehr wichtig, da diese die Stimmung stark beeinflusst).
   - Lebensmittelversorgung, Gebrauchsgüterversorgung.
   - Heizmaterialversorgung.
   - Beschäftigungslage.
   - Löhne, Preise.

Grundsätze des Terrors

Allgemeines:

- Wenn du der politischen Beeinflussung widerstehst und der Gegner die Nutzlosigkeit seines Versuches, dich zu seiner Ideologie zu «bekehren» einsieht, wird er versuchen, dich durch Furcht zum Gehorsam zu bringen. Diese Furcht sucht er durch Terror zu erzeugen.
- Es gibt eine eigentliche Technik des Terrors. Eine Reihe von Massnahmen haben sich als besonders wirksam erwiesen. Mit ihrem Einsatz muss unbedingt gerechnet werden. Wer sie kennt, vermag eher zu widerstehen.

Terrorarten:

Individueller Terror	Kollektiver Terror	Operativer Terror
Träger: Funktionär	Träger: Partei	Träger: Staatsleitung
Durch Machtanmassung, persönliches Ressentiment und Übergriffe einzelner Funktionäre	Durch die unbegrenzte Machtfülle der Partei	Durch die Strafgesetzgebung und das Vorhandensein einer politischen Polizei

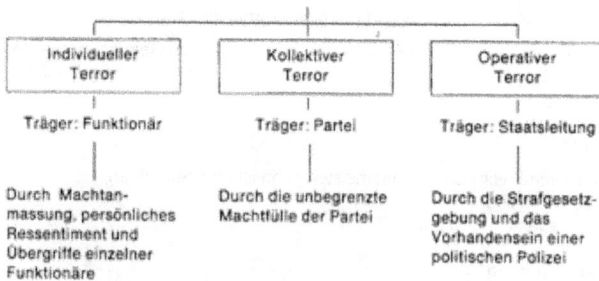

- Der «individuelle Terror» soll den kollektiven und operativen Terror verschleiern.
- Wenn Rückschläge eintreten, werden Sündenböcke gesucht und bestraft. Solche Sündenböcke sind dann Funktionäre, die individuellen Terror betrieben haben. Das Regime stellt in solchen Momenten alles als «Übergriffe einzelner untergeordneter Funktionäre» dar, denen nun das Handwerk gelegt werde! Lasse dich nicht bluffen. Kollektiver Terror und operativer Terror bleiben.
- Individueller Terror wird aus taktischen Gründen oft eingestanden. Kollektiver und operativer Terror jedoch nie.

Terrormassnahmen:

- Aufbau eines Agenten- und Spitzelnetzes.
- Telephon- und Postüberwachung (Zensur).
- Willkürliche Verhaftungen.
- Geiselfestnahme, Sippenhaft.
- Brutales Vorgehen bei Verhaftung und Verhör.
- Umbiegung des Rechtsverfahrens.
- Willkürliches Hinauszögern von Strafsachen.
- Keine öffentlichen Gerichtsverhandlungen mehr, ausgenommen «Schauprozesse».
- Willkürliche Zumessung der Strafen.
- Unverhältnismässig harte Strafen, die in keinem vernünftigen Verhältnis zur begangenen Tat stehen.

Telephonüberwachung und Postzensur:

-   Die Erfolgschancen der gegnerischen Telephonüberwachung und Postzensur sind in einer grössern Stadt, wie z. B. Bern, wo pro Tag weit über 500 000 Telephongespräche geführt und ebenso viele Postsendungen aufgegeben werden, gering.

Willkürliche Verhaftungen:

-   Der Gegner wird ganz willkürlich völlig harmlose Leute verhaften, um den Eindruck zu erwecken, sein Überwachungsnetz sei dicht und wirksam.

Geiselfestnahme:

-   Nach Sabotageakten werden Geiseln festgenommen, mit der Drohung, sie zu erschiessen, falls die Täter nicht innert einer gewissen Zeit verhaftet werden, oder sich freiwillig stellen.
-   Der Gegner will dadurch:
    a) einen moralischen Druck auf die Saboteure ausüben;
    b) die Bevölkerung veranlassen, sich von den Widerstandselementen innerlich zu trennen. Diesen keine Unterstützung zu gewähren oder sie gar zu verraten.
-   Auswahl der Geiseln:
    a) ehemalige prominente Persönlichkeiten, wie z. B. Parlamentarier, höhere Beamte, Gemeindepräsidenten, Vorstandsmitglieder von Parteien, Verbänden und Vereinen. Redaktoren, Journalisten usw.;
    b) neben den Prominenten immer eine Anzahl absolut harmloser, politisch völlig passiver und uninteressanter Personen. Dadurch soll die Terrorwirkung erhöht werden.

Sippenhaft:

-   Wer untertaucht, sich einer Verhaftung entzieht oder aus der Gefangenschaft flieht, soll wissen, dass an seiner Stelle die Familie (Frau, Kinder), Eltern, Geschwister oder Verwandte büssen müssen.
-   Durch die Sippenhaftung will man den Widerstandskämpfer moralisch zwingen, sich der Besetzungsmacht zu ergeben.

Umbiegung des Rechtsverfahrens:

-   Beim Rechtsverfahren des totalitären Regimes geht es nicht darum, die Wahrheit zu finden und Gerechtigkeit zu sprechen, sondern Geständnisse zu erzwingen.
-   Um verurteilt zu werden, brauchst du kein Vergehen begangen zu haben. Es genügt, einer Menschenkategorie anzugehören, die aus politischen Gründen als potentielle Gegner betrachtet werden.

Willkürliche Hinauszögerung von Strafsachen:

-   Im Rechtsstaat werden .Vergehen abgeurteilt, wenn sie aufgedeckt und die Täter gefasst sind. Im totalitären Staat aber werden die «Rechtsbrecher» ohne Verhör und Urteil auf unbestimmte Zeit ins Gefängnis oder Lager gesteckt.
-   Die wirklichen oder angeblichen Strafsachen werden oft in Reserve gelegt, um sie bei politisch günstiger Gelegenheit haufenweise als Schauprozess gross aufgezogen der Propaganda nutzbar zu machen.

Willkürliche Zumessung der Strafen:

-   Der Gegner straft nicht nach Recht, sondern nach momentanen politischen Bedürfnissen. Deshalb wird für das gleiche Vergehen selten oder nie dieselbe Strafe ausgesprochen.

- Du musst immer mit dem Schlimmsten rechnen und kannst für das geringfügigste Vergehen auf unbegrenzte Zeit in ein Zwangsarbeitslager verschickt werden, wenn du nur das Pech hast, in einem politisch ungünstigen Moment ertappt zu werden.
- Massgebend ist für den Gegner immer nur gerade die momentane Zweckmässigkeit.

Brutales Vorgehen bei Verhaftung und Verhör:

- Verhaftung speziell bei Nacht aus dem Bett heraus, um die Terrorwirkung zu erhöhen und die Leute nie mehr ganz ruhig schlafen zu lassen.
- Misshandlungen im Verhör und im Gefängnis, um die politische Polizei und ihre Einrichtungen (Verhörkeller, Gefängnisse usw.) mit einem Schleier des Grauens zu umwehen.

Unverhältnismässig harte Strafen:

- Wer nur eine Parole an eine Mauer schmiert, riskiert ebenso Deportation, wie der Funker am Geheimsender.
- Wer nur eine Handvoll Sand in die Schmierbüchse eines Eisenbahnwagens wirft, riskiert ebenso erschossen zu werden, wie derjenige, der eine Transformatorenstation sprengt.

Schlussbemerkung: Die Verbreitung des «Schreckens» ist ein zweischneidiges Schwert. Geschickt ausgenutzt, kann sie auch unserer Sache dienen, indem Hass und Verzweiflung die bisher Passiven mobilisiert und zu aktivem Widerstand aufstachelt!

Kirchenkampf

Allgemeines:

- Der totalitäre Gegner wird auch die Kirche als potentiellen Feind betrachten und dementsprechend bekämpfen. Hierbei wird er mit grosser Verschlagenheit zu Werke gehen und die Entchristlichung des Lebens etappenweise durchführen, um nicht allzusehr aufzufallen. Er wird die Kirche nicht auf einen Schlag vernichten, sondern vielmehr einem langsamen, sich über mehrere Jahre erstreckenden Aushöhlungsprozess unterwerfen, um sie allmählich «kalt» zu erledigen. Denn würde er sein Endziel allzu offen zeigen, wäre allgemeiner Widerstand die Folge.
- Unter dem Begriff «Kirche» ist ein weltgespannter Kreis zu verstehen:
  a) Katholische Kirche;
  b) Reformierte Kirche;
  c) freie Glaubensgemeinschaften (z. B. Methodisten, Christliche Wissenschaft, Zeugen Jehovas usw.).
- Das Vorgehen im Kirchenkampf wird sich etwa wie folgt abspielen:
  1. Anschwärzen der Kirche.
  2. Verächtlichmachung der Kirche.
  3. Getarnte Störung des kirchlichen Betriebes.
  4. Offene, direkte Verfolgung.
- Im Bestreben, keine Märtyrer zu schaffen, sondern den Gegner als Verbrecher darzustellen, werden z. B. Sittlichkeitsprozesse gegen Geistliche aufgezogen, oder diesen sonstige Verfehlungen (Unterschlagungen usw.) unterschoben.
- Zuerst werden die freien Glaubensgemeinschaften zerschlagen. Da es sich hierbei um Minderheiten handelt, ist der Widerstand der Bevölkerung am geringsten. Katholiken und Protestanten sehen tatenlos, eventuell sogar mit einer gewissen Schadenfreude zu, da ja eine «Konkurrenz» ausgeschaltet wird.
- Die Katholische Kirche wird vor der Reformierten bekämpft, da sie straffer organisiert und somit gefährlicher ist.

Gegnerische Massnahmen im Kirchenkampf:

- Schikanen aller Art, wie z. B. Entzug der Kohlenzuteilung oder Drosselung der zustehenden Elektrizitätsmenge, so dass die Kirchen weder geheizt noch beleuchtet werden können.

- Erschwerung des Kirchganges der Erwachsenen. Dieser wird mit gewissen Gefahren und wirtschaftlichen Nachteilen verbunden («schwarze Liste», «Steuererhöhung» usw.).

- Entfernung der christlichen Zeichen wie Kreuze, Bilder usw. in der Öffentlichkeit (z. B. Schulen, Spitäler usw.).

- Abschaffung des Religionsunterrichts in den öffentlichen Schulen.

- Schulkampf gegen die katholischen Schulen und Institute.

- Schliessung der theologischen Fakultät, Verbot der Ausbildung von Geistlichen.

- Aufhebung spezieller religiöser Unterweisung, z. B. «Sonntagsschule», «Kinderlehre», «Konfirmandenunterricht», «Firmunterricht» usw. Ausübung eines Drucks auf die Eltern, ihre Kinder nicht mehr zu diesem Unterricht zu schicken. Nach einiger Zeit Schliessung des Unterrichts, mit der Begründung, dieser sei überflüssig, da er doch nur von einer rückständigen Minderheit besucht werde.

- Ersatz der Konfirmation und Firmung durch eine staatliche «Jugendweihe».

- Erhebung hoher Gebühren zugunsten des Staates auf allen kirchlichen Handlungen (Taufe, Trauung, Begräbnis).

- Auflösung religiöser Vereinigungen.

- Verbot religiöser Zeitschriften und Bücher.

- Erschwerung und schliesslich Verbot des Abhaltens von Glaubens-, Gebets-, Sing- und Andachtsstunden.

Vielfach wird nach einer ersten Verfolgungswelle mit der Kirche eine Art «Burgfrieden» abgeschlossen. Besonders dann, wenn man untergeordnete Instanzen in ihrer kirchenfeindlichen Haltung zu weltvorgeprellt sind und grosses Aufsehen erregt haben. Die darauffolgende Periode des Stillhaltens soll die Wogen der Empörung glätten und die wachgerüttelte Öffentlichkeit wieder beruhigen. Die Kirche selbst wird sich erfahrungsgemäss peinlich an die getroffenen Vereinbarungen halten, um keinen Anlass zu weitern Verfolgungen zu geben. Hierdurch werden ihr für längere Zeit die Hände gebunden.

Das Verhalten der Kirche im Kirchenkampf:

- Der Kirchenkampf hat auch seine positiven Seiten. Er scheidet die bisherigen blossen Mitläufer von den wahren Gläubigen.

- Da die Kirche die einzige Zufluchtsstätte für bedrängte Seelen darstellt, gewinnt sie an Bedeutung und Wert für alle diejenigen, welche das staatliche Zwangssystem ablehnen.

- Indem die Kirche Opfer bringt, gewinnt sie ein festeres Vertrauensverhältnis zu allen Teilen des Volkes. Sie beeindruckt mit ihrer Haltung auch bisher skeptisch oder gar ablehnend eingestellte Personen.

- Gerade in der Verfolgung ist die Kirche im Stande, wahre Missionsarbeit zu leisten. Grösste Schwierigkeiten und höchste Erfolgsmöglichkeiten liegen eng nebeneinander.

- Praktische Massnahmen:
  a) die Kirche muss Unduldsamkeit und Personenkult bekämpfen;
  b) die Kirche muss immer wieder darauf hinweisen, dass jede bewusste Missachtung der Gebote Gottes sich früher oder später sicher rächt;
  c) sie muss den Begriff des «Nächsten» pflegen und als solche alle Diskriminierten und Verfolgten bezeichnen;
  d) sie muss an allgemeine Pflichten des Christen erinnern, so z. B. - der missbrauchten Gewalt zu widerstehen; - gottwidrige Befehle nicht zu befolgen;

e) sie muss daran erinnern, dass die Kinder in erster Linie den Eltern gehören und dass diesen das erste Erziehungsrecht zusteht.

Der Kampf um die Jugend

- Die Besetzung kann sehr wohl viele Jahre dauern. Der Gegner und speziell die von ihm eingesetzte Verräterregierung werden im Bestreben, die Macht zu konsolidieren und gewissermassen auch zu legalisieren, um die Seele der Jugend ringen. Der Gegner will das besetzte Gebiet nicht nur wirtschaftlich und militärisch für seine Kriegsziele ausnützen, sondern auch seinem ideologischen Machtbereich eingliedern. Wir sollen deshalb nicht nur besiegt, sondern wenn immer möglich auch «bekehrt» werden!

- Die ältere Generation gibt der Gegner wenigstens zum Teil von vornherein verloren. Er findet sich damit ab, dass ein grosser Prozentsatz aus «Unbelehrbaren» und nicht mehr «Umerziehbaren» besteht. Er begnügt sich damit, diese durch Terror in Schach zu halten und notfalls durch Deportation oder Hinrichtung auszumerzen. Dafür wendet er sich mit um so grösserem Einsatz der Jugend zu, welche er mit allen Mitteln - von der schillernden Verlockung bis zur unverhüllten Drohung - für seine Ziele einzunehmen sucht.

- Der Kampf um die Jugend zerfällt in zwei Teile:
  a) Bekämpfung der traditionellen Jugendorganisationen und Ersatz derselben durch eine ideologisch ausgerichtete «Staatsjugend»;
  b) Ausschaltung des Einflusses von Elternhaus, Schule und Kirche, und Ersatz derselben durch den Einfluss der Partei.

- Der Gegner fürchtet die gemeinschaftsbildenden Kräfte, die in der freien Jugendbewegung lebendig sind. Sein Anspruch auf die Seele ist total. Er kann somit keine andern Jugendverbände neben seiner «Staatsjugend.> dulden. Jedes äussere und innere Festhalten an der alten Form wird konsequent verfolgt. Es wird den traditionellen Jugendbewegungen insbesondere verboten: Tragen von Uniformen oder uniformähnlichen Kleidungsstücken. Führen von Abzeichen, Wimpeln, Fähnlein usw. Geschlossene Aufmärsche, Wandern, Zelten. Die Ausübung jeglichen Sports. Gleichzeitig wird ein starker Druck für den Eintritt in die «Staatsjugend» ausgeübt. So wird z. B. bekanntgegeben, dass für eine spätere Chefstellung nur noch in Frage komme, wer nachweisbar Mitglied der Staatsjugend gewesen ist. Das gleiche gilt für den Besuch einer höhern Schule oder der Universität.

- Durch skrupellose Ausnützung des jugendlichen Tatendranges und der Abenteuerlust, der Begeisterungsfähigkeit, der leichten Beeindruckbarkeit, des noch wenig entwickelten kritischen Urteilsvermögens, des Generationskonflikts und der goldenen Verheissungen für die Zukunft, wird versucht, die Jugend willfährig zu machen.

- Im Rahmen der «Staatsjugend» wird die ideologische Vergiftung in zwei Phasen durchgeführt:
  Phase 1: Anlockung. Begeisterung. Blendung.
  Vorerst sollen die Jugendlichen durch einige ihren Interessen sorgfältig angepasste Disziplinen (z. B. Motorenkunde, Fahrschule, Segelflugunterricht usw.) gewonnen werden. Filme, Fahrten und farbenprächtige Meetings runden diese Phase ab. Hierbei Ausnutzung aller jugendlichen Äusserungen vom «Motorenfimmel» bis zum «Schönheitshunger».
  Phase 2: Einschaltung des politischen Unterrichts.
  Vorerst werden geschickt nur einige wenige Lektionen eingeschoben, die im gerissenen Betrieb fast unbemerkt untergehen. Nach und nach folgen immer mehr «Polit-Stunden», bis dieser Unterricht zum Hauptfach geworden ist. Parallel dazu erfolgt ein langsames, fast unmerkliches Umschalten des sportlichen Teils auf eine zielbewusste vormilitärische Ausbildung.

- Da die Besetzung lange dauern kann, ist die Gefahr der politischen Beeinflussung der Jugend absolut real. Um so mehr, als der totalitäre Gegner auch im Krieg entscheidendes Gewicht auf politische Fragen legt.

Die Spaltung der Bevölkerung

Der Gegner wird im Bestreben, seine Macht zu konsolidieren, die einzelnen Bevölkerungsschichten und natürlichen Interessengruppen gegeneinander aus spielen.

Beispiele:

Städter	Misstrauen gegen das Land nähren Konsumenten gegen Produzenten ausspielen Bauernschaft diskreditieren
Bauern	Misstrauen gegen die Stadt nähren Misstrauen gegen die Arbeiterschaft nähren Ressentiment gegen Grossbauern nähren Produzenten gegen die Konsumenten ausspielen
Arbeiterschaft	Misstrauen gegen die Bauern nähren Ressentiment gegen das Bürgertum ausnützen Misstrauen gegen die Intellektuellen und die Kirche nähren
Bürgertum	Misstrauen gegen die Arbeiterschaft nähren
Gewerbetreibende / Handwerker	Ressentiment gegen die Arbeiterschaft ausnützen Misstrauen gegen Handel und Industrie schüren

- Durch vorübergehende Konzessionen an die eine oder andere Bevölkerungsschicht oder Interessengruppe sucht die Besetzungsmacht deren Zustimmung und loyale Mitarbeit zu erlangen.

- Falle nicht auf dieses wohlberechnete Manöver (Spaltungstaktik) herein. Der Gegner schenkt euch seine Gunst nur so lange, als er euch braucht. Ist das Ziel erreicht, lässt er euch bedenkenlos fallen.

- Wer sich durch kurzsichtiges Verfolgen von Gruppen- und Sonderinteressen gegen seine Mitbürger in dieses Spiel einspannen lässt, nützt nur dem Gegner.

- Alle internen Gegensätze und Streitigkeiten sind für die Zeit nach der Befreiung zurückzustellen. Nur der Feind würde im Moment aus unsern Zerwürfnissen Gewinn riechen. Jetzt darf es nur noch die Einheitsfront gegen den Feind und seine Mitläufer geben.

Die Taktik des Gegners beim Zerschlagen von Vereinen, politischen Parteien, Berufs- oder Wirtschaftsverbänden

- Der Gegner wird die ihm nicht genehmen Vereinigungen nicht sofort verbieten.

- Bei einem überstürzten Verbot riskiert er, dass die Mitgliederlisten vernichtet werden und ihm nur die Führer und prominenten Funktionäre ins Netz gehen, während die Masse der Mitglieder unerkannt untertauchen kann. Eine spätere illegale Neubildung der zerschlagenen Organisation wird so erleichtert.

- Die Besetzungsmacht geht daher äusserst behutsam vor, indem vorerst lediglich beobachtet und registriert wird. Sie vermeidet auch, vorzeitig Untergruppen zu zerschlagen, um den Hauptharst nicht zu alarmieren. Erst wenn alle Mitglieder listenmässig erfasst sind, wird als letzter Schritt die ganze Organisation zerschlagen und verboten. Nun hat die politische Polizei aber auch die Möglichkeit, die ehemaligen Mitglieder zu überwachen und eine illegale Neubildung im Keime zu ersticken.

- Die Besetzungsmacht bekämpft nie alle Vereinigungen gleichzeitig. Dazu reicht auch ihre an sich grosse Macht nicht aus. Meist wird folgende Reihenfolge eingehalten:
  1. Politische Parteien:
     a) Sozialdemokratische Partei (am meisten gehasst und gefürchtet);
     b) bürgerliche Parteien.
  2. Gewerkschaften.
  3. Jugendorganisationen.
  4. Kirche.

Das Vorgehen des Gegners beim Ausrotten gewisser Bevölkerungsschichten

Allgemeines:

- Die Besetzungsmacht wird gewisse, ihr nicht genehme Bevölkerungsschichten vernichten.
- Der Ausrottungsprozess erstreckt sich über eine längere Zeitspanne.
- Die Verfolgung wird meist offen, die physische Liquidation dagegen versteckt vorgenommen.

Der zeitliche Ablauf sowie das taktisch/technische Vorgehen bei Vernichtungsaktionen:

- Vorerst Entlassung nur derjenigen in Schlüsselpositionen.
- Kollektive Ausschaltung aus gewissen Berufskategorien.
- Auferlegung unsinnig hoher Kontributionen.
- Ausschaltung aus allen Berufen. Damit verbunden Entzug der Lebensmittelkarten «als Nichtarbeitende».
- Diskriminierung durch:
  - «Zutritt für . . . verboten!».
  - Brandmarkung durch Abzeichen. (Historisches Beispiel: Judenstern.)
  - Verbot, ein Fahrzeug, einen Radioapparat oder das Telephon zu halten.
  - Verbot, Bücher und Zeitschriften zu kaufen.
- Als Schlussmassnahme: Deportation und Massenhinrichtung.

Die Taktik der Widerstandsbewegung

Verbergen von Waffen und Munition

Allgemeines:

- In jeder schweizerischen Haushaltung finden sich Waffen. und Munition. Du musst diese im Moment der Niederlage dem Zugriff des Gegners entziehen. Behändige auch vorsorglich Waffen und Munition, die im Verlaufe der Kämpfe von eigenen oder feindlichen Truppen in der Umgebung liegengelassen worden sind (Kleinwaffen von der Pistole über das Raketenrohr bis zum Minenwerfer).
- Auf illegalem Waffenbesitz steht die Todesstrafe. Verstecke Waffen und Munition so, dass sie:
  a) vom Gegner nicht gefunden werden können;
  b) durch Feuchtigkeit nicht verderben.
- Das sicherste Versteck ist vergraben. Der Gegner kann dann das ganze Haus niederreissen ohne etwas zu finden. Es sei denn, er ackere auch noch den Boden um.
- Am besten werden die Waffen in Kellern, Scheunen, Wetterschermen, Pflanzlandhäuschen usw. vergraben. Der Naturboden lässt sich leicht aufreissen und auch wieder tarnen. Die Überdachung hält den Boden trocken.

-
Die Technik der Einlagerung von Waffen:

- Die ganze Waffe stark einfetten. (Nur Waffenfett verwenden!)
- Die Laufmündung mit einem Fett- oder Wachspfropfen schliessen.
- Den Verschlusskasten mit einem ölgetränkten Lappen umwickeln.
- Die ganze Waffe in ein grosses Tuch einhüllen und dieses mit Schnüren festbinden. Die so verpackte Waffe in eine Holzkiste legen.
- Die Fugen der Holzkiste abdichten. Mittel: Kerzenwachs, Bienenwachs, Kitt usw.

- Die Holzkiste mit Dachpappe umhüllen und anschliessend an einem trockenen Ort vergraben.
- Die Kiste alle 3 Monate einmal ausgraben, die Waffe gründlich reinigen und neu einfetten.

Die Technik der Einlagerung von Munition (lose Patronen, Packungen usw.):

- Die einzelnen Munitionspackungen mit ca. 10 Schichten Zeitungspapier umwickeln.
- Eine Holzkiste mit Ölpapier auskleiden.
- Ca. 5 cm tief trockenes, altes Sägemehl in die Holzkiste streuen.
- Die Fugen der Kiste abdichten. Mittel: Kerzenwachs, Bienenwachs, Kitt usw.
- Die Kiste mit Dachpappe umhüllen und anschliessend an einem trockenen Ort vergraben.
- Munition ist gegen Feuchtigkeit hochempfindlich! Deshalb müssen Zeitungspapier und Sägemehl alle zwei Monate erneuert werden. Bei dieser Gelegenheit ist die Munition gründlich zu lüften.

Die Technik der Einlagerung von Spreng- und Zündmitteln:

- Sprengmittel (Sprengpatronen, Sprengbüchsen) gleich einlagern wie Munition.
- Zündmittel (Sprengkapseln, Zündschnur, Schlagzünder usw.) dürfen nicht vergraben werden. Sie sind sonstwie an einem trockenen Ort zu verstecken.

Verbergen von Radioempfängern

- Verstecke deinen Radioapparat. Der Gegner wird sämtliche Empfänger beschlagnahmen, um die letzte Verbindung durch den «Eisernen Vorhang>. hindurch zu unterbrechen. Er will damit verhindern, dass dir von der noch kämpfenden freien Welt moralische Rückenstärkung zuteil wird.
- Die grossen, schönen Luxusapparate sind kaum zu verbergen. Jede Schweizer Familie sollte deshalb bereits in Friedenszeiten einen kleinen Reiseapparat anschaffen.

Herstellung illegaler Schriften

Allgemeines:

- Bei der Herstellung von Untergrundzeitungen und Flugblättern muss unterschieden werden in:

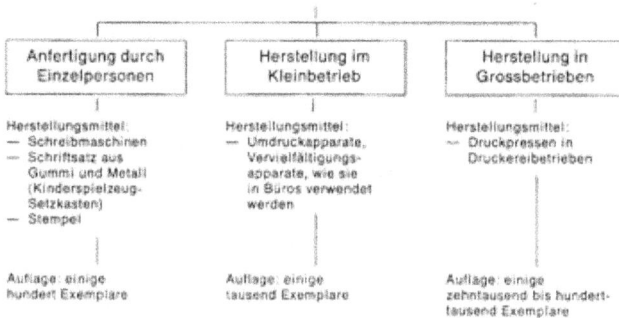

Anfertigung durch Einzelpersonen	Herstellung im Kleinbetrieb	Herstellung in Grossbetrieben
Herstellungsmittel: — Schreibmaschinen — Schriftsatz aus Gummi und Metall (Kinderspielzeug-Setzkasten) — Stempel	Herstellungsmittel: — Umdruckapparate, Vervielfältigungs-apparate, wie sie in Büros verwendet werden	Herstellungsmittel: — Druckpressen in Druckereibetrieben
Auflage: einige hundert Exemplare	Auflage: einige tausend Exemplare	Auflage: einige zehntausend bis hunderttausend Exemplare

Anfertigung durch Einzelpersonen:

- Das Herstellungsmaterial ist unauffällig und kann leicht verborgen werden.
- Papier und Farbe sind einfach zu beschaffen.
- Bei der Herstellung entsteht kein Maschinenlärm.
- Da eine Person allein arbeiten kann, ist maximale Geheimhaltung gewährleistet.
- Auflagezahl und Darstellungsmöglichkeiten sind beschränkt. Die geringe Auflagezahl kann durch den Einsatz einer Vielzahl von Einzelpersonen wettgemacht werden.
- Bei der Verhaftung einzelner Hersteller wird nicht die gesamte Produktion lahmgelegt.

Herstellung im Kleinbetrieb:

- Die Apparate sind überall in grosser Zahl vorhanden.
- Die Apparate sind schon recht gross und lassen sich nicht mehr ohne weiteres verstecken. Wenn anlässlich einer Hausdurchsuchung bei Privatpersonen Vervielfältigungsapparate und Papiervorräte gefunden werden, sind die betreffenden verloren. Auf der Anfertigung illegaler Schriften steht meist die Todesstrafe. Wenn möglich sind deshalb Vervielfältigungsapparate, die legalen, jedermann bekannten Zwecken dienen, auszunützen. Mit Hilfe eines Aufpassers können illegale Schriften rasch zwischenhinein angefertigt werden.
- Die Beschaffung von Papier, Farbe, Matritzen usw. ist einfach.

Herstellung im Grossbetrieb:

- Sehr grosse Auflagen lassen sich in kürzester Zeit anfertigen.
- Jedes Format, vom einfachen Handzettel bis zum Plakat, ist möglich.
- Dadurch, dass eine ganze Arbeitsequipe eingeweiht werden muss, ist die Geheimhaltung erschwert.
- Die Maschinen entwickeln bei der Arbeit einen beträchtlichen Lärm.
- Die Rohmaterialbeschaffung (Papier, Farbe) ist bei grossen Auflagen schwierig. Papierfabriken und Grossisten unterstehen der Aufsicht der politischen Polizei, denn Papier ist ebenso wichtig wie Munition!

Allgemeine Vorsichtsmassnahmen bei der Herstellung illegaler Schriften:

- Nach Schreibmaschinendurchschlägen das benutzte Kohlepapier nicht nur wegwerfen, sondern verbrennen.
- Makulatur (misslungene Abzüge) verbrennen.
- Klischees (Matrizen, Dauerschablonen usw.) nach Gebrauch verbrennen.
- Nicht mehr benötigte Manuskripte verbrennen.
- Nach jeder Papierverbrennung mit einem Stock die Asche zerklopfen. Ganze, lediglich verkohlte Blätter können mit technischer Hilfe noch gelesen werden.
- Maschinensatz einschmelzen. Handsatz auseinandernehmen.
- Geräuschtarnung bei Verwendung grosser Druckpressen: Arbeitsraum mit schweren Tüchern ausschlagen. Automotor oder Motorrasenmäher vor dem Gebäude laufenlassen. Im Gebäudeinnern Radio laut laufenlassen.

Redaktion
Mitarbeiterstab

Militärischer Mitarbeiter
Politischer Mitarbeiter

Künstlerische Mitarbeiter

z. B. ehemaliger Offizier,
ehemaliger Politiker

Schriftsteller ➡ Verfasst mitreissende Artikel und zündende Aufrufe usw.

Deuten die politische und militärische Lage

Graphiker
Kunstmaler ➡ Zeichnen von Karrikaturen Erstellen mitreissender Bilder

Kabarettist
Conférencier ➡ «Fabrizieren» Witze und Geschichten auf das neue Regime

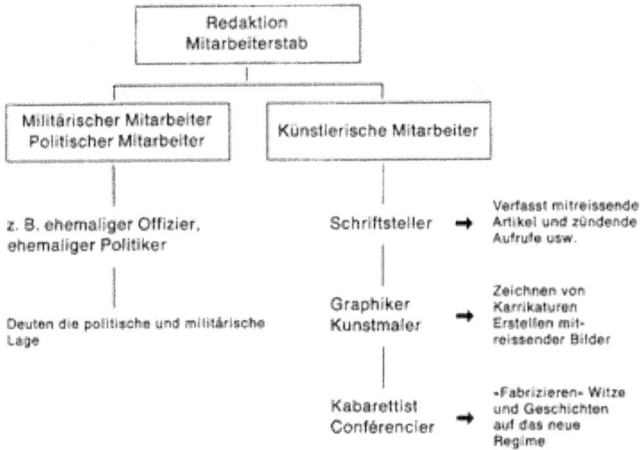

Die Verteilung der illegalen Schriften:

- Verteile auf offener Strasse keine Flugblätter und Untergrundzeitungen an Unbekannte. Es könnten Spitzel darunter sein.

- Wirf die illegalen Schriften in den Hauseingängen in die Briefkästen. Tarne deine Leute hierzu mit gestohlenen PTT-Uniformen.

- Grössere Mengen illegaler Schriften kannst du zum Beispiel in Kinderwagen unter Säuglingen versteckt transportieren.

- Wer ein Flugblatt oder eine Untergrundzeitung erhalten hat, gibt diese an Bekannte weiter. So wird der Streubereich der illegalen Schriften vergrössert und die bescheidenen Mittel der Untergrundbewegung besser ausgenützt.

- Fordere nach Art der «Kettenbriefe» am Schlusse jedes Flugblattes dazu auf, den Inhalt auf der Schreibmaschine abzuschreiben und die Kopien in Umlauf zu setzen.

Schlussbemerkung:

Das Verbot des Abhörens ausländischer Sender sowie die zensurierte, gleichgeschaltete Presse fördern das Bedürfnis nach objektiven Nachrichten. Flugblätter und Untergrundzeitungen erfüllen daher eine wichtige Funktion.

Die politische Polizei fürchtet illegale Schriften fast noch mehr als Schusswaffen und Sprengmittel.

Eine Schreibmaschine ist oft wichtiger als eine Pistole. Ein Vervielfältigungsapparat ist so viel wert wie ein leichtes Maschinengewehr!

Setzer

Kennen nur den Druckereibesitzer.
Kennen die Drucker nicht.

Drucker

Kennen nur den Druckereibesitzer.
Kennen die Setzer nicht.

DIE GEHEIMDRUCKEREI

Chef

Druckereibesitzer.
Kennt: a) Drucker und Setzer
      b) Verbindungsmann

Verbindungsmann

Übermittelt Aufträge.
Nimmt Druckereierzeugnisse ab.
Kennt: a) Druckereibesitzer
      b) Leiter der APS

Redaktor

Kennt nur
den Leiter
der APS

WIDERSTANDSBEWEGUNG

Leiter der Aufklärungs-
und Propagandasektion (APS)

Kennt nur: - Verbindungsmann
            - Redaktor

Mittelsmann in der
Papierindustrie
(Papierlieferant)

Chef der Zeitungs-
verträgerorganisation

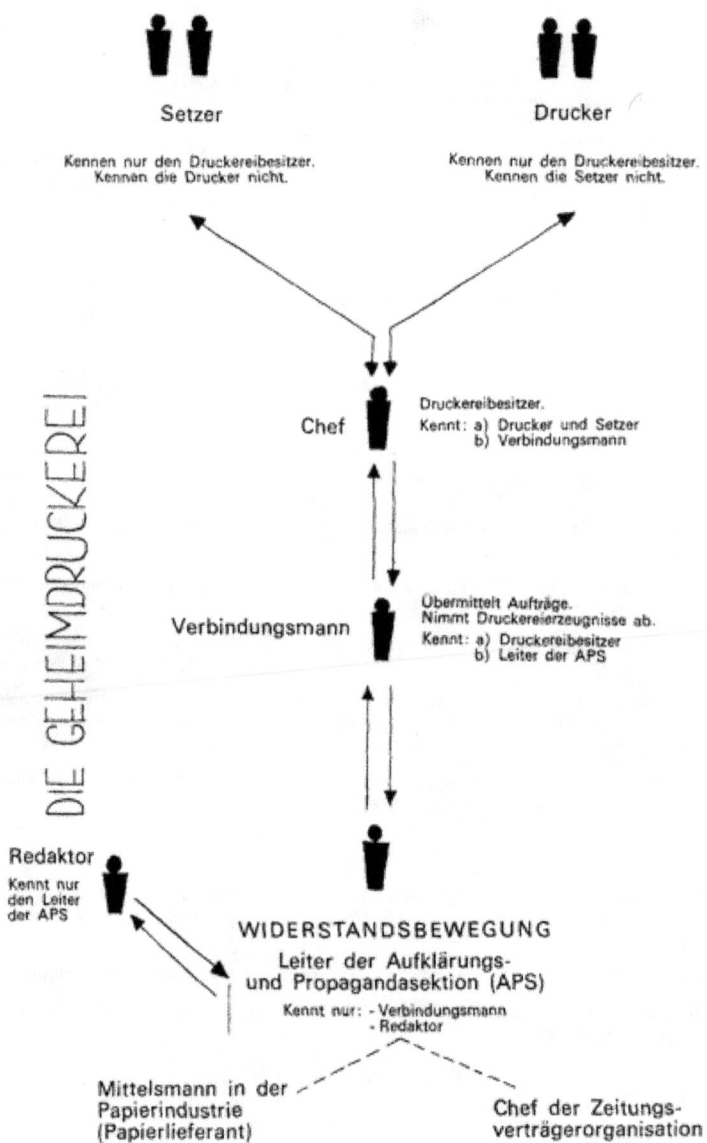

Strassenpropaganda

Der Einsatz von Mauerparolen-Anschreibtrupps:

- Mauerparolen sind ein gutes Mittel, um die Masse der Bevölkerung wachzuhalten.

- Mauerparolen müssen möglichst einfach sein. Am besten eignen sich Schlagworte, Einzelbuchstaben oder symbolische Zeichen. Historisches Beispiel: Während des Zweiten Weltkrieges wurde von den westlichen Widerstandsbewegungen das «V» für Victory (Sieg) verwendet.

- Mauerparolen werden am besten mit Ölfarbe und breitem Pinsel auf Gehsteige, Strassen, Haus- und Plakatwände gemalt. Notfalls geht auch Kreide, die quer gehalten wird, damit der Strich breiter wird. Kreide hat jedoch den Nachteil, dass sie leicht abgewaschen werden kann. Ölfarbe dagegen haftet äusserst zäh und kann praktisch nur durch überstreichen mit einer Deckschicht unleserlich gemacht werden.

- Mauerparolen, in grosser Zahl Nacht für Nacht angeschmiert, machen den Gegner nervös und heben das Selbstvertrauen der Bevölkerung. Sie dokumentieren die geheime Macht der Widerstandsbewegung.

Der Einsatz der Plakat-Abreiss- oder Überklebetrupps:

- Amtliche Bekanntmachungen der Besetzungsbehörden sowie Propagandaplakate, die für die feindliche Ideologie werben, müssen bekämpft werden, sonst ertrinkt man langsam in der Propagandaflut.

- Setze hierzu Spezialtrupps ein, welche die Plakate abreissen, abkratzen, überschmieren oder mit «Gegenplakaten» überkleben.

- Wenn die gegnerische Strassenüberwachung mangelhaft ist (wenig Polizei, wenig Militärpatrouillen) wird die billige, aber zeitraubende Methode des teilweisen Abkratzens oder Überschmierens angewendet.

- Wenn die gegnerische Strassenüberwachung scharf und wirksam ist, begnügt man sich damit, einen relativ kleinen Klebstreifen in schreiender Farbe mit dem Aufdruck «Alles Lüge!» quer über das amtliche Plakat zu kleben. Das braucht wenig Zeit und macht keinen Lärm.

- Ausrüstung der Spezialtrupps: Farbkübel und Pinsel zum Überschmieren, Spachtel zum Abkratzen, Klebezettel zum Überkleben, Gummi- oder Turnschuhe, um sich lautlos bewegen zu können, Fahrräder.

Sicherung von Untergrundkonferenzen

- Untergrundkonferenzen werden ebenso sorgfältig vorbereitet wie Handstreichaktionen. Sie sind ja auch nur eine spezielle Art von Kampfhandlungen.

- Objektwahl: Bevorzuge als Konferenzort **Reihenhäuser**. Umstellung und Durchsuchung sind stark erschwert und zeitraubend. Einzelne **freistehende Gebäude** (Villen) lassen sich leicht lückenlos umstellen und rasch ausheben. Sie sind daher zu meiden.

- Sicherung des Konferenzlokals:

- Unterscheide in «Sicherungsring» und «Nahsicherung». Der Sicherungsring umgibt den Konferenzort in weitem Umkreis und besteht aus Beobachtern. Die Nahsicherung befindet sich im Konferenzgebäude selbst.

- Die Beobachter des Sicherungsrings überwachen:
  a) Polizeigebäude, Kasernen und Garagen, um festzustellen, ob mehr Fahrzeuge als üblich ausfahren;
  b) Zufahrtswege zum Konferenzlokal;
  c) Auftauchen typischer Polizeiwagen (die Polizei benützt Wagentypen, die man rasch kennt);
  d) Anfahrt von Überfallwagen. Auftauchen von Polizei oder Militär, das eine beginnende Umzingelung anzeigt.

- Die gemachten Beobachtungen werden durch das Ziviltelephon mit unverfänglichen Stichworten weitergegeben. Die Nahsicherung des Konferenzlokals besteht aus einem Posten im Erdgeschoss (Pistole, Mp) und einem Beobachter in einem obern Stockwerk, der abwechselnd aus verschiedenen Fenstern die Umgebung überwacht.

- Vorbereitungen für den Fall des Eingreifens des Gegners:

- Noch vor Beginn der Sitzung werden folgende Punkte abgesprochen:
  1. Verhalten für den Fall, dass man zeitgerecht gewarnt wird und Zeit hat, zu verschwinden. Wo hingehen, wo durchgehen. Reihenfolge des Verschwindens. Was geschieht mit dem Material (mitnehmen, verstecken).
  2. Verhalten für den Fall, dass man überrascht wird. Soll versucht werden, die Harmlosen zu spielen (was sagen, wo Material verbergen) oder wird gekämpft. (Wer ist Nachhut und hat sich notfalls zu opfern. Wer hat den Kampf zu meiden und unter Mitnahme des Materials zu flüchten. Fluchtwege.)

Nachrichtenübermittlung

- Eine gut funktionierende Nachrichtenübermittlung ist für die Widerstandsbewegung lebenswichtig.
- Wir unterscheiden:
  1. Interner Verkehr.
     a)   Verbindungen innerhalb der Widerstandsbewegung;
     b)   Verbindungen Widerstandsbewegung - Kleinkriegsverbände.
  2. Externer Verkehr.
     Die Verbindung der Widerstandsbewegung mit der Armeeleitung im Alpenreduit oder der schweizerischen Exilregierung im Ausland.
- Es geht darum, Meldungen zu empfangen oder zu erstatten. Befehle zu empfangen oder zu erteilen.
- Normalerweise spielt die Übermittlungszeit eine geringe Rolle. Die Sicherheit ist ausschlaggebend. Gewisse Meldungen müssen aber **rasch** übermittelt werden können. Beispiel: Warnung vor Verhaftung.
- Als Nachrichtenmittel kommen in Frage: Kuriere, Telephon, Post, Brieftauben, Funk.
- Für den internen Verkehr werden eingesetzt: Kuriere, Telephon, Post, Brieftauben.
- Für den externen Verkehr werden eingesetzt: Kuriere, Brieftauben, Funk.

Kurierdienst

- Kuriere müssen unauffällig sein, d. h. ihre Gänge oder Reisen müssen natürlich wirken.
- Man unterscheidet:
  a) Kuriere für den internen Verkehr;
  b) Kuriere für den externen Verkehr.
- Kuriere für den internen Verkehr werden innerhalb einer Ortschaft oder einem kleinen Gebiet eingesetzt.
- Kuriere für den externen Verkehr werden von einem Landesteil zum andern, oder von der Schweiz ins Ausland eingesetzt.
- Geeignete Kuriere für den internen Verkehr in städtischen Verhältnissen sind Briefträger, Ausläufer, Geldeinzüger öffentlicher Betriebe usw. Diese Personen können sich leicht bewegen, ohne aufzufallen.
- Geeignete Kuriere für den internen Verkehr in ländlichen Verhältnissen sind Tierärzte, Viehhändler, Hausierer usw. Es handelt sich um Personen, die viel herumkommen, ohne aufzufallen.
- Geeignete Kuriere für den externen Verkehr finden sich im Eisenbahn- und Postpersonal sowie unter den Angestellten von Fluggesellschaften. Alle diese Leute können sich berufsmässig öfters über grössere Strecken bewegen.

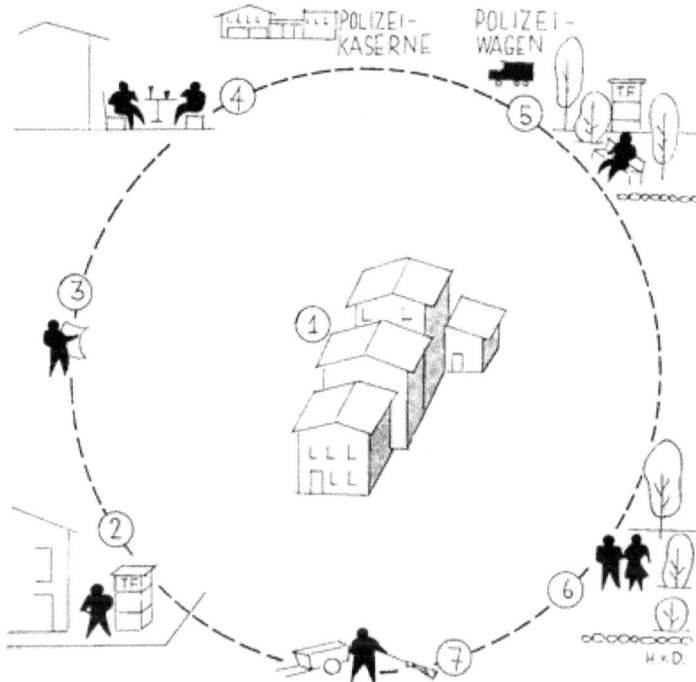

Sicherung einer Zusammenkunft von Chefs der zivilen Widerstandsbewegung

1. Konferenzlokal in Reihenhaus gelegt. Nahsicherung bestehend aus einem Mp-Schützen   und einem Beob-achter im Gebäudeinnern. Sicherungsring:
2. Sicherungsposten. Als Strassenverkäufer getarnt. Verbindung: Zivil-Telephon.
3. Sicherungsposten. Als Zeitungsleser getarnt. Verbindung: Fahrrad.
4. Sicherungsposten. Als Gast in einem Restaurant getarnt. Verbindung: Zivil-Telephon.
5. Sicherungsposten. Als Ruhebedürftiger in einem Park getarnt. Verbindung: Zivil-Telephon.
6. Sicherungsposten. Als Liebespärchen in einem Park getarnt. Verbindung: Zivil-Telephon.
7. Sicherungsposten. Als Strassenwischer getarnt. Verbindung. Fahrrad. Polizeikasernen und -garagen werden überwacht. Auftauchende typische Polizeifahrzeuge sowie aufziehende Absperrketten werden gemeldet.

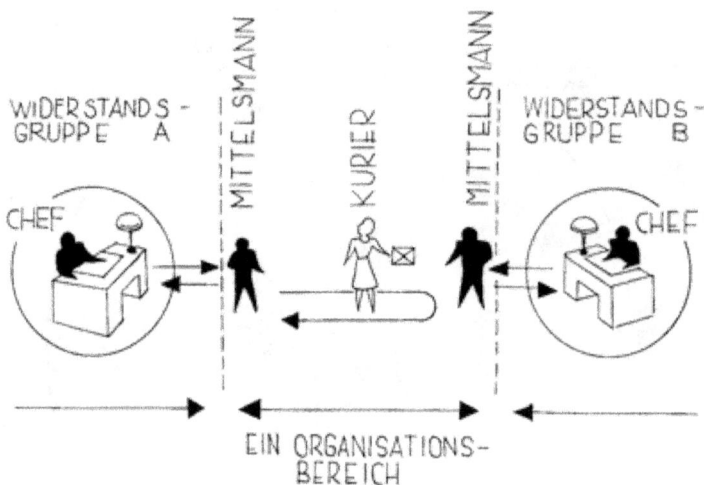

WIDERSTANDS-GRUPPE A   MITTELSMANN   KURIER   MITTELSMANN   WIDERSTANDS-GRUPPE B

CHEF   CHEF

EIN ORGANISATIONS-BEREICH

Kurierdienst

- Kuriere sind der steten Gefahr des „Verhaftetwerdens„ ausgesetzt. Sie sollen deshalb weder Absender noch Empfänger kennen, denn bei diesen handelt es sich ja um Chefs der Widerstandsbewegung. Als Sicherung werden sogenannte «Mittelsmänner.. vorgeschoben, welche die Meldungen übergeben oder in Empfang nehmen. In vielen Fällen arbeiten die Mittelsmänner mit «toten Briefkasten»
- Auf der gleichen Verbindungslinie sind mehrere Kuriere einzusetzen. Der Einzelne muss weniger Verbindungsaufträge ausführen und hat dadurch weniger Einblick in die Organisation. Wenn ein Kurier ausfällt, verfügt man bereits über einen eingespielten Ersatz.

Schreibverkehr

- So wenig als möglich schreiben.

- Nichts schriftlich erledigen, was mündlich auch geht.

- Kein Papier verwenden, das Rückschlüsse auf den Absender zulässt (Briefkopf, Wasserzeichen usw.).

- Handschrift ist identifizierbar. Daher in technischer Blockschrift schreiben. Wenn möglich eine Schreibschablone benützen.

- Die Verwendung von Schreibmaschinen ist gefährlich. Besonders Maschinen ältern Typs können leicht identifiziert werden. Wenn möglich eine fremde Maschine benützen. Beim Schreiben eine Unterlage verwenden (z. B. zweites Papierblatt), so werden Abdrücke auf der Walze vermieden.

- Tarntext in den Klartext einbauen. Der Tarntext muss für den oberflächlichen Leser eine sinnvolle Bedeutung haben. Er darf nicht den Eindruck einer verschleierten Meldung erwecken.

- Datum und Zeit eines Treffens, einer Aktion usw. nie offen durchgeben. Die zivile Post nur getarnt benützen.

Die Übergabe von Meldungen

Allgemeines:

- Schriftliche Meldungen können auf zwei Arten übergeben werden:
  1. Persönlich, von Person zu Person.
  2. Unpersönlich, über einen «toten Briefkasten» (siehe Seite 151).
- In der Folge wird nur noch Methode 1 behandelt.
- Für die unauffällige Übergabe benötigen wir einen sogenannten «Meldungsträger».
- Primitive Meldungsträger:
  a) mit Bleistift in einer Zeitung ins Schwarze schreiben (z. B. in breite Buchstaben von Überschriften, Umrandungsbalken usw.). Wenn die Zeitung vom Empfänger in einem bestimmten Winkel zum Licht gehalten wird, lässt sich die Bleistiftschrift lesen;
  b) Inserat in einer Zeitung ausschneiden und auf ein gleiches Inserat in einer gleichen Zeitung dreiseitig aufkleben. Die vierte Seite bleibt offen. Es entsteht so eine unauffällige Papiertasche, in welche die Meldung eingeschoben werden kann;
  c) die Meldung zusammengefaltet in eine Zündholzschachtel legen und mit Zündhölzern (evtl. einem doppelten Boden) tarnen.

Die Übergabe der Meldung:

- Kurier A soll Kurier B eine Meldung übergeben. Meldungsträger: Zündholzschachtel. Treffpunkt: Restaurant X. Sie sitzen am gleichen Tisch und unterhalten sich wie alte Freunde. A raucht. B steckt sich eine Zigarette in den Mund und legt die Zigarettenpackung vor sich auf den Tisch. Sucht nach Zündhölzern. Findet keine. A bietet ihm eine Schachtel Zündhölzer an. B zündet seine Zigarette an und legt die Zündholzschachtel achtlos neben seine Zigarettenpackung auf den Tisch. Nach einer Weile verabschieden sich die beiden. B steckt scheinbar achtlos die Zündholzschachtel zusammen mit seiner Zigarettenpackung in die Tasche.
- Kurier A soll Kurier B eine Meldung übergeben. Meldungsträger: Zeitung. Treffpunkt: Restaurant X. A trinkt Kaffee und liest dazu die Zeitung. B kommt ins Restaurant und setzt sich an den Tisch zu A. A faltet nach einer Weile die Zeitung zusammen. Legt sie auf den Tisch und ruft der Serviertochter. Zahlt, lässt die Zeitung scheinbar achtlos liegen und geht. B nimmt die Zeitung auf und liest sie. Trinkt seinen Kaffee aus. Bezahlt, verlässt das Lokal und nimmt die Zeitung mit.

Der «Tote Briefkasten»

- Tote Briefkästen dienen dazu, Meldungen zu übermitteln, ohne dass sich zwei Personen dabei treffen müssen.
- Der tote Briefkasten setzt sich zusammen aus:
  1. Briefkasten.
  2. Bedienungszeichen.
  3. Sicherheitszeichen.
- Als toter Briefkasten eignen sich zum Beispiel: Mauerspalten, in welche die Meldungen gesteckt werden;
- kleine Fensterbretter, auf welche die Meldungen gelegt werden[1];
- Telephonbücher in öffentlichen Sprechstationen[2];
- Wasserbehälter in öffentlichen Toilettenanlagen[3];
- Zentralheizungskörper in Treppenhäusern[4].

---

[1] Die Meldung wird z. B. in eine leere Zigarettenschachtel verpackt und diese mit einem Stein beschwert.
[2] Die Meldung wird zwischen zwei bestimmte Seiten gelegt.
[3] Die Meldung wird z. B. in eine Zündholzschachtel gelegt und diese hinter den Wasserbehälter gesteckt.
[4] Die Meldung wird z. B. in ein Briefkuvert gesteckt und dieses mit Klebstreifen hinter den Zentralheizungskörper(Radiator) geklebt.

- Tote Briefkästen müssen so beschaffen sein, dass die Meldungen leicht hineingelegt und ebenso leicht wieder herausgenommen werden können. Kein auffälliges Bücken, Hinaufrecken, Klettern, langes Herummanipulieren usw.

- Tote Briefkästen sollen gegen Sicht abgeschirmt sein, damit die Benützer nicht von weit her gesehen werden. Günstig sind Treppenhäuser, WC-Anlagen, Innenhöfe, Telephonkabinen usw.

- Die Meldungen bleiben unter Umständen stunden- oder tagelang liegen. Der tote Briefkasten muss daher wettergeschützt sein.

- Die Meldungen dürfen nicht vom Winde weggeweht werden.

- Die Meldungen sind je nach Art des benützten toten Briefkastens zu verpacken. Günstiges Verpackungsmaterial: Blech- oder Glasröhrchen pharmazeutischer Produkte, Blechschächtelchen von Tabletten usw.

- Jede Leerung des toten Briefkastens ist verräterisch. Je weniger man sich am Briefkasten zu schaffen macht, um so länger und sicherer kann er benützt werden. Der tote Briefkasten muss daher ein «Bedienungszeichen» aufweisen. Dieses zeigt unauffällig an, ob sich eine Meldung darin befindet. Es verhindert, dass man sich unnütz am leeren Briefkasten zu schaffen macht. Das «Bedienungszeichen» soll:
  a) leicht und unauffällig angebracht werden können;
  b) für Eingeweihte ohne langes Suchen erkennbar sein;
  c) wetterbeständig sein;
  d) von spielenden Kindern, Strassenwischern usw. nicht leicht weggenommen werden können.

- Gut geeignet sind z. B. Reissnägel mit farbigem Kopf. Schlecht geeignet sind hingelegte leere Zigarettenschachteln usw.

- Der tote Briefkasten kann vom Gegner erkannt werden. Man muss daher seine Partner warnen können. Hierzu dient das sogenannte «Sicherheitszeichen».

- Das Sicherheitszeichen weist die gleichen Eigenschaften auf, wie das «Bedienungszeichen».

- Das Sicherheitszeichen muss so weit vom toten Briefkasten entfernt angebracht werden, dass der herankommende Empfänger im Gefahrenfall noch Zeit hat, zu reagieren, d. h. harmlos am toten Briefkasten vorbeigehen kann.

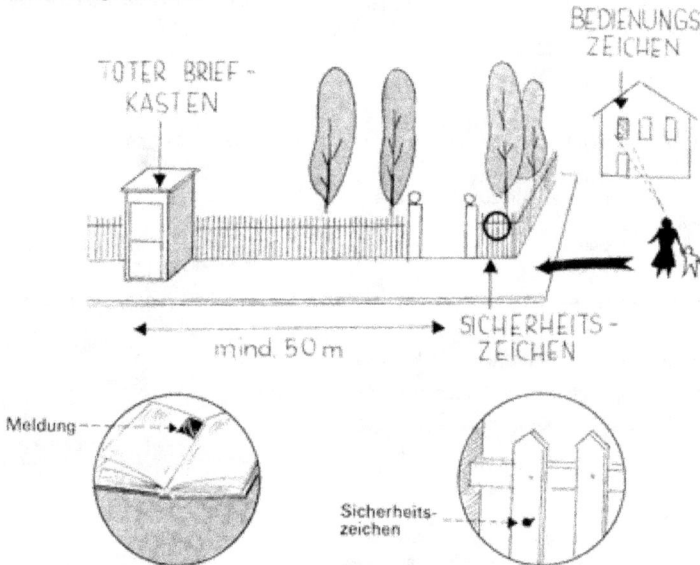

BEDIENUNGS ZEICHEN

TOTER BRIEF- KASTEN

mind. 50 m

SICHERHEITS- ZEICHEN

Meldung

Sicherheits- zeichen

Die Benützung des Telephons

- Der Gegner kann Telephongespräche abhorchen.

- Es ist technisch möglich, innerhalb weniger Minuten festzustellen, wer telephoniert, d. h. von welchem Apparat (Telephonnummer) aus gesprochen wird.

- Es ist technisch möglich, festzustellen mit wem, respektiv mit welcher Gegenstation (Telephonnummer) du sprichst. Das verlangt aber eine gewisse Zeit. Wenn der Gegner darauf vorbereitet ist, findet er die Gegennummer innerhalb weniger Minuten. Wenn er nicht darauf vorbereitet ist, benötigt er mindestens eine halbe Stunde.

- Beim Abhorchen muss man unterscheiden zwischen:
  a) planmässiger, gezielter Telephonüberwachung verdächtiger Personen;
  b) stichprobenartigem Einschalten in irgendwelche Gespräche, in der Hoffnung, durch Zufall etwas wichtiges aufzuschnappen. Hierbei handelt es sich um eine reine Terrormassnahme (siehe Seite 136).

- Die planmässige, gezielte Überwachung Verdächtiger erfolgt mechanisch. Ein Tonbandgerät wird in der Ortszentrale mit dem betreffenden Telephonanschluss gekoppelt und nimmt alle ein- und ausgehenden Gespräche automatisch auf.

- Das wahllose Mithören irgendwelcher Gespräche erfolgt durch den Einsatz von Personal («Abhorchposten»).

Abwehrmassnahmen. Fall A: du glaubst dich noch unverdächtig.

- Führe lange Telephongespräche. Diese fallen den Abhorchposten besonders lästig, da sie entweder nur wenige Gespräche abhorchen können, oder riskieren, Wichtiges zu verpassen, wenn sie vorzeitig abhängen.

- Sage wichtige Dinge immer erst gegen Ende des Gesprächs.

- Verwende harmlose «Umschreibungen» und einfache «Deckworte».

Abwehrmassnahmen. Fall B: du vermutest, dass die politische Polizei dich überwacht.

- Benutze das Telephon so wenig als möglich.

- Benutze den privaten Hausapparat oder das Geschäftstelephon grundsätzlich nicht. Telephoniere von öffentlichen Sprechstellen aus.

- Wechsle möglichst oft die Sprechstelle.

- Führe möglichst kurze Gespräche. Gesprächsdauer nicht über 2 Minuten[1]. Unterteile längere Gespräche in mehrere kurze Anrufe von verschiedenen Stationen aus. Schalte zwischen jeden Anruf unregelmässige Pausen ein.

Die Verwendung des Funks

Allgemeines:

- Verwende den Funk nur operativ, d. h. für den Verkehr der obern Leitung der Widerstandsbewegung mit der Armeeleitung im Alpenreduit oder mit der Exilregierung im Ausland.

- Im taktischen Verkehr innerhalb der Widerstandsbewegung wird der Funk nicht eingesetzt. Hier sind täglich eine Vielzahl von Meldungen durchzugeben. Dadurch wird die Funktarnung schwierig und der Aufwand für die Sicherung - gemessen am Wert der einzelnen Sendung - lohnt sich nicht.

- Vergiss nicht: Abhorchen von Funksprüchen und Anpeilen von Sendern sind für den Gegner leichter, als das Abfangen von Kurieren, die in der Masse der Bevölkerung untergehen. Um den Funkverkehr

---

[1] Der Gegner vermag keine Gegenmassnahmen zu treffen:
a)   er kann die Nummer, welche du anrufst, nicht feststellen;
b)   er kann zwar deinen Standort feststellen, die Zeit reicht aber nicht aus, um dich zu verhaften, d. h. eine motorisierte Polizeipatrouille erreicht die Sprechstelle zu spät.

zu überwachen, benötigt er lediglich eine Handvoll gut ausgerüsteter Spezialisten. Um die Kuriere abzufangen braucht es dagegen ein ganzes Heer von Polizisten!

- Die Organisation des Funkdienstes: Wir unterscheiden:
  a) Chef der Übermittlungssektion;
  b) Leiter des Funkdienstes;
  c) Verbindungsmann;
  d) Funker;
  e) Sendeplätze.

- Der Chef der Übermittlungssektion:
  Übergibt ausgehende Meldungen und nimmt eingehende Meldungen entgegen. Kennt nur den Leiter des Funkdienstes.

- Der Leiter des Funkdienstes verfügt über einen Verbindungsmann, einige Funker sowie eine Reihe von Sendeplätzen.

- Der Verbindungsmann:
  Kennt den Leiter des Funkdienstes, die Funker sowie einzelne Sendeplätze. Überbringt den Funkern die Aufträge und die Funkunterlagen. Hilft den Funkern bei den Sendungen (z. B. Nahsicherung).

- Die Funker:
  Gehen aus Tarnungsgründen ihrem normalen Beruf nach. Verfügen über eine Wohnung und einen Unterschlupf.
  Im Unterschlupf kann notfalls «untergetaucht» werden, wenn etwas schief geht. Der Unterschlupf wird gegen jedermann geheimgehalten.
  In der Wohnung wird «empfangen», aber nicht «gesendet».
  Die Funker kennen nur den Verbindungsmann.

- Die Sendeplätze:
  Die Sendeplätze sind nur dem Leiter des Funkdienstes bekannt.
  Als Sendeplätze dienen Wohnungen, Fahrzeuge, Waldstücke und sonstige einsame Geländestellen.
  Die einzelnen Sendeplätze müssen mindestens 6 km auseinanderliegen.

ORGANISATION DES FUNKDIENSTES

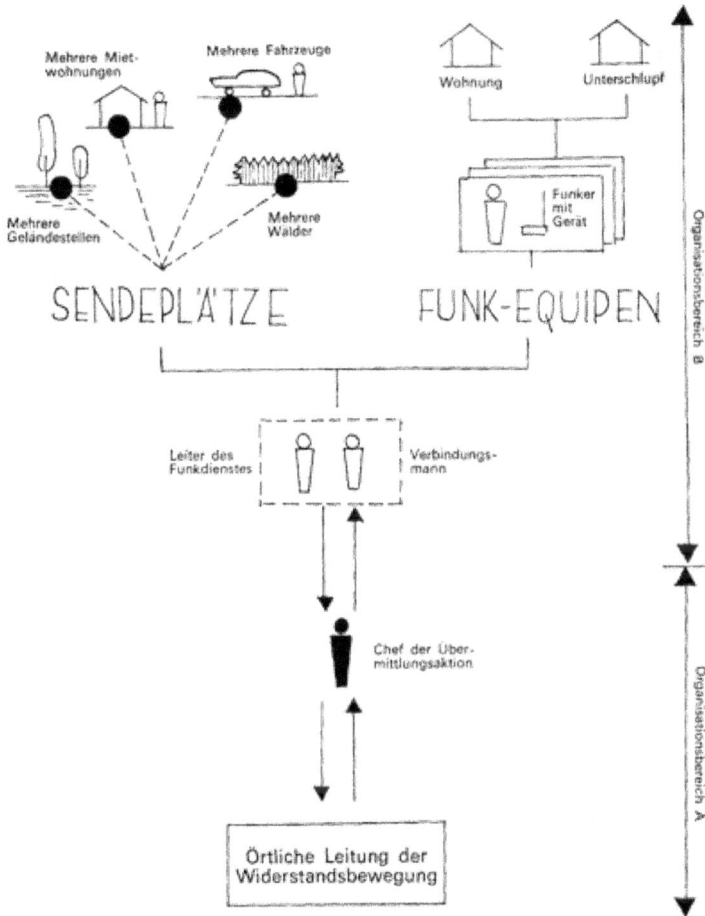

Mehrere Miet-
wohnungen

Mehrere Fahrzeuge

Wohnung   Unterschlupf

Mehrere
Geländestellen

Mehrere
Wälder

Funker
mit
Gerät

SENDEPLÄTZE   FUNK-EQUIPEN

Organisationsbereich B

Leiter des
Funkdienstes

Verbindungs-
mann

Chef der Über-
mittlungsaktion

Organisationsbereich A

Örtliche Leitung der
Widerstandsbewegung

Das Verbergen der Funkgeräte:

- Verstecke müssen gut durchdacht sein. Der Einsatz ist das Leben!

- Herkömmliche Verstecke, wie der Kohlen- oder Kartoffelhaufen im Keller, sind bekannt und werden sicher durchsucht.

- Oft ist Frechheit am wirksamsten. Z. B. Einwickeln des Gerätes in Packpapier und offenes Hinstellen auf den Küchenschrank.

- Bei wochen- oder monatelangen Sendeunterbrüchen ist es besser, das Gerät wasserdicht verpackt im Freien zu verbergen (Wald, Pflanzgarten usw.).

Der Ablauf einer Sendung:

- Die örtliche Leitung der Widerstandsbewegung übergibt die Meldung dem Chef der Übermittlungssektion.

- Der Chef der Übermittlungssektion fasst den Entschluss, welches Übermittlungsmittel einzusetzen ist (Kuriere, Brieftauben, Funk). Wenn er sich für den Funk entschieden hat, übergibt er die Meldung dem Leiter des Funkdienstes.

- Der Leiter des Funkdienstes:
  - bestimmt den Funker;
  - wählt den Sendeplatz;
  - bestimmt die Sendezeit;
  - erledigt die Vorbereitungsarbeiten für die Tarnung der Übermittlung:
    - a) Rufzeichen;
    - b) Frequenz;
    - c) Codifizierung oder Chiffrierung.

- Nachher orientiert er den Verbindungsmann und übergibt ihm zuhanden des Funkers folgende Unterlagen:
  - a) die technisch fertig vorbereitete Meldung;
  - b) die Funkerkennungstabelle;
  - c) die Decknamenliste.

- Der Verbindungsmann sucht den Funker auf, führt ihn an den Sendeplatz und hilft ihm bei der Übermittlung (z. B. Nahsicherung).

- Ausrüstung des Funkers: Funkgerät, Funkunterlagen. Feuerzeug zum Verbrennen der Geheimdokumente. Giftkapsel, evtl. Pistole.

- Ausrüstung des Verbindungsmannes: Giftkapsel, evtl. Pistole oder Maschinenpistole, 1-2 Handgranaten.

- Nach durchgeführter Sendung werden alle schriftlichen Unterlagen sofort, d.h. innerhalb der nächsten Minute, verbrannt und die Asche zerklopft. Anschliessend wird das Funkgerät versteckt.

Die Sicherung einer Funkstation:

Fall A: wenn sich diese in einer Wohnung befindet.

Der Verbindungsmann führt den Funker zum Sendeplatz. Der Funker darf den wahren Namen und die Adresse des Wohnungsinhabers nicht kennen. Er vermeidet es daher bewusst, Strassenbezeichnung, Hausnummer und Name an der Wohnungstüre zu lesen.

Der Wohnungsinhaber darf Name und Adresse des Funkers nicht kennen.

Verbindungsmann und Wohnungsinhaber übernehmen die Nahsicherung des Funkers.

Merkpunkte für den Wohnungsinhaber[1]:

- a) dafür sorgen, dass während der Sendezeit kein Besuch kommt;
- b) Frau und Kinder nicht zu Geheimnisträgern machen;
- c) Frau und Kinder während der Sendung unter einem natürlichen und glaubwürdigen Vorwand aus der Wohnung wegschicken;
- d) ein Alibi für die Anwesenheit der fremden Personen bereithalten;
- e) für den Fall, dass man überrascht wird, ein Notversteck für das Funkgerät bereithalten;
- f) Spuren des Besuchs verwischen, damit die eigene Familie nach der Rückkehr nicht argwöhnisch wird (Zigarettenstummel, Gläser usw.).

---

[1] Weitere Vorsichtsmassnahmen, unabhängig von der Sendung:
- Achtet darauf, ob in der nächsten Umgebung verdächtige Leute einziehen (Anzeichen für den Aufbau mobiler Peilstationen).
- Vorsicht vor unbekannten Handwerkern, die ins Haus kommen, um Zähler abzulesen, Telephone zu kontrollieren oder Schalttafeln zu reparieren. Es könnte sich um getarnte Gegner handeln, welche Alarmempfänger einbauen wollen. Alarmempfänger sind kleinste, nur zentimetergrosse Apparate, welche automatisch per Draht (Telephon) oder Funk eine Überwachungszentrale alarmieren, sobald im Nahbereich ein Sender in Betrieb gesetzt wird.

Fall B: wenn sich diese in einem Motorfahrzeug befindet:

- Der Verbindungsmann führt den Funker zum Fahrzeug.
- Der Funker darf die Wagennummer nicht kennen. Er vermeidet es daher bewusst, das Kontrollschild zu betrachten.
- Der Funker darf Name und Adresse des Chauffeurs nicht kennen.
- Der Chauffeur darf Name und Adresse des Funkers nicht kennen.
- Der Verbindungsmann übernimmt die Nahsicherung des Funkers.
- Merkpunkte für den Chauffeur:
  a) die Verkehrsvorschriften peinlich genau innehalten, um nicht andere Verkehrsteilnehmer oder gar die Polizei auf sich aufmerksam zu machen;
  b) ein Alibi für das Mitführen der beiden Männer bereithalten;
  c) nach der Fahrt die Spuren der Passagiere im Fahrzeug verwischen.

Fall C: wenn sich diese im freien Gelände befindet:

- Der Verbindungsmann führt den Funker zum Sendeplatz.
- Der Verbindungsmann übernimmt die Nahsicherung des Funkers.
- Der Verbindungsmann hält ein Alibi für den Aufenthalt an diesem Ort bereit.

Die Nahsicherung:

- Die Nahsicherung besteht aus 1-2 Mann. Diese können bewaffnet oder unbewaffnet sein.
- Aufgaben:
  1. Schutz der Funkstation gegen direkte Überrumpelung.
  2. Augenüberwachung der Umgebung.
  3. Versuch, das Auftauchen von Taschenpeilern zu erkennen.
- Schutz vor Überrumpelung: verhindert, dass der Gegner die Funkstation überraschend ausheben kann. Achtet auf Polizeifahrzeuge, sich abzeichnende Umzingelung usw. Soll dem Funker durch rechtzeitige Warnung die paar Minuten Zeit verschaffen, um die Funkunterlagen zu vernichten, das Gerät zu verstecken und die Spuren zu verwischen.
- Die Augenüberwachung umfasst Treppenhaus, Garten, Vorplatz, Nachbarhäuser, im freien Gelände die nächste Geländekammer.
- Taschengeiler. Mögliche Erkennungsmerkmale: Langsam gehende oder herumstehende Männer mit Handkoffern, Aktenmappen oder Werkzeugtaschen, welche
  a) häufig auf die Armbanduhr blicken (als Uhr getarntes Anzeigeinstrument);
  b) den Mantelkragen hochgeschlagen tragen (Verbergen eines akustischen Anzeigeinstruments. Miniatur-Kopfhörer, z. B. als Hörapparat für Schwerhörige getarnt).

Die Technik des Gegners beim Anpeilen von Geheimsendern:

- Wir unterscheiden
  a) ortsfeste Peilstationen;
  b) mobile Peilstationen;
  c) Taschenpeilstationen.
- Ortsfeste Peilstationen sind in einem Gebäude untergebracht.
- Mobile Peilstationen sind in Motorfahrzeugen untergebracht. Es kann sich um grosse, gedeckte Lastwagen, kleine Kastenwagen oder Personenwagen handeln. Die Fahrzeuge sind als zivile Liefer-wagen usw. getarnt und weisen keine äussern Merkmale (z. B. Antennen usw.) auf.
- Taschengeiler sind sehr klein. Sie werden am Leibgurt unter dem Mantel versteckt getragen oder in Handkoffern, Aktenmappen usw. mitgeführt. Sie weisen keine äussern Merkmale (z. B. Antennen)

auf. Das Anzeigeinstrument ist oft als «Armbanduhr» getarnt.

- Das besetzte Gebiet wird mit einem Netz von ortsfesten Peilstationen überzogen. Für ein Gebiet von der Grösse der Schweiz rechnet man etwa 4-6 Stationen. Diese Stationen messen auf ca. 10 km genau.

- Die ortsfesten Stationen stellen die Geheimsender fest (grobe Raumpeilung). Nachher wird das fragliche Gebiet von mobilen Peilstationen umstellt. Diese messen den Geheimsender auf ca. 100 m genau ein. Sie lokalisieren also eine Gebäudegruppe, ein Waldstück, eine Scheune usw.

- Zum Abschluss werden Taschenpeiler eingesetzt. Mit einem Taschenpeiler ist es möglich, den Standort des Geheimsenders bis auf ca. 5 m genau festzustellen. Er lokalisiert also eine Wohnung, einen Estrich usw.

- Die rein technische Leistungsfähigkeit moderner Peilgeräte ist erstaunlich. Im praktischen Einsatz ist sie aber wesentlich geringer! Du darfst die Möglichkeiten des Gegners weder überschätzen noch unterschätzen. Die Hauptschwierigkeiten des Gegners sind:
  1. Moderne transistorisierte Sender sind sehr klein. Sie können leicht von Ort zu Ort verschoben oder versteckt werden. Abmessungen eines Sendegeräts mit einer Reichweite «Schweiz-USA» = ca. 10 x 10 x 30 cm. Gewicht 5 kg bis max. 10 kg.
  2. Geheimsender können nur angepeilt werden, wenn sie ausstrahlen. In der nach Wochen oder Monaten messenden Zwischenzeit ist die Peilorganisation zur Untätigkeit verdammt.
  3. Für das Anpeilen und nachfolgende Ausheben des Geheimsenders braucht man eine gewisse Zeit. Diese wird selten weniger als 30 Minuten betragen.
  4. Suchmittel (Personal, Peilgeräte) sind nur in beschränkter Zahl vorhanden.

- Ortsfeste Peilstationen sind für den Gegner leicht einzusetzen. Du hast keine Möglichkeit, ihrer Messung zu entgehen.

- Mobile Peilstationen und Taschenpeilstationen sind schwerer einzusetzen. Aus praktischen Gründen können sie nicht unbegrenzte Zeit im Einsatz (auf der Lauer) belassen werden. Der erfolgreiche Einsatz mobiler Peilstationen oder Taschenpeilstationen ist daher nur möglich, wenn der Geheimsender grobe Fehler begeht, z. B.:
  a) übermässig lange Sendezeiten hat;
  b) in kurzen Abständen sendet (Funkunterbruch lediglich Stunden oder Tage);
  c) während einiger Zeit vom gleichen Standort aus sendet;
  d) Distanzmässig zu kleine Stellungswechsel macht.

Möglichkeiten zur Erschwerung der feindlichen Funkpeilung:

- Möglichst selten senden.

- Zu unregelmässigen Zeiten senden (andere Stunden, andere Wochentage).

- Möglichst für jede Sendung die Frequenz wechseln.

- Für jede Sendung einen andern Standort wählen.

- Standort extrem wählen. Entweder mitten in der Stadt oder in ganz abgelegenem freiem Gelände.

- Unmittelbar nach jeder Sendung, d. h. innerhalb der nächsten 5 Minuten, den Standort wechseln.

- Bei Standortwechsel genügend grosse Sprünge machen (mindestens 6 km).

- Sendezeit möglichst kurz halten. Kurze Sendungen werden erreicht durch:
  a) Durchgabe nur wirklich wichtiger Dinge;
  b) Inhaltliche Straffung auch wichtiger Dinge;
  c) Ausschaltung der langsamen menschlichen Hand beim Senden. Verwendung mechanischer Hilfsmittel (z. B. Abspulen der Meldung von einem gelochten Streifen usw.)[1].

---

[1] Sendezeit für eine Seite Schreibmaschinentext Format A4:
- mit normaler Handtastung:25 Minuten;
- mit Schnellsendeverfahren: 25 Sekunden.

- Charakteristische Merkmale vermeiden. Erkennung erschweren durch:
  a) benützen verschiedener Sender;
  b) Rufzeichen dauernd wechseln;
  c) Tast-(Sprech)-Geschwindigkeit für jede Sendung stark variieren.
- Gleichzeitig mit mehreren Stationen senden, um die feindliche Peilorganisation zu zersplittern.

Zusammenfassung:

- Geheimsender müssen so eingesetzt werden, dass sie eine ehrliche Chance haben. Ihr Überleben hängt ab von:
  1. Der Abschirmung gegen Verrat.
  2. Dem Vorhandensein möglichst vieler Sendeplätze.
  3. Den kurzen Sendezeiten.
  4. Den seltenen Sendungen.
- Die Hauptschwierigkeiten liegen nicht auf funktechnischem Gebiet. Die feindliche Funkpeilung kann überspielt werden. Das Problem besteht vielmehr darin, die Sendeplätze unauffällig zu benützen, so dass die Umwelt nicht misstrauisch wird[1].

Gegenmittel des Feindes gegen kurze Sendezeiten: elektronische Auswertung der Peilergebnisse.
[1] Siehe hierzu Seite 160 «Das allgemeine Verhalten als Widerstandskämpfe-, und Seite 162 «Das Alibi».

158

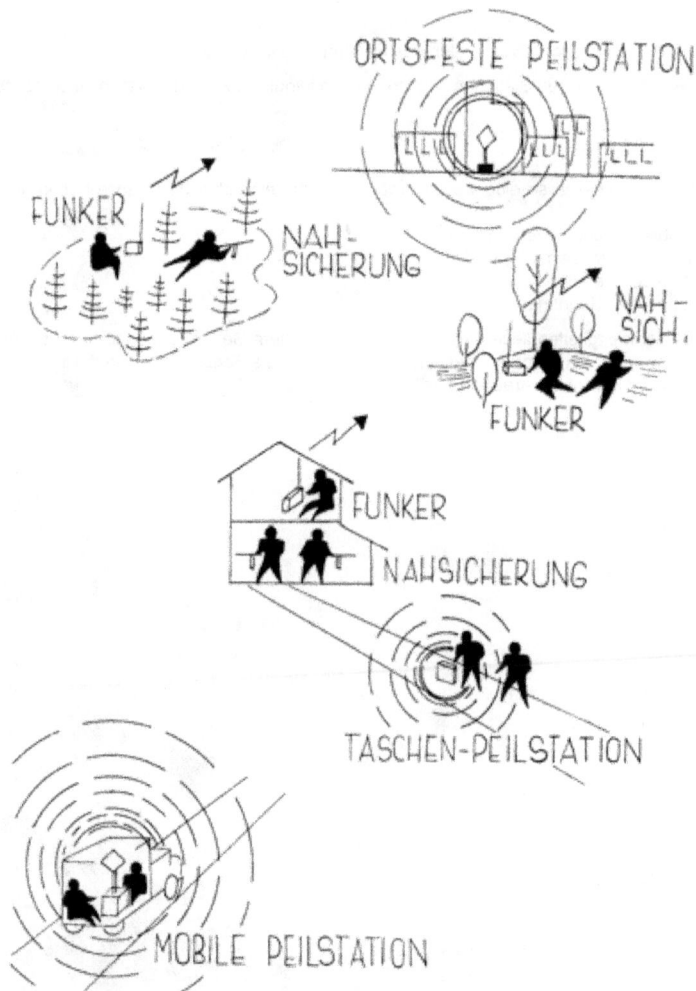

ORTSFESTE PEILSTATION

FUNKER

NAH-
SICHERUNG

NAH-
SICH.

FUNKER

FUNKER

NAHSICHERUNG

TASCHEN-PEILSTATION

MOBILE PEILSTATION

Sicherung von Örtlichkeiten

- Örtlichkeiten, die immer wieder betreten werden müssen, sind durch einfache, unauffällige Zeichen zu sichern.
  Praktisches Beispiel:
  Fensterläden ganz offen = «Alles in Ordnung!»
  Fensterläden halb offen = «Achtung Gefahr! Nicht kommen». Weitere Möglichkeiten:
  Blumentöpfe vor dem Fenster, herausgehängte Wäschestücke usw.

- Diese Zeichen müssen aus einiger Entfernung erkennbar sein, damit die Gewarnten Zeit haben, unauffällig am Hause vorbeizugehen.

Praktisches Beispiel für den Zweikampf Geheimsender - Funkpeilung[1]

Aktion des schweizerischen Geheimsenders			Reaktion des Gegners
- Funker A sendet am Montag, 15.2.xx, um 0935 aus der Wohnung Bern, Elisabethenstr. 75. 3. Stock links. - Sendezeit: 20 Minuten. - Anschliessend zieht er sich in seine Privatwohnung, Bern, Eichweg 185, zurück. Versteckt das Funkgerät und lässt einen Funkunterbruch von 4 Wochen eintreten.	←	→	- Die ortsfeste Peilstation stellt fest, dass sich im Raume Bern ein Geheimsender befindet. Mobile Peilstationen werden an den Raum Bern herangeführt. - Da der Geheimsender rasch verstummt, kommen die mobilen Peilstationen am 15.2.xx nicht mehr zum Einsatz.
- Funker A sendet am Mittwoch, 10.3.xx, um 1510 aus der Wohnung Bern, Elisabethenstr. 75. 3. Stock links. - Sendezeit: 15 Minuten. - Anschliessend zieht er sich in seine Privatwohnung, Bern, Eichweg 185, zurück. Versteckt das Funkgerät und lässt einen Funkunterbruch von 5 Wochen eintreten.	←	→	- Die mobilen Peilstationen stellen den Standort des Geheimsenders auf ca. 100 m genau fest. der verdächtige Raum umfasst 5 Häuserblocks mit zusammen ca. 120 Wohnungen. - Ein Taschenpeiler wird motorisiert an die Elisabethenstr. verschoben, kommt aber zu spät, da der Sender den Betrieb schon eingestellt hat. - Feindmöglichkeiten:[2] - a). getarnter Stellungsbezug des Taschenpeilers und tage- oder wochenlanges Lauern auf eine evtl. neue Sendung; - b) getarnter Einbau eines automatischen Alarmempfängers; - c) Abriegelung des fraglichen Gebiets und systematisches Absuchen aller Wohnungen.
- Funker A sendet am Donnerstag, 9.4.xx, um 1115 Uhr aus der Wohnung Belp, Parkweg 34, Erdgeschoss links. - Sendezeit: 18 Minuten. - Anschliessend zieht er sich in seine Privatwohnung, Bern, Eichweg 185, zurück. Versteckt das Funkgerät und lässt einen Funkunterbruch unbekannter Dauer eintreten.	←	→	- Das Katz- und Mausspiel beginnt von neuem und dauert so lange, bis der Funker einen groben Fehler macht und gefasst wird.

Sicherung gegen Abhorchgefahr aus Nebenräumen

- Die moderne Bauweise mit ihren minimalen Wandstärken erhöht die Abhorchgefahr.

- Schliesse vor Gesprächsbeginn alle Fenster und Türen.

- Sprich nicht in denjenigen Räumen, die an Nachbarwohnungen oder ans Treppenhaus angrenzen. Dadurch verhinderst du ein unfreiwilliges «Mithören», aber auch ein bewusstes Horchen deiner Nachbarn.

- Wenn du Untermieter hast, oder nur einen Wohnraum besitzest, so lasse das Radio laufen. Die Musik übertönt das Gespräch und verhindert ein Horchen.

- Wenn du befürchtest, durch versteckt eingebaute Abhorchmikrophone der politischen Polizei überwacht zu werden, so schalte vor Gesprächen das Radio ein.

Allgemeines Verhalten als Widerstandskämpfer

Als Widerstandskämpfer bist du Tag und Nacht im Gefecht mit der politischen Polizei. Du musst mehr auf der Hut sein, als ein Soldat auf Spähtrupp. Deine Art Kampf ist ja auch entnervender, zeitlich ausgedehnter und grausamer als alle Kämpfe an der Front des «grossen Krieges»!

- Der oberste Grundsatz lautet: «nicht auffallen!»

---

[1] Dem Gegner wird eine grössere Chance als nötig geboten, da der Funker zweimal nacheinander vom gleichen Sendeplatz aus funkt.
[2] Massnahmen a und c haben keinen Erfolg, da der Funker den Platz bereits verlassen hat. Massnahme b hat eine Erfolgschance, wenn der Sendeplatz später wieder benützt wird.

- Passe deine Kleidung den Umständen an. Herumgehen im Winter ohne Mantel ist auffällig. Ebenso das Tragen von Handschuhen im Sommer. Wer im Überkleid an den Bankschalter geht, fällt auf. Ebenso ist Gartenarbeit im Sonntagskleid unnatürlich. Frauen müssen auf die Haartracht achten.
- Benimm dich deinem Stande entsprechend. Wer im feinen Restaurant mit dem Messer isst, fällt auf. Ebenso, wer in der Spelunke eine Serviette verlangt. Wer im Überkleid Taxi fährt, fällt auf. Er benützt besser ein Fahrrad oder die Strassenbahn.
- Beobachte vor dem Verlassen der Wohnung die Strasse, um festzustellen, ob dein Haus überwacht wird.
- Benimm dich auf der Strasse natürlich. Tue nichts auffälliges.
- Gehe immer auf der Gehsteig-Innenseite. Du wirst so vom fahrenden Auto aus weniger erkannt.
- Blicke nie unmotiviert zurück. Das fällt auf und macht den Eindruck eines schlechten Gewissens. In folgenden Situationen kannst du dich unauffällig umsehen:
  1. Einer schönen Frau oder einem auffälligen Auto nachblicken.
  2. Vor dem Überqueren der Strasse. Aber Achtung! Du darfst nicht unaufhörlich von einer Strassenseite zur andern wechseln.
  3. Blicke in ein Schaufenster mit Spiegel. (Oft spiegelt die Schaufensterscheibe allein schon genügend!) Siehe Bild Seite 162.
  4. Tritt in ein Geschäft. Siehe dich beim Wiederverlassen des Lokals um.
- Achte auf das wiederholte Auftauchen der gleichen Person (Spitzel, Mitglied der politischen Polizei). Gesichter sind schwer zu merken, achte daher auf die Kleidung.
- Bei schlechtem Wetter nicht bummeln. Ist unnatürlich und fällt auf. An einem schönen Sommerabend dagegen wirkt es natürlich.
- Wenn du langsamer gehen willst: Tempo beibehalten, aber kürzere Schritte machen.
- Umwege zum Ziel fallen auf. Du musst dafür ein Alibi haben, z. B. noch rasch am Bahnhof vorbeigehen und in den Fahrplan blicken, im Kiosk eine Zeitung kaufen usw.
- Benütze die öffentlichen Verkehrsmittel (Strassenbahn, Autobus, Eisenbahn) in den Stosszeiten. Je überfüllter sie sind, um so sicherer bist du.
- Sprich nie einen Kameraden an, wenn sich dieser in Gesellschaft einer unbekannten Person befindet.
- Sei pünktlich. Lasse den Partner nie warten. Wenn der andere nach zwei Minuten nicht erscheint, gehe weg! Vielleicht wurde er verhaftet und hat unter Folter ausgesagt.
- Wenn zwei sich in einem Lokal treffen, geht immer der wichtigere zuerst weg.
- Wenn man sich trennen muss, Treffpunkt abmachen, z. B. « . . . du kannst mich jeden Donnerstag von 1000-1100 im Lesesaal der Landesbibliothek treffen!»
- Wenn mehrere Widerstandskämpfer sich spät nachts in einer Wohnung treffen. so müssen die Schuhe ausgezogen werden, damit die Anwohner nicht durch das Getrampel aufmerksam werden.
- Entscheidende Dinge nur mündlich festhalten.
- Die Untergebenen nie früher orientieren, als unbedingt notwendig ist.
- Den Untergebenen nur gerade das mitteilen, was sie für die Durchführung ihres Auftrages naturbedingt wissen müssen.

... blicke in ein Schaufenster, um die Auslage zu bewundern. Im Spiegelbild des Glases kannst Du die Umgebung beobachten!

... tritt in ein Geschäft, um etwas zu kaufen. Beim Warten auf die Bedienung oder kurz vor dem Verlassen des Ladens beobachte durch das Schaufenster die Strasse!

Das Alibi

- Bei der Ausübung einer verbotenen Tätigkeit gilt es, ein Alibi zu haben.
- Das Alibi muss man sich vor Beginn der Tätigkeit zurechtlegen und bis zu Ende durchdenken.
- Das Alibi muss einfach[1], glaubwürdig und überprüfbar sein.

Praktisches Beispiel:

Der Widerstandskämpfer X will auf dem Bahnhof Burgdorf einen toten Briefkasten bedienen. Dieser befindet sich in der Telephonkabine. Er bereitet folgendes Alibi vor:

  a) ich muss einen Grund haben, um zum Bahnhof zu gehen. Idee: ich will am Sonntag verreisen. Da

---

[1] Damit man sich bei eventueller Wiederholung nach ein paar Tagen nicht in Widersprüche verwickelt.

ich zu Hause keinen Fahrplan habe, muss ich die Zugsabfahrt auf dem Bahnhof im öffentlich aufgehängten Fahrplan nachsehen[1];

b) ich muss einen Grund haben, um die Telephonkabine zu betreten. Idee: ich will die Reise telephonisch vorbereiten.

Der Widerstandskämpfer X wird in der Folge von der Polizei festgenommen und verhört:

Frage: «Warum haben sie auf dem Bahnhof telephoniert?»

Antwort: «Ich will nächsten Sonntag meinen Bruder Franz in Bern besuchen. Darum habe ich telephoniert.»

Frage: «Warum haben sie nicht zu Hause telephoniert, sie besitzen ja einen privaten Apparat?»

Antwort: «Das Telephon ist defekt.»[2]

Frage: «Warum haben sie ausgerechnet auf dem weit entfernten Bahnhof telephoniert und nicht in der Kabine gerade um die Ecke?»

Antwort: «Ich habe keinen Fahrplan zu Hause und musste daher auf dem öffentlichen Plakatfahrplan nachsehen.»[3]

Frage: «Wo wohnt ihr Bruder in Bern?»

Antwort: «Papiermühlestrasse 158.»[4]

Verhalten, wenn man in eine Strassenkontrolle gerät

- Bei Strassenkontrollen werden schlagartig ganze Strassenzüge abgeriegelt und die Passanten durch Abtasten auf illegales Material kontrolliert (siehe Seite 227).

- Wer Pistole, Sprengstoff oder Flugblätter auf sich trägt, muss rasch handeln. In den ersten paar Minuten nach der Abriegelung wird noch ein allgemeines Durcheinander herrschen, das es auszunützen gilt. Etwa 5 Minuten später wird der Gegner beginnen, die im Netz gefangenen Passanten zu besammeln und in geordneter Formation auszustellen (auf einem Glied, in Viererkolonne usw.).

- Einmal in der Formation eingereiht, wird es kaum mehr möglich sein, das belastende Material verschwinden zu lassen. Um so mehr, als Spitzel und Polizeibeamte in Zivil sich im abgesperrten Gebiet befinden und die Menge überwachen.

- Wer belastendes Material in einer Aktenmappe, einem Koffer oder Werkzeugkasten mitträgt, stellt diesen auf den Boden. Bleibt eine Weile gelangweilt daneben stehen und versucht, sich dann unbemerkt zu entfernen.

- Kleinere Gegenstände wie Pistolen, Handgranaten, Flugblätter usw. können in einen Kanalisationsschacht («Senkloch») geworfen werden. Kameraden müssen sich schützend vor den Träger hinstellen und die Aufmerksamkeit der Umstehenden in eine andere Richtung lenken.

- Sehr günstig sind Gartenzäune. Lehne dich gelangweilt dagegen. Ziehe ein Paket Zigaretten aus der Tasche und zünde eine an. Versorge das Feuerzeug in der Tasche, wo sich das belastende Material befindet. Wenn du die Hand zurückziehst, nimm das Material mit heraus und lasse es durch den Zaun hindurch in den Garten fallen.

- Versuche später, das weggeworfene Material wieder zu behändigen. Jedoch nicht sofort. Der Gegner könnte eine Falle gestellt haben. Lasse deshalb einige Tage verstreichen und beobachte.

- Wer als Unbeteiligter bemerkt, dass Leute Material zu verstecken suchen, hat die selbstverständliche Pflicht, ihnen hierbei zu helfen.

---

[1] Der eigene Fahrplan zu Hause muss versteckt werden, damit er überprüfbar nicht vorhanden ist.

[2] Das Privattelephon muss überprüfbar nicht funktionieren. Ist leicht zu machen, z. B. Hörmuschel aufschrauben, Kabelschnur unter der Büchse mit dem Schraubenzieher lockern!

[3] Muss beweisbar sein, indem die Polizei bei der selbstverständlichen Leibesvisitation in der Rocktasche einen Zettel mit den herausgeschriebenen Zugsabfahrten Burgdorf-Bern findet.

[4] Name und Adresse müssen stimmen. Der Telephonanschluss muss existieren. Das angegebene Gespräch muss talsächlich geführt worden sein, damit der Bruder bei einer Oberprüfung des Alibis im Brustton der Oberzeugung Auskunft geben kann.

Untertauchen. Auswahl und Benützung von Unterschlupfen

- Wichtige Mitglieder der Widerstandsbewegung müssen in der gleichen Stadt oder Gegend mehrere Unterkünfte haben, um notfalls für einige Zeit untertauchen zu können.

- Als Unterschlupfe kommen in Frage:
  a) Mietwohnungen, die nur zeitweilig benutzt werden;
  b) Wohnungen von Kameraden;
  c) Lagerlokale, Weekendhäuschen, Pflanzlandhäuschen usw.

- Unterschlupfe dürfen nur einem kleinen Personenkreis bekannt sein. Keiner darf alle Quartiere kennen.

- Besonders wichtige Funktionäre müssen einen Unterschlupf haben, den niemand kennt, nicht einmal die eigene Familie.

- In den Unterschlupfen darf kein schriftliches Material aufbewahrt werden. In den Unterschlupfen sind Getränke und Lebensmittel einzulagern, damit man einige Tage versteckt bleiben kann. Diese Lebensmittel dürfen jedoch den Charakter des Lokals nicht verraten.

Das Benützen von Eisenbahnzügen

- Hauptbahnhöfe und Schnellzüge werden von der Besetzungsmacht am ehesten kontrolliert.

- Reise wenn möglich auf Nebenlinien.

- Reise immer mit Lokalzügen.

- Besteige die Züge auf Nebenstationen oder Vorortsbahnhöfen und verlasse sie auch wieder auf solchen.

- Praktisches Beispiel:
  Du willst als «Kurier» von Bern nach Luzern fahren.
  Begib dich mit dem Autobus auf die Station Ostermundigen. Besteige dort den Lokalzug nach Langnau. Steige in Langnau um. Nimm einen Bummler nach Luzern. Verlasse den Zug aber bereits auf der kleinen Station «LITTAU», 4 km vor Luzern und lege die restliche Strecke zu Fuss zurück.

Sonderschulung wichtiger Mitglieder der Widerstandsbewegung

- Die Sonderschulung umfasst:
  a) Verhalten bei Hausdurchsuchung;
  b) Verhalten im Verhör.

- Verhalten bei Hausdurchsuchung: Als Instruktoren dienen ehemalige Polizeibeamte, welche die Technik der Hausdurchsuchung beherrschen. Diese Trainings-Hausdurchsuchungen sollen Fehler im persönlichen Verhalten sowie beim Verbergen von belastendem Material aufzeigen. Weiter will man durch Angewöhnung die Nerven stärken.

- Verhalten im Verhör: Als Instruktoren dienen ehemalige Polizei- oder Justizbeamte, welche die Verhörtechnik beherrschen. Kameraden, die schon von der politischen Polizei verhört worden sind, können wertvolle Hinweise geben. Sie dienen nicht zuletzt als Beweis, dass man auch mit dem Leben davonkommen kann!

Spitzelbekämpfung

Allgemeines:

- Die Gegner des Regimes sind durch das Verbot ihrer Zeitungen und Organisationen nicht beseitigt. Sie haben sich lediglich in die Illegalität zurückgezogen.

- Zur Beobachtung und Bekämpfung der «Staatsfeinde» wird die politische Polizei eingesetzt. Diese allein genügt jedoch nicht. Sie benötigt als Ergänzung ein umfangreiches Spitzelnetz.

- Mit dem Spitzeleinsatz will der Gegner Nachrichten sammeln und zugleich Misstrauen säen. Keiner soll dem andern trauen dürfen! Man kann folgende «Spitzel-Kategorien» unterscheiden:
  a) **Vertrauensleute**
  Gehören der Staatspartei oder einer ihrer Gliederungen an. Werden nicht bezahlt. Ihre Hauptaufgabe besteht darin, in wöchentlichen, ungeschminkten Berichten über Stimmung und Ereignisse aus allen Lebensgebieten zu rapportieren;
  b) **Agenten**
  Sind nicht unbedingt Parteimitglieder, gelten aber als zuverlässig und werden gelegentlich bezahlt. Sie dienen der regelmässigen Überwachung der Behörden und Betriebe, bei denen sie tätig sind;
  c) **Zubringer**
  Sind fest besoldete Denunzianten, die neben ihrem Fixum noch besondere Prämien erhalten («Kopfgeld»);
  d) **Helfershelfer**
  Gelegenheitsdenunzianten, die häufig persönliche Feindschaften auf diese Weise austragen.

Die Technik des Spitzeleinsatzes:

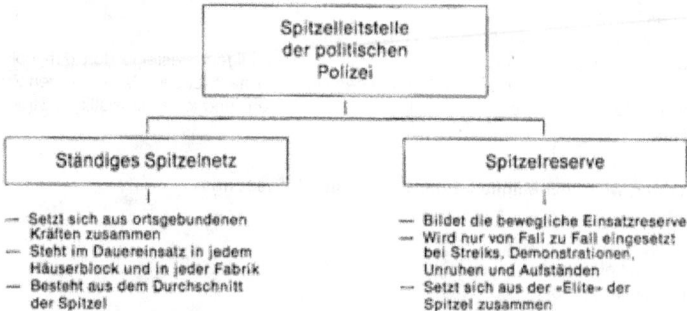

```
          ┌─────────────────────────┐
          │    Spitzelleitstelle     │
          │    der politischen       │
          │       Polizei            │
          └─────────────────────────┘
                       │
          ┌────────────┴────────────┐
  ┌───────────────────┐    ┌───────────────────┐
  │ Ständiges Spitzelnetz │  │   Spitzelreserve    │
  └───────────────────┘    └───────────────────┘
```

— Setzt sich aus ortsgebundenen Kräften zusammen
— Steht im Dauereinsatz in jedem Häuserblock und in jeder Fabrik
— Besteht aus dem Durchschnitt der Spitzel

— Bildet die bewegliche Einsatzreserve
— Wird nur von Fall zu Fall eingesetzt bei Streiks, Demonstrationen, Unruhen und Aufständen
— Setzt sich aus der «Elite» der Spitzel zusammen

Aufgaben der Spitzel:

- Überwachung potentieller Feinde, wie z. B. ehemalige Politiker, Gewerkschaftsfunktionäre, Redaktoren, Pfarrer, Offiziere usw.

- Überwachung von Personen, gegen die Material gesammelt werden soll.

- Überwachung von Personen, denen die Besetzungsmacht gut gesinnt ist und die später für eigene Zwecke angeworben werden sollen.

- Überwachung der politischen Zuverlässigkeit leitender Persönlichkeiten aus den eigenen Reihen (Partei-, Verwaltungs- und Polizeifunktionäre, Kommandanten der Besetzungstruppen usw.).

Rekrutierung der Spitzel:

Die politische Polizei orientiert sich eingehend über Vorleben und derzeitige Verhältnisse jener Leute, die als Spitzel geeignet scheinen. Es geht vor allem darum, Material zu sammeln, mit dem das Opfer im gegebenen Moment erpresst werden kann. Hierbei sind die privaten Verhältnisse mindestens ebenso interessant, wie die politische Einstellung.

Punkte, welche die politische Polizei in diesem Zusammenhang besonders interessieren:

- Hat er Schulden? Verlockung, diese tilgen zu können.

- Klappt es mit seiner Ehe, oder kann man hier irgendwo einhaken?

- Hat er eine Freundin? Drohung mit einem Skandal!

- Hat er früher einmal eine Dummheit gemacht, die der Umwelt sorgfältig verschwiegen wurde? Drohung mit Veröffentlichung!

- Ist er ausserordentlich ehrgeizig? Verlockung des Vorwärtskommens.

- Ist er verbittert, unzufrieden und mit seiner Umwelt zerfallen? Ausnützung des Ressentiments gegen die Gesellschaft!

Als Spitzel werden schliesslich angeworben:

- «Freiwillige», ca. 20 °%.
    - Gesinnungslumpen, die gegen Bezahlung alles zu tun gewillt sind.
    - Idealisten, die dem System verfallen sind und in ihrer ideologischen Verblendung auch die schmutzigste Arbeit zu tun gewillt sind.
- «Mehr oder weniger Freiwillige», ca. 60 °/o.
    - Kriminelle, denen Straffreiheit in Aussicht gestellt wird.
    - Moralisch belastete.
    - Sexuell abnormale.
    - Alkoholiker, Rauschgiftsüchtige usw.
- «Mit Gewalt gepresste», ca. 20 °/o.
    - Politisch belastete, die vor die Wahl gestellt werden, entweder für die Besetzungsmacht zu arbeiten, oder aber umgehend liquidiert zu werden.
    - Angehörige von politischen Gefangenen. Hier wird mit Drohung und Verlockung gearbeitet. Willfährigkeit bedeutet Hafterleichterung oder gar Freilassung für die Gefangenen. Weigerung bedeutet Folterung oder Hinrichtung.

Spitzelbekämpfung:

- Besprich vertrauliche Dinge nur in geschlossenen Räumen. Nie in Strassenbahn, Restaurant oder Eisenbahn.

- Sprich nur mit Personen, die dir vertraut und lange bekannt sind. Wenn Dritte dazu kommen, wechsle das Thema.

- Es ist für Spitzel leichter, in der anonymen Öffentlichkeit Gesprächsfetzen aufzufangen, als sich in einen intimen Bekanntenkreis einzuschleichen. Durch beharrliches Schweigen in der Öffentlichkeit versiegt die beste Informationsquelle der Spitzel.

- Decke die Rapportstelle der Spitzel auf. Diese befindet sich nicht am allgemein bekannten Sitz der politischen Polizei, sondern in einem unscheinbaren Lokal. Die Spitzel sollen unauffällig ein- und ausgehen können. Geeignete Rapportstellen sind Reisebüros, Versicherungsagenturen, Bankfilialen usw.

- Identifiziere die Spitzel. Sorge durch Maueranschläge, Flugblätter und Flüsterpropaganda für die Verbreitung ihrer Personalien.

- Töte erkannte Spitzel, wenn die Gelegenheit günstig ist. Das ist nicht Mord, sondern Notwehr! Auch im Widerstandskampf lautet die Devise: «Du oder ich!» Ziel: Es muss ebenso gefährlich sein, für den Gegner zu arbeiten, wie gegen ihn.

Verhalten bei der Verhaftung

Unbedeutendes Mitglied der Widerstandsbewegung:

- Wenn du mit Handschellen gefesselt wirst, so halte die Hände leicht verdreht hin. Nachher kannst du eventuell aus den Fesseln schlüpfen.
- Ein Verhafteter sollte bis zum Tode schweigen. Wenn du die Kraft hierzu nicht aufbringst, so schweige wenigstens die ersten 24 Stunden. Bis dahin haben deine Kameraden die Warnung erhalten, die Situation erfasst und die nötigen Umstellungen in der Organisation getroffen (Untertauchen, Material verlagern, Decknamen wechseln usw.).

Wichtiger Funktionär der Widerstandsbewegung:

- Der Gegner wird dich auf jeden Fall «fertig machen»! Handle also nach dem Grundsatz: «Man kann immer noch einen mitnehmen!».
- Möglichkeiten hierzu:
  a) in einem obern Stockwerk zum Fenster hinausspringen und einen Beamten mitreissen;
  b) einen Beamten anspringen und ihm die Finger in die Augen bohren (blenden). Dann schlagen sie dich bereits bei der Verhaftung tot und du ersparst dir Verhör, Folterung und langsamen, qualvollen Tod.

Verhalten im Gefängnis

Allgemeines:

- Du musst vorerst den durch die Verhaftung und Einkerkerung erzeugten Schock überwinden. Glaube ist hierbei eine grosse Hilfe. Er stählt die Kraft gegen jene, die «nur den Leib töten können».
- Kein Aussenstehender kann dir die Menschenwürde rauben. Du kannst diese nur durch eigenes Verhalten verlieren.
- Erlittenes Unrecht erzeugt ungeahnte Kräfte.
- Seelische Kraft hält den Körper auch unter schwierigsten Verhältnissen aufrecht und lebensfähig (Nässe, Kälte, Schmutz, Finsternis, Hunger). Erst wenn du seelisch zusammenbrichst und aufgibst, zerbricht auch dein Körper endgültig.

Was du zu erwarten hast:

- Einzelhaft.
- Dunkelhaft.
- Angekettet werden an Händen und Füssen während Wochen und Monaten.
- Schlafentzug, indem die Wächter dich immer wieder aufwecken.
- Einschliessung in Kleinst-Zellen, sogenannten «stehenden Särgen». Diese verunmöglichen ein Sitzen oder Abliegen, man kann nur gebückt stehen oder hocken. Zellenabmessungen: ca. 1 m lang, 1 m breit, 1,5 m hoch. Die Zelle ist ohne Fenster. Entweder ist sie stockdunkel, oder dann brennt das elektrische Licht ununterbrochen Tag und Nacht. Schon nach wenigen Stunden fühlst du geradezu körperlich den Druck der Zementwände. Jede Zeitrechnung und Zeiteinteilung geht verloren.

- Allgemeine Misshandlungen wie Prügel, Zähne einschlagen, Ausreissen der Finger- und Zehennägel, Antupfen mit brennenden Zigaretten, Elektroschocks usw.
- Zermürbung durch Greuelnachrichten, Einsamkeit, Kälte, Hunger und Durst.

Verhalten im Verhör

- Du wirst über den Verhaftungsgrund im Ungewissen belassen.
- Du wirst von der Aussenwelt hermetisch abgeschlossen und in völliger Unkenntnis und Unsicherheit belassen.
- Der eigentliche Anklagepunkt wird dir verheimlicht.
- Du weisst oft nicht, ob du im kommenden Verhör Beschuldigter oder Zeuge bist.
- Oft musst du vor dem Verhör einen schriftlichen Lebenslauf und eine Personenliste anfertigen.
- Aus dem Gefängnis geholt, wird man dich vorerst stundenlang im Vorzimmer auf das Verhör warten lassen. Zweck: Du sollst dir den Kopf zermartern und bereits erschöpft und zerschlagen zum Verhör kommen.
- Verhöre dauern nicht nur Stunden und Tage, sondern Wochen und Monate. In Sonderfällen auch Jahre.
- Der politischen Polizei geht es weniger um das Geständnis deiner staatsfeindlichen Tätigkeit, als vielmehr darum, die Namen von Mittätern zu erfahren. Dich haben sie auf jeden Fall. Du wirst ihnen nicht mehr entkommen. Aber sie möchten durch dich einen Kreis anderer Staatsfeinde kennenlernen.
- Die verhörenden Beamten werden dich mit grellen Scheinwerfern blenden, während sie selber im Dunkeln sitzen.
- Das Verhör beginnt praktisch immer mit einem Überrumpelungsversuch. Wenn dieser misslingt, wirst du abwechselnd in Furcht und Hoffnung versetzt. Freundlichkeit wechselt mit Drohung und Brutalität.
- Die Art der Vernehmung ist vom kriminalistischen Standpunkt aus eher stümperhaft. Kommandoton, stundenlanges Anbrüllen und Beschimpfen. Lasse dich hiervon nicht allzusehr beeindrucken. Gebrüll, Drohungen und Tätlichkeiten gehören nun einmal zu den Mitteln der politischen Polizei.
- Es sind immer mindestens zwei, meist aber drei Beamte anwesend. Der eine schreit und droht, der andere beruhigt, bietet Zigaretten an und der dritte appelliert an das «Verantwortungsbewusstsein» und «Pflichtgefühl» des Staatsbürgers.
- Lasse dich durch Liebenswürdigkeit nicht täuschen. Die Verhörenden werden ihr wahres Gesicht noch früh genug zeigen.
- Man stellt dir viele Fragen, die zusammenhanglos sind und mit der Sache nichts zu tun haben. Man will dich damit verwirren.
- Man zeigt dir die tatsächlich vorhandene unbegrenzte Machtfülle und täuscht zugleich Allwissenheit vor.
- Denke daran, dass die Polizei keine Gedanken lesen kann.
- Sie werden an dein Pflichtgefühl der Familie gegenüber appellieren und versuchen, dich so weich zu kriegen. Lasse dich nicht verwirren. Du hast Zukunft und Leben der Familie ja nicht leichtfertig aufs Spiel gesetzt. Ohne den Sieg der Freiheit geht deine Familie auf jeden Fall zugrunde und für diesen Sieg kämpfst du ja.
- Die dir gegenüberstehenden Beamten sind nicht die Vertreter einer rechtmässigen Behörde, sondern Verbrecher. Du bist ihnen gegenüber zu jeder Lüge und zu jeder Täuschung berechtigt.
- Sei dir bewusst: Mit der Antwort im Verhör hältst du nicht nur dein eigenes Geschick in der Hand, sondern auch noch dasjenige mehrerer Mitmenschen. Der oberste Grundsatz im Verhör lautet: So wenig als möglich sagen. Antworte immer unklar und unbestimmt.
- Vermeide es, Namen zu nennen. Da du als Staatsfeind giltst, zählt jeder den du kennst, ebenfalls als potentieller Feind.

- Wenn sie dir Namen nennen, musst du entweder sagen, dass du sie nicht kennst, oder aber leugnen, dass du um ihre staatsfeindliche Tätigkeit weisst.

- Wenn dich mehrere Beamte der politischen Polizei im Verhörkeller zusammenschlagen, darfst du nicht in ihrer Mitte stehen bleiben. So können alle gleichzeitig auf dich einschlagen. Versuche eine Ecke des Raumes zu erreichen. So können nur noch ein oder zwei Mann gleichzeitig auf dich einprügeln. Der Rest steht sich gegenseitig im Wege. Versuche nicht, dich möglichst lange aufrecht zu halten. Markiere den «toten» oder «schwerverletzten» Mann. Lasse dich auf den Boden fallen und rolle dich auf den Bauch. So sind deine empfindlichen Organe im Mittelpunkt eines schützenden Rippen- und Knochenkäfigs. Fusstritte und Knüppelhiebe können weniger Schaden anrichten. Ziehe zudem das Kinn ein und versuche, die Nierengegend durch Anpressen der Ellenbogen zu schützen.

Die Folter

Vorbemerkung:

- Es ist unmoralisch, zum Widerstand aufzurufen, ohne gleichzeitig die Konsequenzen in ihrer ganzen brutalen Härte zu zeigen. Die Folgen der Auflehnung dürfen weder verheimlicht noch verniedlicht werden.

- Das Ziel des Widerstandes ist die Erhaltung der Selbstachtung und das Erringen der Freiheit. Der Preis für den Widerstand ist die Angst und die Qual und der Tod.

- Durch das ganze Denken und Handeln der Widerstandskämpfer zieht sich wie ein roter Faden die Furcht vor der Gefangennahme und damit vor der Folter. Diese Furcht vergiftet den Schlaf und verfolgt bis in die Träume.

Verhalten bei der Folterung:

- Gefolterte sagen aus, dass es schlimmer sei, als alles was man sich vorgestellt habe. Dass man aber anderseits viel mehr aushalten könne, als man sich je zugetraut habe. Dass im einfachen Akt des Denkens eine merkwürdige und ungeahnte Kraft liege. Dass man sich bis zu einem gewissen Grade vom geschundenen Körper zu lösen vermöge. Dass intensives, konzentriertes Denken Schmerzen löschen und teilweise unempfindlich machen könne.

- Woran gedacht würde:
  - An den Sieg der Sache.
  - An das Nützliche, das man für diese Sache habe tun können.
  - Dass Ungezählte vorher schlimmeres durchgemacht haben.
  - Dass sie nur den Leib töten können.

- Dem Religiösen hilft der Glaube an Gott, dem Atheisten der Hass auf den Gegner.

- Letzter Ausweg: Rufe provozierend «lang lebe X . . . ! » und nenne den Namen eines bekannten Staatsfeindes, den alle als Symbol des Widerstandes kennen. Damit kannst du vielleicht deine Peiniger zu besinnungsloser Wut aufstacheln, so dass sie dich gegen ihre Interessen rasch totschlagen.

Zwangserziehung und Gehirnwäsche

Allgemeines:

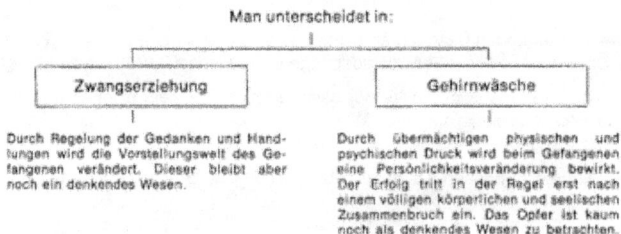

Man unterscheidet in:

Zwangserziehung	Gehirnwäsche
Durch Regelung der Gedanken und Handlungen wird die Vorstellungswelt des Gefangenen verändert. Dieser bleibt aber noch ein denkendes Wesen.	Durch übermächtigen physischen und psychischen Druck wird beim Gefangenen eine Persönlichkeitsveränderung bewirkt. Der Erfolg tritt in der Regel erst nach einem völligen körperlichen und seelischen Zusammenbruch ein. Das Opfer ist kaum noch als denkendes Wesen zu betrachten.

Zwangserziehung:

- Der totalitäre Gegner will dich zum Anhänger und Propagandisten seiner Ideen umerziehen.
- Die Beeinflussungsmethode besteht aus einer eigenartigen Mischung von Nachgiebigkeit und Druck.
- Als politischer Gefangener erwartest du, bei der Einlieferung ins Lager sofort geschlagen oder gefoltert zu werden. Man bietet dir aber statt dessen eine Zigarette an. Achtung! Der Feind will dich verwirren. Halte dir jeden Augenblick vor Augen, dass du es mit einem Gegner ohne Gewissen und Moral zu tun hast.
- Zuerst musst du einen ausführlichen Fragebogen über dich und deine Angehörigen ausfüllen. Dazu noch einen detaillierten Lebenslauf. Damit sammelt der Gegner Informationen zu deiner weitern Behandlung.
- Er will dich zur Zusammenarbeit bringen. Hierzu stehen ihm gut ausgebildete Spezialisten zur Verfügung.
- Die Zwangserziehung verläuft in zwei Phasen:
  1. Man zeigt dir ein völlig falsches Geschichts- und Wirtschaftsbild.
  2. Man überschüttet dich mit der feindlichen Ideologie. Du musst politische Werke lesen und daraus Auszüge machen.
- Körperliche Gewalt wird beim Unterricht selten angewendet. Dagegen werden sowohl beim Einzel- wie auch beim Gruppenunterricht folgende drei «Überzeugungsmittel» eingesetzt:
  1. **Repetition**
     Du musst ideologische Lehrsätze auswendig lernen und wirst im Examen mündlich und schriftlich darüber befragt.
  2. **Dauernde Belästigung**
     Du musst zu allen Tages- und Nachtzeiten vor dem Lehrer erscheinen und wirst wegen wirklichen oder angeblichen Vergehen beschimpft und bedroht. Damit beraubt man dich der Ruhe, die du so dringend benötigst.
  3. **Systematische Erniedrigung**
     Du musst unwahre und sinnlose Dinge sagen, die gegen deine innerste Überzeugung verstossen (z. B. die Schweiz sei am Kriege schuld und habe angegriffen usw.). Wenn du dich weigerst, müssen alle Häftlinge aufstehen und so lange stramm stehen bleiben, bis sie sich gegen dich wenden und dich zum Nachgeben zwingen. Am folgenden Tag musst du Selbstkritik üben und deine Mithäftlinge um Verzeihung bitten. Diese Selbstkritik wird an vielen aufeinanderfolgenden Tagen wiederholt und vertieft. Dabei müssen dich die Kameraden auch wieder kritisieren. Dieses Verfahren über lange Zeitspannen hinweg durchgeführt, zerstört das Selbstbewusstsein und den Zusammenhalt unter den Häftlingen.
- Wer der Zwangserziehung besondern Widerstand leistet, oder wer als «Aushängeschild für das Regime» vorgesehen ist, wird zusätzlich langen; zermürbenden Verhören unterworfen. Man droht ihm mit:
  - Postsperre.
  - Keiner Entlassung aus der Gefangenschaft.
  - Folter oder Tod.
- Wer der Aufforderung zur Kollaboration Widerstand entgegensetzt, fährt auf lange Sicht gesehen besser. Merke dir: Wer irgendwo nachgibt, wird zu immer weiterem Nachgeben gezwungen. Kein Kollaborateur wird jemals in Ruhe gelassen. Wer einmal zum Sprechen gebracht wurde, kann dem Gegner nicht mehr entwischen, sondern wird in immer neue Zugeständnisse hineingetrieben. Je mehr er spricht, um so grösser wird sein Schuldbewusstsein und seine Abhängigkeit vom Gegner. Wenn er nicht endgültig zum Verräter werden will, bleibt ihm als letzter Ausweg nur der Selbstmord.

Gehirnwäsche:

- Das Behandlungspersonal besteht aus Ärzten und Spezialisten der politischen Polizei.
- Es wird eine besondere Technik angewendet. Psychiatrie, Biologie und Chemie spielen dabei eine wichtige Rolle.
- Die Persönlichkeit des Opfers wird zum Zerfall gebracht und nachher neu zusammengesetzt.
- Dem Gericht oder der Öffentlichkeit wird alsdann ein neuer, aber seelisch zerstörter Mensch präsentiert, der genau das tut und spricht, was man wünscht.

Verhalten im Zwangsarbeitslager

Allgemeines:

- Auf Befehl der Lagerleitung müssen Barackenchefs und Lagerälteste bestimmt werden.
- Der Verkehr zwischen der Lagerleitung und der Masse der Häftlinge wickelt sich über die Lagerältesten und Barackenchefs ab.
- Diese von der Lagerleitung aufgezogene Organisation muss von den Häftlingen ausgenützt und heimlich weiter ausgebaut werden.
- Zweck dieser Organisation ist nicht der Kampf, sondern die Vergrösserung der Überlebenschance.

Die illegale Lagerorganisation:

- Die illegale Lagerorganisation soll:
  a) die Lebensbedingungen im Lager verbessern;
  b) den Widerstandswillen aufrechterhalten;
  c) asoziale Elemente in Schach halten.
- Man unterscheidet zwischen:
  a) «Lagernetz». Umfasst das ganze Lager;
  b) «Barackennetz». Umfasst die einzelne Unterkunftsbaracke oder einen Barackenblock.
- In large geführten Lagern können beide Netze aufgezogen werden. In sehr streng geführten Lagern kann nur das Barackennetz aufgezogen werden.
- Schaffe in der illegalen Lagerorganisation möglichst viele Chargen. Dadurch dass ein Häftling eine Verantwortung erhält und für andere sorgen muss, vergisst er bis zu einem gewissen Grade sein eigenes Elend.
- Je mehr Leute eine Verantwortung haben, um so eher wird es möglich sein, den Widerstandsgeist über lange Zeit aufrechtzuerhalten.

Die Verbesserung der Lebensbedingungen:

- In der Baracke muss Ordnung und Solidarität herrschen. Es muss verhindert werden, dass das Faustrecht einreisst und das «Recht des Stärkern» gilt.
- Sorge für eine gerechte Verteilung der Nahrung, Kleidung, Decken und Schlafplätze.
- Vielfach werden Kranke und Verletzte aus Platzmangel oder Bosheit nicht ins Krankenzimmer aufgenommen oder zu früh wieder an die Arbeit geschickt. Ohne Betreuung durch die Kameraden erlischt der Lebenswille dieser Leute und sie sterben leicht. Du kannst die Sterblichkeitsziffer eines Lagers ganz erheblich beeinflussen. Ziehe einen barackeninternen Sanitätsdienst auf. Hierbei werden Medikamente, Verbandstoff usw. weitgehend fehlen. Das ist zwar unangenehm, aber nicht entscheidend. Das Ganze ist mindestens ebensosehr ein psychologisches Problem. Wenn der Kranke oder Verwundete fühlt, dass sich die Kameraden um ihn kümmern, wird er ungeahnte Kräfte entwickeln.

Möglichkeiten, um auch ohne Sanitätsmaterial helfen zu können:
- Im Sommer den kühlsten, im Winter den wärmsten Platz in der Baracke zuweisen.
- Durst stillen, Umschläge machen.
- Zusätzliche Lebensmittel abgeben.
- Wenn Kranke oder Verletzte zu früh zur Arbeit ausrücken müssen, diesen die leichteste Tätigkeit zuweisen.

- In jedem Lager finden sich ehemalige Ärzte, Medizinstudenten, Apotheker, Sanitätssoldaten oder Samariter, die das Amt der Pfleger übernehmen können.

Die Aufrechterhaltung des Widerstandswillens:

- Kümmere dich um Neulinge. Diese sind naturgemäss besonders niedergeschmettert. Alleingelassen, droht ihr Widerstandswille zu zerbrechen. Instruiere sie über allgemeine Verhältnisse und zweckmässiges Verhalten im Lager.

- Orientiere die Barackenbelegschaft über die allgemeine politische und militärische Lage. Etwas sickert immer durch. Stärke ihren Glauben an den Sieg der guten Sache.

- Jeder Häftling erlebt moralische Tiefpunkte, wo der letzte Hoffnungsschimmer endgültig erloschen zu sein scheint. Hier muss die Gemeinschaft stützend eingreifen. Organisiere eine Art Seelsorge. Für dieses Amt sind ehemalige Pfarrer, Laienseelsorger, Heilsarmeeangehörige usw. am besten geeignet.

Das Niederhalten asozialer Elemente:

- Zusammen mit den politischen Häftlingen wird vom Regime bewusst ein gewisser Prozentsatz Krimineller eingesperrt. Diese sollen:
  a) die Lagersolidarität zerstören;
  b) Spitzeldienste leisten;
  c) die politischen Häftlinge tyrannisieren.

- Die illegale Lagerorganisation muss diese Kriminellen erkennen, isolieren und durch Gegenterror niederhalten.

Das Verhältnis zur Lagerwache:

- Die Wachtmannschaft besteht immer aus zwei Teilen:
  a) Sadisten;
  b) Anständige, die nur gezwungen mitmachen, sich aber stillhalten müssen.

- Diese Situation gilt es auszunützen. Treibe einen geistigen Keil zwischen die beiden Teile der Lagerwache.

- Finde heraus, wer anständig ist. Sprich mit diesen während der Arbeit.

- Der Wachtmannschaft wird eingehämmert, dass es sich bei den Häftlingen um den Abschaum der Menschheit handle. Durch vorbildliche Kameradschaft müsst ihr das Gegenteil beweisen. Wenn das gelingt, habt ihr dem Glauben der Wachtmannschaft an die Unfehlbarkeit des Regimes einen Stoss versetzt.

- Sprich nie mit einer Gruppe von Wachtmannschaften. Gruppen sind immer aggressiver und bösartiger als Einzelpersonen. In der geschlossenen Gruppe ist der einzelne in erster Linie «Mitglied einer Organisation» und erst in zweiter Linie «Mensch». Als Einzelperson dagegen ist er vornehmlich Mensch und erst danach Mitglied der Organisation. Mache dich also immer an Einzelpersonen heran.

Der passive Widerstand

- Der passive Widerstand richtet sich gegen alle feindlichen Organe: Besetzungstruppen, Militäradministration, Parteistellen und schweizerische Verräter.
- Der passive Widerstand umfasst alle Lebensgebiete. Er ist überall und jederzeit anwendbar.
- Der passive Widerstand ist das Kampfmittel der ganzen Bevölkerung (Arbeiter, Bauern, Angestellte, Beamte, Intellektuelle, Frauen, Kinder, alte Leute).
- Der passive Widerstand hat materielle und moralische Wirkung.
- Materielle Wirkung: Rückgang der Produktion, Verschlechterung der Qualität usw.
- Moralische Wirkung: Gefühl der Unsicherheit, Isolierung und Vereinsamung beim Gegner.
- Im passiven Widerstand ist der einzelne Nadelstich an sich nichts. Aber alle zusammengenommen schaffen einen Zustand, der für den Gegner auf die Dauer unerträglich ist. Entscheidend ist, dass alle Schweizer mitmachen und der Widerstand über lange Zeit aufrechterhalten wird.
- Der passive Widerstand stärkt die Moral der eigenen Leute. Wer einen Nadelstich anbringt, hat einen kleinen Triumph im Herzen und merkt, dass er doch nicht so ganz wehrlos ist. Diese winzigen persönlichen Erfolge helfen, den Kampfgeist und Widerstandswillen aufrechtzuerhalten.
- Der Gegner kann durch vermehrte Kontrolle den passiven Widerstand wohl erschweren, nicht aber ausschalten. Erst wenn hinter jedem Arbeiter ein Kontrolleur steht, ist die Überwachung genügend. Eine derartige Kontrolle ist praktisch unmöglich.

Allgemeines Verhalten:

- Wenn Angehörige der Besetzungsmacht auftauchen, tritt demonstrativ zurück, so dass sich um den Gegner ein freier Platz bildet, welcher die moralische Isolierung deutlich werden lässt.
- Praktisches Beispiel: Beim Warten auf dem Bahnsteig, an der Strassenbahnhaltestelle, vor der Kinokasse usw.
- Wenn Angehörige der Besetzungsmacht auftauchen, lasse jedes Gespräch demonstrativ verstummen und verharre in eisigem Schweigen. Wenn du direkt angesprochen wirst, antworte kühl und möglichst kurz.
- Wenn du in einem Lokal zum Tanzen aufgefordert wirst, lehne unter einem Vorwand ab.
- Wenn der Gegner in einem öffentlichen Verkehrsmittel aufsteht und dir seinen Sitzplatz anbietet, lehne unter einem Vorwand ab.
- Grüsse den Gegner nicht. Wenn er dich grüsst, nimm ihm den Gruss nicht ab.
- Verwende den Parteigruss nicht.
  Historisches Beispiel: «Hitlergruss» der Nationalsozialisten. Heutiges Beispiel: «geballte Faust» der Kommunisten.
- Verwende die offizielle Anrede nicht.
  Historisches Beispiel: «Parteigenosse», «Volksgenosse» der Nationalsozialisten. Heutiges Beispiel: «Genosse» der Kommunisten.
- Sabotiere Geldsammlungen der Partei. Zermürbe die Verräter. Möglichkeiten:
  a) Wirf ihnen Zettel mit Drohungen in den Briefkasten. Beachte hierbei zu deinem Schutz Seite 149 «Schreibverkehr».
  b) Telephoniere ihnen zu jeder Tages- und Nachtzeit. Tag für Tag und Nacht für Nacht hören zu müssen, «dass man einmal geholt werde», oder «dass der Tag der Abrechnung näherrücke», zerreisst auch die stärksten Verräternerven.

Arzt, Apotheker, Krankenschwester:

- Übernimm die heimliche Betreuung von Untergetauchten.
- Verbrauche scheinbar mehr Medikamente und Verbandsmaterial als nötig. Schaffe den Mehrverbrauch beiseite und lasse ihn der Widerstandsbewegung oder den Kleinkriegsverbänden zukommen.

Lagerverwalter:

- Normalerweise wird der Wehrwirtschaftsdienst der Armee die Güter abtransportieren.
- Wo das nicht klappt:
- Grosslager vor dem Anrücken des Gegners aufheben. Dieser übernimmt sonst die vorhandenen Bestände und führt sie seiner Armee oder Industrie zu. Verpflegungsmittel und Heizmaterial an die Zivilbevölkerung verteilen. Die einzelne Hausfrau kann ihren Anteil leicht verstecken.

Verwaltungsbeamter:

- Erledige jede Arbeit so kompliziert und zeitraubend als möglich. Mache viele Fehler. Steigere den Büromaterialverbrauch.

Zivilstandsbeamter:

- Lasse die Personalkartotheken verschwinden. Hierdurch erschwerst du dem Gegner:
  a) das Festhalten von Verwandschaftsgraden für Sippenhaft;
  b) das Zusammenstellen von Listen für Zwangsverschickungen und Geiselfestnahme.

Gemeindebeamter:

- Es herrscht grosser Bedarf an gefälschten Papieren zur Ausstattung Verfolgter und Untergetauchter.
- Sammle heimlich Personalausweise aller Art von verstorbenen Personen. Verschiebe diese an die Widerstandsbewegung. Die Fälschungssektion wird Daten, Stempel, Namen, Signalement usw. ändern.
- Entwende laufend Identitätskarten und verschiebe diese an die Widerstandsbewegung.

Uniformierter Bahnbeamter:

- Güterwagen langsam beladen und entladen. Güterwagen ans falsche Ziel leiten.
- Der Widerstandsbewegung Truppen- und Materialtransporte melden.
- Der Widerstandsbewegung eine Uniform abgeben. Diese benötigt SBB-Dienstkleider um unauffällig Bahnsabotage betreiben zu können.

Uniformierter PTT-Beamter:

- Amtliche Poststücke absichtlich verzögern, umadressieren, verlieren usw.
- In Telephonzentralen Verbindungen falsch schalten. Gespräche der Besetzungsmacht abhorchen und an die Widerstandsbewegung weitermelden.
- Personen warnen, deren Telephon vom Gegner überwacht wird.

Der Widerstandsbewegung eine Uniform abgeben. Diese benötigt PTT-Dienstkleider um:
a) Flugblätter und Untergrundzeitungen unauffällig austragen zu können;
b) unauffällig an PTT-Objekte (z. B. Telephonzentralen usw.) heranzukommen, um Sabotageakte auszuführen;
c) das Telephonnetz der Besetzungsmacht anzapfen zu können.

Polizeibeamter:

- Gib der Widerstandsbewegung eine deiner Uniformen ab. Diese benötigt die Dienstkleider als «Tarnmittel», um zu Amtsstellen, Gefängnissen usw. Zutritt zu erhalten (Befreiung politischer Gefangener).

- Warne Personen, die verhaftet werden sollen.

- Im Feuergefecht gegen Saboteure, fliehende politische Gefangene usw. hat deine Waffe Ladestörung, triffst du einfach nichts oder geht dir die Munition aus.

- Schiesse im Feuergefecht den Polizei- oder Militärorganen des Gegners, mit denen du gezwungenermassen zusammenarbeiten musst, in den Rücken. Der Gegner kann nachträglich kaum feststellen, durch welche Kugeln sie gefallen sind.

- Beschiesse im Feuergefecht die parkierten eigenen Überfall- oder Funkstreifenwagen.

- Sabotiere durch Unaufmerksamkeit die Absperrkette und lasse umstellte Widerstandskämpfer ausbrechen.

- Sammle bei jeder Gelegenheit Munition und leite diese an die Widerstandsbewegung weiter. Möglichkeiten hierzu:
  Eröffne auf Patrouille das Feuer gegen nicht existierende Saboteure. Schiesse nur 2-3 Schuss, damit die Waffe schmutzig wird. Behalte im übrigen 5-6 Schuss als «verschossen» zurück und verstecke diese. Dein Patrouillenkamerad kann das Feuergefecht bestätigen. Im übrigen hat man ja Schüsse gehört.

- Stelle in Zusammenarbeit mit Ärzten falsche Unfallatteste aus, so dass verletzte Widerstandskämpfer als «Verkehrsopfer» getarnt im Spital operiert und gepflegt werden können.

- Als Polizeichauffeur stellst du der Widerstandsbewegung dein Fahrzeug für Transporte zur Verfügung. Waffen, Sprengmittel, Flugblätter und verfolgte Personen lassen sich sehr gut im Gefängniswagen verschieben. Eine bessere Tarnung gibt es nicht.

- Polizeifunker: treibe Spionage für die Widerstandsbewegung.

- Kriminalbeamter: verwische Spuren. Unterschlage Beweismaterial. Lenke den Gegner auf eine falsche Fährte. Warne Verdächtige.

Pfarrer:

- Vernichte alle Mitgliederlisten religiöser Gruppen und Vereinigungen. Diese bilden sonst gute Unterlagen für Verfolgungsaktionen.

- Wenn deine Tätigkeit (Gottesdienst, Taufe, Konfirmation, Trauung, Abdankung usw.) verboten wird, so ergreife einen Scheinberuf. Am besten eignet sich eine Tätigkeit, bei welcher du unauffällig viel unterwegs sein kannst. Mit Hilfe des Scheinberufs kannst du dein altes Pfarramt getarnt weiterführen. Suche die Gläubigen einzeln auf.

Kindergärtnerinnen, Schullehrerinnen und Lehrer:

Die Besetzungsmacht ringt um die Seele der Jugend. Sie steuert daher auch das Schulwesen durch:
a) Herausgabe neuer Lehrmittel;
b) Zusammenstellung der Lehrpläne;
c) Säuberung des Lehrkörpers.

In der Schule selbst konzentrieren sich die gegnerischen Bemühungen auf folgende Gebiete:

- Angeberei fördern. Die Kinder sollen alle aufgeschnappten feindseligen oder auch nur unfreundlichen Bemerkungen gegenüber dem Regime rapportieren. Endzweck: Überwachung der Eltern und Geschwister. Ein Spitzel in jeder Familie.

- Geschichtsfälschung und Umdeutung.

- Herabwürdigung und Negierung aller ehemaligen demokratischen Einrichtungen und Gedankengänge.

- Umwandlung des staatsbürgerlichen Unterrichts in parteipolitische Lehre.

- Systematische Durchtränkung jeglichen Unterrichts (Lesen, Schreiben, Rechnen, Geschichte, Geographie usw.) mit Politik.

- Die ersten Worte und Sätze, die der kleine ABC-Schütze buchstabiert oder schreibt, sind schon Parteiparolen.

- Systematische Verdrehung (Umwertung) wesentlicher Begriffe wie Friede, Freiheit, Demokratie usw., so dass die junge Generation nicht mehr weiss, was sie eigentlich bedeuten.

- Obligatorischer Sprachunterricht in der Landessprache der Besetzungsmacht.

- Bekämpfung der Religion durch Lächerlichmachen oder scheinwissenschaftliche Beweisführung.

- Züchtung eines Personenkults.

Mögliche Gegenmassnahmen: Förderung des kritischen Urteilsvermögens und Pflege allgemein menschlicher Werte wie Treue, Freundschaft und Hilfsbereitschaft. Förderung des Familiensinns. Pflege des Zusammengehörigkeitsgefühls.

Besondere Möglichkeiten in Verwaltung, Industrie und Bauwesen:

- Missverständliche Formulierung von Anweisungen und Befehlen.

- Entfachung von Kompetenzstreitigkeiten.

- Einschleichenlassen von Berechnungsfehlern bei Konstruktionen.

- Bei Mangelwaren den Verbrauch steigern, so dass rasch Engpässe entstehen.

- Möglichst hohe Preise verrechnen.

- Möglichst lange Bau- und Lieferfristen ansetzen.

- Umdisponieren beim Anlaufen der Serienfabrikation.

- Fehlleiten von Ersatzteilen oder Einzelteilen.

- Langsam arbeiten, schlecht arbeiten, oft Ruhepausen einschalten, sich häufig krank melden.

- Viel Ausschussware produzieren. Die Schwierigkeit besteht immer darin, dass nur soweit gepfuscht wird, dass Ware oder Arbeit bei einer Kontrolle gerade noch durchschlüpfen.

- Viele Abfälle machen.

- Maschinen und Einrichtungen unsorgfältig behandeln.

- Viel verderben lassen (verrosten, auslaufen, nass werden usw.).

- Viel Wasser, Elektrizität, Brennstoff, Schmiermittel, Zement, Armierungseisen usw. verbrauchen.

Warenhäuser, Ladengeschäfte, Restaurants, Hotels usw.:

- Übersieh die Angehörigen der Besetzungsmacht, so dass diese reklamieren müssen, um überhaupt bedient zu werden.

- Erledige ihre Bestellung so gleichgültig, unaufmerksam und langsam als möglich.

- Gib ihnen von allem vorsätzlich das Schlechteste.

- Orientiere sie falsch. Behaupte z. B., der betreffende Artikel sei gerade ausgegangen oder werde nicht geführt.

Besondere Probleme und Gefahren für Geschäftsleute:

Der passive Widerstand nützt nur etwas, wenn alle Geschäftsinhaber solidarisch handeln und der abgewiesene oder schlecht behandelte Gegner nicht einfach zur Konkurrenz laufen kann. Ihr müsst eine geschlossene Front bilden. Wer diese Front der Ablehnung aus Sonderinteresse (Gewinnsucht) durchbricht, ist Kollaborateur und bekommt nach der Befreiung die Rechnung präsentiert. Die Versuchung ist für den Einzelnen natürlich gross, von dieser Selbstausschaltung der Konkurrenz zu profitieren und als einziger fette Geschäfte zu machen. Diesen Schädlingen muss die Widerstandsbewegung unmissverständlich klar machen, dass es sich um Verrat handelt und dass nichts vergessen und vergeben wird!

Störung von Versammlungen:

Versammlung in einem geschlossenen Lokal. Teilnehmerzahl beschränkt. Einige hundert Personen.

- Wenn der Redner einen rhetorischen Höhepunkt erreicht hat und einen Moment innehält, um das Gesagte nachwirken zu lassen, rufe laut und deutlich in die Stille « .. . Fräulein, es Bier!». Du wirst sehen, wie dieser trockene Zwischenruf den Nebel aus den Köpfen wegwischt und die ganze, mühsam heraufbeschworene Atmosphäre zerstört.

Massenversammlung im Freien. Teilnehmerzahl unbeschränkt. Einige tausend Personen.

- Lasse in der Menge verstreut einige Leute - am besten Frauen - gespielt ohnmächtig werden. In der Nähe stehende Mitwisser machen grossen Lärm:
  ... Sanität! Hilfe! Wir wollen sie wegtragen! Hat es keine Bahre? Wo ist ein Arzt usw.»
- Die Folgen sind Tumult, Gedränge, Geschimpfe und schon hört niemand mehr auf die Ansprache.
- Dieses Vorgehen in der gleichen Rede **mehrmals wiederholt**, zerstört den ganzen befohlenen Aufmarsch.
- Die aufgezeigte Lärmtechnik bei **jeder** Ansprache und bei **jedem** Aufmarsch durch spezielle Störtrupps systematisch angewendet, durchkreuzt den schönsten Propagandafeldzug des Gegners.

«Unterwanderung» paramilitärischer Formationen

- Der Gegner wird
  a) eine bewaffnete Parteimiliz aufstellen;
  b) gewisse Teile der staatlichen Jugendorganisation bewaffnen;
  c) in wichtigen industriellen Betrieben, Transportanstalten und Verwaltungen einen bewaffneten «Werkschutz» aufziehen.
- Die Zahl seiner wirklichen Anhänger reicht zur Aufstellung dieser Formationen nicht aus. Er muss deren dünne Reihen durch viele weniger gut geprüfte und politisch durchleuchtete Personen auffüllen. Hier bietet sich der zivilen Widerstandsbewegung die Möglichkeit, in die bewaffneten feindlichen Organisationen zu infiltrieren und diese zu unterwandern.
- Durch Einschleusen getarnter Mitglieder der Widerstandsbewegung kann man in der entscheidenden Stunde
  - über Waffen und Munition verfügen;
  - die Kampfkraft dieser Verbände herabmindern;
  - über deren Massnahmen orientiert sein und diese verraten und durch kreuzen;
  - bei günstiger Gelegenheit dem Gegner in den Rücken schiessen.

Bewaffneter Widerstand bei Verhaftung oder Verschleppung

- Der Gegner rechnet bei allen seinen Aktionen sehr stark mit der lähmenden Schockwirkung. Er nimmt von vorneherein an, dass du das hilflose, vom Schreck hypnotisierte «Kaninchen» bist. Nichts überrascht ihn so sehr, wie entschlossener, bewaffneter Widerstand.

- Bei Verhaftung oder Verschleppung einzelner Personen ist bewaffneter Widerstand schwieriger. Bei Massenverhaftungen oder Massenverschleppungen ist bewaffneter Widerstand einfacher.

- Bei Grossaktionen werden selten mehr als zwei feindliche Funktionäre in deiner Wohnung erscheinen, um dich oder deine Familie wegzutreiben. Diese rechnen kaum mit bewaffnetem Widerstand. Wenn du rasch und entschlossen handelst, hast du gute Chancen, beide erschiessen zu können. Mit etwas Glück gelingt dir im allgemeinen Durcheinander sogar die Flucht. In verzweifelten Fällen handle nach dem Grundsatz «Man kann immer noch einen mitnehmen!».

Sabotage

Allgemeines:

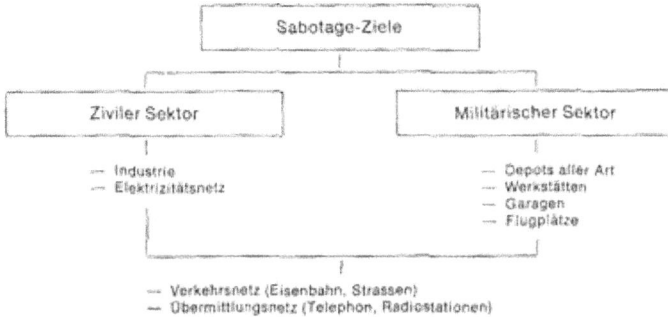

- Zivile Widerstandsbewegung und Kleinkriegsverbände ergänzen sich in der Durchführung von Sabotageakten.

- Die zivile Widerstandsbewegung löst die feineren, technisch komplizierteren Sabotageaufträge.

- Die Kleinkriegsverbände übernehmen die gröbern Sabotageanschläge.

- Bei der Sabotage geht es in der Regel darum, offene Gewalt zu vermeiden und das Ziel mit Heimlichkeit und List zu erreichen.

- Bei der Sabotage handelt es sich darum, an das entscheidende Kernstück der Anlage heranzukommen.

- Man gelangt auf zwei Arten ans Objekt heran:
  Methode 1: Anschleichen. Lautloses Erledigen der Wachtposten. Einbrechen.
  Methode 2: Infiltrieren, d. h. sich die betreffende Arbeit auf legale Weise verschaffen.

- Die zivile Widerstandsbewegung verwendet beide Methoden. Die Kleinkriegsverbände arbeiten praktisch nur nach Methode 1.

- Wenn immer möglich ist die 2. Methode anzuwenden. Sie ist eleganter und sicherer.

- Saboteure werden placiert durch:
  a) Anwerben von Angestellten des betreffenden Betriebes (politische Beeinflussung, Verführung, Bestechung, Erpressung);
  b) Einschleusen getarnter Mitglieder der Widerstandsbewegung.

- Je gröber und einfacher ein Arbeitsvorgang oder eine technische Einrichtung ist, um so sabotage-unempfindlicher sind sie.

- Je technisierter und komplizierter ein Arbeitsvorgang oder eine technische Einrichtung ist, um so sabotageempfindlicher sind sie.

- Hitze, Kälte, Eintönigkeit, Lärm und Müdigkeit setzen die Aufmerksamkeit von Kontrollorganen und Arbeitskollegen herab und erleichtern die Ausführung des Sabotageaktes. Den gleichen Dienst leisten äussere Ereignisse, welche die allgemeine Aufmerksamkeit auf sich ziehen, z. B. Arbeitsunfall, Brandausbruch usw.

- Günstige Sabotagebedingungen sind abzuwarten oder künstlich herbeizuführen.

- Sabotageakte müssen gründlich vorbereitet werden. Hierzu braucht man viel Zeit. Nie unter Zeitdruck arbeiten! Die technische Ausführung des Sabotageaktes dagegen benötigt wenig Zeit. In der Regel nur Sekunden oder Minuten.

Industriesabotage:

Möglichkeiten:

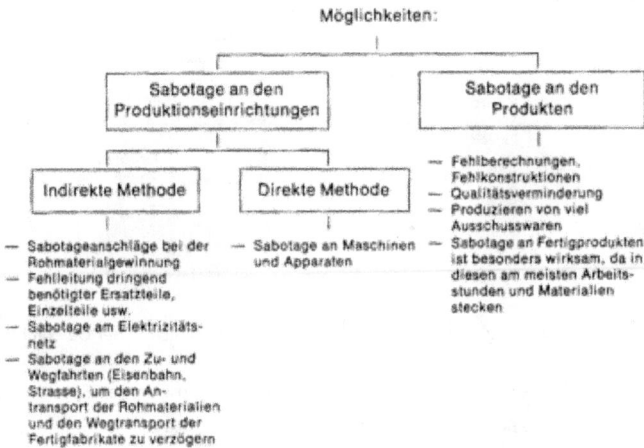

Sabotage am Elektrizitätsnetz:

- Siehe Seite 84.

Sabotage am Verkehrs- und Übermittlungsnetz:

- Siehe Seiten 57 und 83.

Sabotage an Depots, Werkstätten, Garagen und Flugplätzen:

- Siehe Seiten 59 und 109.

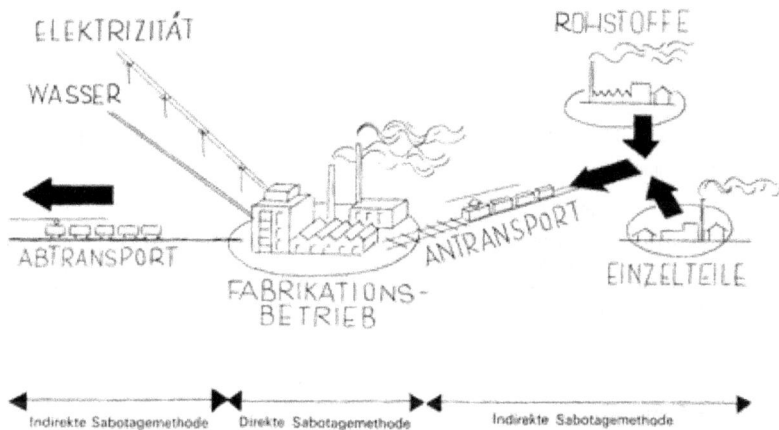

ELEKTRIZITÄT

WASSER

ROHSTOFFE

ABTRANSPORT

ANTRANSPORT

FABRIKATIONS-
BETRIEB

EINZELTEILE

Indirekte Sabotagemethode   Direkte Sabotagemethode   Indirekte Sabotagemethode

Besondere Sabotagemöglichkeiten:

- Auslösen von Fliegeralarm, Strahlenalarm, Wasseralarm usw. durch Sabotage. Der falsche Alarm jagt alles in die Schutzräume und unterbricht für einige Zeit das ganze öffentliche Leben.

- Ausnützung des Chaos nach Flieger- oder Fernwaffenangriffen. Im allgemeinen Durcheinander (Feuer, Rauch, Trümmer, Schock) können unter dem Deckmantel der Hilfeleistung wichtige Maschinen und Einrichtungen zerstört werden. Auch für Überfälle und Attentate bieten sich jetzt gute Möglichkeiten (Handstreiche auf beschädigte Gefängnisse zur Befreiung politischer Gefangener. Anschläge auf feindliche Funktionäre usw.).

Attentate

Allgemeines:

- Attentate richten sich gegen schweizerische Verräter oder Angehörige der Besetzungsmacht.

- Ein Attentat hat Repressalien zur Folge. Geldstrafen, Geiselerschiessungen, Deportationen.

- Der Erfolg muss den Aufwand lohnen. Es gilt abzuwägen, ob das Leben des Gegners die erschossenen Geiseln, verschleppten Einwohner und verbrannten Häuser wert ist.

- Beim Attentat muss unterschieden werden zwischen:
  a) Anschläge auf untere oder mittlere Funktionäre (z. B. Ortskommandanten, Gebietskommissäre usw.)[1].
  b) Anschläge auf hohe und höchste Funktionäre, d. h. wirkliche Grössen des feindlichen Regimes[2].

- Je nachdem wird das taktisch/technische Vorgehen verschieden sein.

- Anschläge müssen sorgfältig durchdacht und vorbereitet werden. Nichts dem Zufall überlassen. Nie unter Zeitdruck arbeiten. Ein misslungener Anschlag macht den Gegner misstrauisch und vorsichtig. Nachher hast du lange Zeit - ja vielleicht überhaupt nie mehr - Gelegenheit, an die betreffende Persönlichkeit heranzukommen.

---

[1] Historische Beispiele aus dem Zweiten Weltkrieg und der Nachkriegszeit:
- Mai 1943. Russische Widerstandskämpfer töten in der Ukraine den deutschen SA-Obergruppenführer und Generalmajor der Sicherheitspolizei Victor LUTZE.
- März 1947. Mitglieder der antibolschewistischen UPA-Bewegung töten den polnischen Vize-Kriegsminister General SWIERCZEWSKI.

[2] Historisches Beispiel aus dem Zweiten Weltkrieg:
- Mai 1942. Erfolgreiches Attentat tschechischer Fallschirmagenten auf den deutschen Reichsprotektor HEYDRICH in Prag.

- Die Polizeisektion der zivilen Widerstandsbewegung stellt die Attentäter.

- Die Fluchtsektion der zivilen Widerstandsbewegung stellt die Unterschlupfe zur Verfügung und organisiert die Verschiebung der Attentäter nach erfolgtem Anschlag zu einem Kleinkriegsdetachement.

- An den Vorbereitungen sind mehrere Stellen beteiligt.

- Die Durchführung der eigentlichen Aktion ist Sache einer einzigen Stelle.

- Geheimhaltung ist entscheidend. So wenig Leute als möglich in den Plan einweihen. Wer Hilfsdienste leistet (z. B. Waffen beschaffen, Unterschlupfe organisieren usw.) hat keine Kenntnis von der eigentlichen Aktion. Er erhält lediglich seinen Teilauftrag. Für welche Personen und für welche konkrete Aktion er arbeitet, soll und muss er nicht wissen. So kann er auch unter Folter nichts aussagen.

Vorbereitungen:

- Studiere die Gewohnheiten des Opfers:
  a) Arbeitsweg, Autofahrt, Betreten und Verlassen der Amtsgebäude usw.;
  b) Spaziergänge, Ruhepausen in Parks usw.;
  c) Besuche von Versammlungen, Konzerte, Theater, Kino usw.;
  d) Organisation der Bewachung in der Dienst- und Freizeit.

- Sehr nützlich ist das Einschleusen eines Verbindungsmannes in die Umgebung des Opfers, damit man über geplante Reisen, Ausfahrten, Inspektionen usw. im Bilde ist.

- Mehrere Unterschlupfe vorbereiten, wo die Attentäter nach dem Anschlag untertauchen können. Entfernung «Tatort - nächster Unterschlupf»: 1-2 km. Begründung: nicht zu nahe, da die engere Umgebung des Tatortes rasch abgeriegelt und besonders gründlich durchsucht wird. Nicht zu weit entfernt, damit man rasch Schutz findet. Das ist besonders wichtig bei Verwundung eines Attentäters.

- In den Unterschlupfen passende Ersatzkleider bereitstellen.

- Arzt bereithalten, um notfalls Verletzungen behandeln zu können.

- Für den Anschlag günstige Voraussetzungen schaffen:
  Kleine Schussdistanzen für Pistolen und Maschinenpistolen.
  Kleine Wurfdistanzen für Handgranaten und Sprengladungen.
  Waffenauflage für Zielfernrohrgewehre.
  Schutz vor Sonnenblendung beim Zielen.

- Den Anschlag dort ausführen, wo das Auto mit dem Opfer z. B. langsam fahren oder gar anhalten muss (Haarnadelkurve, Baustelle usw.). Die günstigen Bedingungen notfalls künstlich schaffen, z. B. durch Verursachen eines Verkehrsunfalles usw.

- Wenn beim Anschlag etwas schief geht, müssen oft Gegenstände am Tatort zurückgelassen werden. Alle verwendeten Gegenstände und Kleidungsstücke (Automobile, Fahrräder, Aktenmappen, Mäntel, Hüte usw.) müssen so beschaffen sein, dass der Gegner keine Rückschlüsse auf die Attentäter oder ihre Helfer ziehen kann. Namen, Nummern, Firmenbezeichnungen, Initialen usw. entfernen.

- Waffen und Waffenverwendung:

- Man unterscheidet grundsätzlich zwei Möglichkeiten:
  a) die direkte Methode[1].
  b) die indirekte Methode[2].

- Bei der direkten Methode werden folgende Waffen verwendet: Handgranaten, Pistolen, Maschinenpistolen.

- Bei der indirekten Methode werden Sprengfallen oder geballte Ladungen mit Zeitzünder verwendet.

---

[1] «Direkte Methode». Historisches Beispiel aus dem Zweiten Weltkrieg: Das Attentat auf den deutschen Reichsprotektor HEYDRICH. Mittel: Maschinenpistole und Handgranaten.

[2] «indirekte Methode». Historisches Beispiel aus dem Zweiten Weltkrieg: Das Attentat vom 20. Juli 1944 auf Adolf HITLER. Mittel: Sprengladung mit Zeitzündung.

- Bei der direkten Methode sind immer zwei verschiedene Waffen einzusetzen, z. B. Maschinenpistolen und Handgranaten usw., denn eine Waffe könnte im entscheidenden Moment versagen.

Die direkte Methode:

- Die Attentäter treten dem Opfer von Angesicht zu Angesicht gegenüber. Die direkte Methode ist sehr wirksam, aber auch sehr gefährlich. Es besteht eine ausgesprochene Nahkampfsituation mit allen ihren Möglichkeiten aber auch Risiken.

- Die Attentäter müssen sehr nahe an das Ziel herangelangen (unter 30 m). Wenn ihre Waffen im entscheidenden Moment funktionieren, ist der Erfolg sicher. Sie müssen sich hierbei aber stark exponieren und haben oftmals wenig Chancen, nach dem Anschlag zu entkommen.

- Maschinenpistolen und Handgranaten sind sichere Mittel.

- Pistolen sind weniger sichere Mittel. In der Aufregung schiesst man leicht daneben. Die Verwundungskraft genügt oft nicht.

- Mit der Maschinenpistole trifft man auch bei starker seelischer Belastung. Die Waffenwirkung ist auf jeden Fall genügend gross.

- Handgranaten: keine Offensiv-HG verwenden. Nur Defensiv-HG einsetzen (Splittermantel!). Die Waffenwirkung ist der vielen Splitter wegen gross und man braucht nicht auf den Meter genau zu treffen. Das ist wichtig, denn Aufregung und Angst beeinträchtigen die Wurfgenauigkeit. Wenn man keine Defensiv-HG hat, sind selbstgebaute Sprengladungen mit grosser Splitterwirkung einzusetzen. Modell einer solchen Ladung siehe Seite 50.

- Die versteckte Tragart der Waffen (z. B. in Aktenmappen, unter dem Mantel usw.) kann leicht zu mechanischen Störungen führen. Beim Einpacken -«Tarnen» - der Waffen, diesen Umstand berücksichtigen.

- Bei Anschlägen mit Schusswaffen im Hausinnern empfiehlt es sich, für Geräuschtarnung zu sorgen. Möglichkeiten hierzu:
  a) Schalldämpfer an den Waffen;
  b) mit Presslufthammer den Gehsteig vor dem Haus aufreissen. Vor dem Gebäude ein Motorrad im Leerlauf auf hohe Tourenzahl jagen.

- Der Maschinenlärm übertönt den Schall der Schüsse und die Attentäter gewinnen wertvolle Sekunden für den Rückzug.

- Die Verwendung von Gewehren und Zielfernrohrgewehren stellt ein Mittelding zwischen «direkter Methode» und «indirekter Methode» dar.

- Die Verwundungskraft der Gewehre ist auf alle praktischen Einsatzdistanzen genügend gross.

- Mit einem gewöhnlichen Gewehr kann ein grosses, unbewegliches Ziel (z. B. stehender Mann) bis auf 400 m mit genügender Sicherheit getroffen werden. Ein kleines, unbewegliches Ziel (z. B. sitzender Mann, aus dem Fenster lehnender Mann) kann bis 300 m getroffen werden. Die Waffe ist immer aufzulegen.

- Zielfernrohrgewehre sind hervorragende Mittel. Sie erlauben oft, die Bewachung aus grosser Distanz zu «überspielen»!

- Mit einem Zielfernrohrgewehr kann ein kleines, schlecht sichtbares, unbewegliches Ziel (z. B. sitzender Mann, aus dem Fenster lehnender Mann) bis auf 600 m mit genügender Sicherheit getroffen werden.

Die indirekte Methode:

- Die Attentäter sehen ihr Opfer nicht. Die indirekte Methode ist für die Attentäter weniger gefährlich, dafür aber auch weniger wirksam.

- Die indirekte Methode setzt mehr technische Kenntnisse und damit geschulteres Personal voraus. Ferner ist das benötigte Material schwerer zu beschaffen.

- Möglichkeiten:
  a) eine Sprengfalle, z. B. Mine mit Druck-, Zug- oder Entlastungszünder wird in den Wohn- oder Amtsräumen des Opfers versteckt eingebaut. Das Opfer löst die Detonation selbst aus, z. B. Absitzen auf einen Stuhl, Öffnen einer Schranktüre, Abliegen auf ein Bett usw. Die Wirkung ist «gezielt». Man benötigt daher wenig Sprengstoff (200 bis 500 g);
  b) eine geballte Ladung mit Zeitzünder wird in den Wohn- oder Amtsräumen des Opfers versteckt eingebaut und detoniert automatisch nach Verstreichen der gewünschten Zeit. Die Wirkung ist «ungezielt». Man benötigt daher viel Sprengstoff (nie weniger als 1 kg verwenden. In der Regel weit mehr!).

- In solid gebauten Räumen (Stein- oder Betonkonstruktion) ist die Sprengwirkung grösser. Die Ladung kann daher kleiner gehalten werden.

- In leicht gebauten Räumen (z. B. Baracken mit Holz- oder Kunststoffwänden) ist die Sprengwirkung kleiner. Die Ladung muss daher grösser sein.

- Geschlossene Türen, Fenster und Fensterläden wirken als Verdämmung und erhöhen die Sprengwirkung.

- Der indirekten Methode haftet eine gewisse Starrheit an. Sie ist nicht flexibel. Einmal ausgelöst, laufen die Ereignisse mechanisch ab. Änderungen können nicht mehr vorgenommen werden. Sprengfallen sind «blind». Sie detonieren einfach. Gleichgültig, ob von einer Ordonnanz oder einem General ausgelöst! Das gleiche gilt für den Zeitzünder. Das Uhrwerk läuft ab, ob das Opfer nun im Hause weilt, oder dieses längstens verlassen hat.

- Die Plazierung von Sprengfallen oder Ladungen mit Zeitzündern ist nur möglich, wenn ,es gelingt, unter dem Wacht- oder Hilfspersonal Helfer zu finden. Das ist nur möglich bei Anschlägen gegen untere oder mittlere Funktionäre. Hohe und höchste Funktionäre sind meist so stark abgesichert, dass eine Infiltration in ihre Umgebung unmöglich ist.

Verhalten nach durchgeführtem Anschlag:

- Ausfallachsen werden von der Besetzungsmacht abgeriegelt und Nebenstrassen überwacht. Daher nach dem Attentat nicht sofort die Stadt verlassen, sondern untertauchen und warten, bis sich die grösste Aufregung gelegt hat.

- Unterschlupf aufsuchen.

- Kleider wechseln. Alte Kleidung verbrennen. Gründe:
  a) man muss grundsätzlich annehmen, dass der Gegner die Kleidung erkannt hat und im Steckbrief festhält;
  b) möglicherweise sind die Kleider blutbespritzt, schmutzig oder zerrissen.

- Nie länger als eine Nacht im gleichen Unterschlupf verbleiben. Die Attentäter von Unterschlupf zu Unterschlupf weiterreichen.

- In Wohnquartiere schleusen, die in der Nacht vorher durchsucht worden sind und jetzt voraussichtlich in Ruhe gelassen werden.

- Nach einigen Tagen die Stadt verlassen und «in den Wald gehen», d, h. sich einem Kleinkriegsverband anschliessen.

DIREKTE METHODE

MIT FERNROHR WEHR - - →
P STG EN YD HG

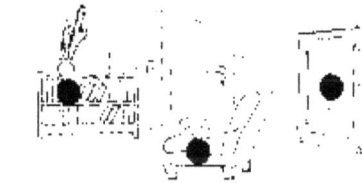

MINEN - SPRENGLADUNGEN
INDIREKTE METHODE

Handstreich der zivilen Widerstandsbewegung

Allgemeines:

- Die zivile Widerstandsbewegung muss in der Lage sein, mit ihren «Kampfgruppen» Handstreichaktionen durchzuführen (siehe Seite 126).

- Einige mögliche Aufgaben:
  a) Sabotage an gut eingerichteten Objekten, wo die Wache nur durch Kampf ausgeschaltet werden kann;
  b) Befreiung von politischen Gefangenen, Geiseln usw.

- Die Angriffstruppe gliedert sich in:
  1. Sicherungstrupps.
  2. Feuerunterstützungstrupps.
  3. Stosstrupps.

- Die Sicherungstrupps isolieren das Angriffsobjekt.

- Die Feuerunterstützungstrupps decken das Herangehen des Stosstrupps ans Objekt.

- Der Stosstrupp bricht ins Angriffsobjekt ein und löst den eigentlichen Auftrag (Sabotageakt, Gefangenenbefreiung usw.).

Vorbereitung der Aktion:

- Die Besetzungsmacht wird später nach den Tätern fahnden. Die Teilnehmer müssen daher ein Alibi vorbereiten, um ihrem Arbeitsplatz unauffällig fernbleiben zu können. Einfachste Möglichkeit: Vorschützen einer Krankheit. Der Widerstandsbewegung angehörende Ärzte stellen gefälschte Krankenbescheinigungen aus. Der Betriebsleitung gemeldete oder Arbeitskameraden geklagte Krankheitssymptome müssen mit dem Arztbericht übereinstimmen.

- Die Detailrekognoszierung des Angriffsobjekts hält fest:
  a) die feindliche Wachtorganisation (Postenstände, Waffenstellungen, Drahthindernisse);

b) Standort der Sicherungstrupps. Stellungsraum der Feuerunterstützungstrupps. Bereitstellungsraum, Anmarschweg und Einbruchstelle für den Stosstrupp.

- Bei Angriffen auf Gebäude müssen auch die Verhältnisse im Hausinnern erkundet werden: Anordnung der einzelnen Räume, Treppen, Türen. Standort von Posten oder Waffenstellungen. Stärke und Bauart von Wänden, Decken, Türen, Gittern usw.

- Auskunftsmöglichkeiten:
  a) Beschaffung der Baupläne;
  b) Befragung von Architekten, Baumeistern, Handwerkern usw., die seinerzeit beim Bau oder Umbau mitgeholfen haben;
  c) Befragung von Hilfspersonal (z. B. Putzfrauen, Hauswart usw.);
  d) bei Gefängnissen Befragung ehemaliger Häftlinge;
  e) persönliches Betreten des Gebäudes unter einem Vorwand, z. B. Stellen eines Gesuches, Abholen eines Formulars, Ausführung einer Reparatur usw.

- Sorgfältige Angriffsvorbereitung kostet Zeit. Diese macht sich aber reichlich bezahlt durch reibungsloseren Ablauf des Angriffs, geringere Verluste, kleinerer Munitionsverbrauch usw.

- Der Rückzug ist der schwierigste und gefährlichste Teil der ganzen Aktion. Er muss deshalb besonders sorgfältig geplant und vorbereitet werden.

- Für den Rückzug unterscheiden wir folgende Möglichkeiten:
  a) geschlossener Rückzug (z. B. auf einem Motorfahrzeug);
  b) Versickern in einzelne Unterschlupfe;
  c) Untertauchen in die Kanalisation.

- Meist werden im Verlauf der gleichen Aktion mehrere Möglichkeiten miteinander oder nacheinander angewendet.

- Für den Stosstrupp ist der geschlossene Rückzug auf einem Motorfahrzeug das geeignetste.

- Für die Unterstützungs- und Sicherungstrupps kommt eher Versickern und Untertauchen in Frage.

- In den Unterschlupfen und in der Kanalisation wird das Abklingen der feindlichen Suchaktion abgewartet. Das kann einige Tage dauern. Es müssen daher entsprechende Aufenthaltsbedingungen geschaffen werden. Einlagern von Getränken, Lebensmitteln, Sanitätsmaterial usw. In der Kloake: Vorbereiten trockener Sitz- und Liegemöglichkeiten, Bereitstellen von Beleuchtungsmitteln.

- Details über die Benutzung des Kanalisationsnetzes siehe in der Druckschrift «Gefechtstechnik», Band 2, Seiten 53-64.

Die Durchführung der Aktion:

- Die Aktion zerfällt in
  a) Aufbau der Feuerunterstützung;
  b) Abriegelung der Zufahrtsstrassen;
  c) Angriff;
  d) Rückzug.

- Die Feuerunterstützungstrupps nisten sich in den Häusern um das Angriffsobjekt herum ein. Oft müssen hierzu Wohnungen oder Geschäftslokale gemietet werden. Die Trupps begeben sich nötigenfalls schon mehrere Tage vor der Aktion in die Stellungen. Zerlegte Maschinenpistolen, Sturmgewehre und leichte Maschinengewehre werden in Aktenmappen, Werkzeugtaschen und Koffern an Ort und Stelle gebracht.

- Die Zufahrtsstrassen zum Angriffsziel werden von den Sicherungstrupps abgeriegelt. Diese verhindern, dass dem angegriffenen Gegner von aussen her Hilfe zuteil wird. Es geht vor allem darum, die rasche Anfahrt von Motorfahrzeugen zu verhindern. Mittel: Feuerüberfälle oder blockieren der Fahrbahn durch verkeilte Fahrzeuge.

- Als Posten für Feuerüberfälle eignen sich Strassenwischer, Monteure usw., welche ihre Maschinenpistolen und Handgranaten in Handkarren, Werkzeugtaschen usw. versteckt halten. Sie eröffnen das Feuer auf anrollende Polizei und Militärfahrzeuge.

- Strassen können blockiert werden durch ungeschicktes Manövrieren mit Lastwagen oder simulierte Verkehrsunfälle. Die beteiligten Chauffeure können im Durcheinander leicht entwischen. Die Strassenblockierung darf aber erst einsetzen, wenn an der Überfallstelle der Kampf im Gange ist. Andernfalls würde nur vorzeitig Polizei in die Umgebung des Überfallortes gelockt.

- Der Angriff des Stosstrupps: Du kannst bei Tag oder bei Nacht angreifen. Beide Möglichkeiten haben Vor- und Machteile. Die speziellen örtlichen Bedingungen geben bei der endgültigen Wahl der Angriffszeit den Ausschlag.

- Nachtangriff.
  Vorteile: Der Stosstrupp kann unter Ausnutzung der Verdunkelung an das Angriffsobjekt herangehen. Die Zivilbevölkerung befindet sich des Ausgehverbotes wegen in den Häusern. Du kannst von deinen Waffen rücksichtsloser Gebrauch machen, als am Tag, wo sich viele Unbeteiligte auf der Strasse aufhalten.
  Nachteile: Der Gegner ist wachsamer. Die Feuerunterstützung ist schwieriger.

- Tagangriff.
  Vorteile: Der Gegner ist weniger aufmerksam, da er kaum mit einem Angriff rechnet. Die Organisation der Feuerunterstützung ist einfach.
  Nachteile: Der Rückzug ist stark erschwert.

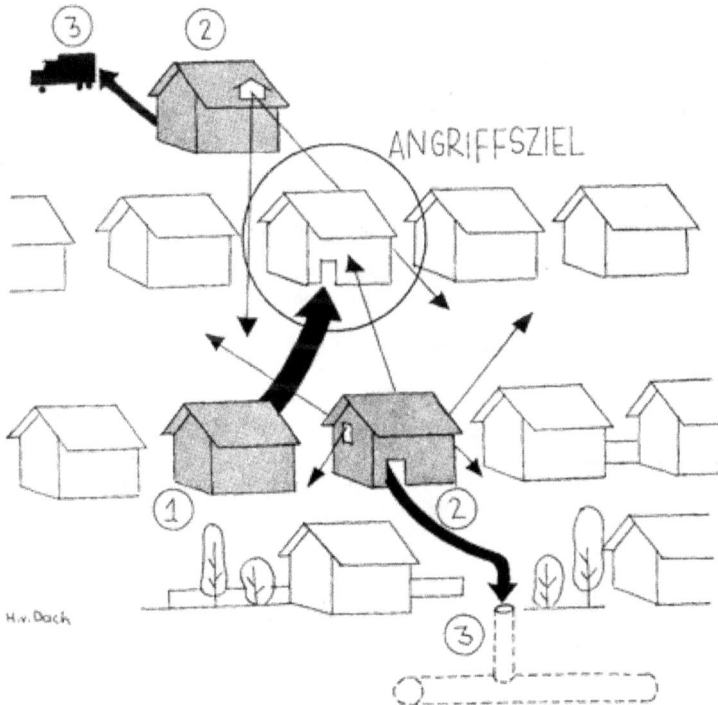

Handstreich der zivilen Widerstandsbewegung
1 Stosstrupp
2 Feuerunterstützungstrupps
3 Vorbereitete Rückzugswege: - Untertauchen in der Kanalisation
                                   - Wegfahrt mit Motorfahrzeug

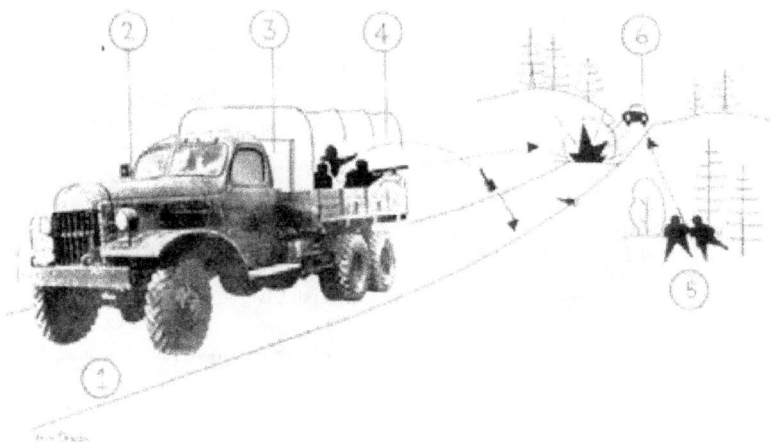

Deckung des Rückzuges nach gelungenem Handstreich

1 Fluchtfahrzeug mit aufgesessenem Stosstrupp der zivilen Widerstandsbewegung, z. B. Lastwagen, welcher den Besetzungstruppen entwendet worden ist.

2 Erkennungszeichen für die Deckungstrupps, welche entlang der Rückzugsstrasse glaciert sind, damit das Fluchtfahrzeug nicht von den eigenen Leuten beschossen oder angehalten wird. (Möglichkeit: Rot brennende Taschenlampe in der Führerkabine.)

3 Behelfsmässige Panzerung des Führersitzes gegen Feuer aus verfolgenden Fahrzeugen. Da immer nur mit leichten Waffen (Pistolen, Maschinenpistolen) geschossen wird, genügt ein Panzerblech von zirka 6 mm Stärke.

4 Behelfsmässige Deckung für die Mannschaft auf der Ladebrücke, z. B. Sandsäcke oder niedrige Panzerplatte (ca. 6 mm) an der Rückwand. Die aufgesessene Mannschaft verteidigt sich durch Mp-Feuer und ausgeworfene Handgranaten.

5 Deckungstrupp. An geländemässig günstigen Stellen liegen Trupps, welche verfolgende Feindfahrzeuge abfangen. Mittel hierzu:

a) Feuerüberfall mit Maschinenpistole oder Sturmgewehr;
b) quer über die Strasse geschobenes Fuhrwerk oder Motorfahrzeug;
c) in die Fahrbahn gerollte Zementrohre;
d) quer über die Strasse gespannte Drahtseile;
e) Einnebeln der Strasse mit Rauchwurfkörper (der Gegner muss aus Furcht, in einen Hinterhalt zu fahren oder auf eine Sperre aufzuprallen, anhalten).

6 Feindliches Fahrzeug.

- Bei Tag wird der Stosstrupp in einen geschlossenen Lastwagen verladen und direkt vor oder in das Angriffsobjekt gefahren. Verwende wenn möglich ein Fahrzeug der Besetzungsmacht. Diese Tarnung erlaubt dir, frecher vorzugehen. Das Herausspringen des Stosstrupps bedeutet automatisch «Feuer frei!» für die bereits in Stellung befindlichen Unterstützungswaffen.

Offener Aufstand[1]

- Allgemeines:
- Der offene Aufstand stellt die letzte Phase des Widerstandes dar.
- Träger des Aufstandes sind:
  a) die militärischen Kleinkriegsverbände;
  b) die zivile Widerstandsbewegung;
  c) die Masse der Bevölkerung.
- Schreite zum offenen Aufstand, um den Zusammenbruch des Gegners zu beschleunigen.
- Es hängt alles von der geschickten Wahl des Zeitpunktes ab. Schlägst du zu früh los, wird der Aufstand im Blute erstickt. Handelst du zu spät, so wird eine einmalige Chance verpasst.
- Der Augenblick zum Aufstand ist dann gekommen, wenn der Gegner durch die Ereignisse auf den Kriegsschauplätzen in die Defensive gedrängt wird und die Räumung des besetzten Gebiets in greifbare Nähe rückt.
- Neben rein technischen Vorteilen, wie Verhinderung umfangreicher Zerstörungen, Demontagen usw. bietet dir der offene Aufstand noch anderweitige, nicht zu unterschätzende Vorteile. So wird z. B. deine staatspolitische Position bei der Neuordnung der Verhältnisse nach dem Krieg eine ganz andere, weit stärkere sein, wenn du grosse Teile des Staatsgebiets selbst zurückerobert hast, als wenn du rein passiv auf die Befreiung durch das Ausland harrst.
- Mit etwas Glück kannst du dich im Befreiungskrieg sogar mit indirekter Hilfe[2] durch die Verbündeten begnügen und bedarfst der Mithilfe ihrer Bodenstreitkräfte überhaupt nicht. Hierdurch wird vermieden, dass wiederum fremde, wenn auch verbündete Truppen die Schweiz besetzen. Denn auch Verbündete sind nicht so leicht wieder zu entfernen. Auf jeden Fall schwerer, als sie zu rufen!
- Beim offenen Aufstand bildet die zivile Widerstandsbewegung die ortsgebundenen Besatzungen in den Ortschaften, währenddem die militärischen Kleinkriegsverbände die mobilen Streitkräfte darstellen.
- Die Kampfidee geht dahin:
  a) die Verbindungswege und Rückzugsachsen des Gegners in grösseren Ortschaften durch offenen Aufstand der Bevölkerung zu sperren;
  b) den sich im Zwischengelände zurückziehenden oder zum Freikämpfen der gesperrten Kommunikationen bereitstellenden Gegner mit den mobilen Kleinkriegsverbänden anzufallen (Überfall, Angriff mit beschränktem Ziel).
- Das Terrain muss in weitestem Sinne ausgenützt werden.
- Aufstandsherde sind in grosse, schwer zu kontrollierende Ortschaften zu legen.
- Angriffe der mobilen Kleinkriegsverbände dürfen nur an günstigen Stellen (z. B. Engpässen) erfolgen, damit der Gegner seine überlegenen Mittel nicht zum Einsatz bringen kann.
- Angriffe der mobilen Kleinkriegsverbände müssen in mindestens Bataillonsstärke geführt werden.
- Wo ausnahmsweise in wenig günstigem Gelände gekämpft werden muss, soll der Gegner wenigstens zwischen zwei Feuer zu liegen kommen. Vor sich den Aufstandsherd, hinter sich den angreifenden Kleinkriegsverband.

---

[1] Historische Beispiele aus dem Zweiten Weltkrieg:
- Frankreich 1944. Aufstand der FFI in Paris, beim Herannahen der Alliierten.
- Polen 1944. Aufstand der Untergrundstreitkräfte in Warschau, beim Herannahen der Russen.
- Oberitalien 1945. Aufstand der Partisanen beim Herannahen der Alliierten.

[2] Fliegerunterstützung. Fallschirmabwürfe von Waffen und Munition.

188

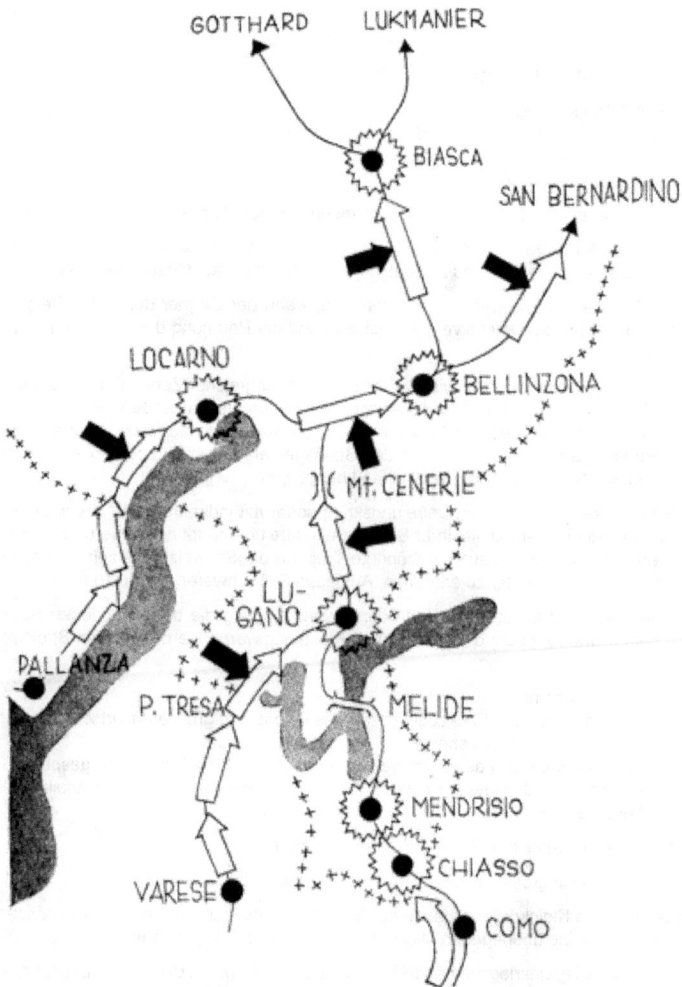

GOTTHARD LUKMANIER

BIASCA

SAN BERNARDINO

LOCARNO

BELLINZONA

Mt. CENERIE

LU-GANO

PALLANZA

P. TRESA

MELIDE

MENDRISIO

CHIASSO

VARESE

COMO

Praktisches Beispiel

Nach schweren Kämpfen und Niederlagen in einem südlichen Nachbarland ziehen sich Teilkräfte des Gegners in nördlicher Richtung durch unser Land zurück. Die Besetzungstruppen in der Schweiz schliessen sich dem allgemeinen Rückzug an.

Aufstandsherd in grosser Ortschaft oder Stadt. Die zivile Widerstandsbewegung sperrt mit Hilfe der Bevölkerung die Kommunikationen.

Angriffe mobiler Kleinkriegsverbände in Bataillonsstärke:
- wenn der Gegner Engnisse passieren muss;
- wenn er sich zum Angriff auf die Aufstandsherde bereitstellt (freikämpfen der gesperrten Kommunikationen);
- wenn er unter Umgehung der Aufstandsherde im Zwischengelände mühsam zurückgeht.

Zurückgehende Feindverbände.

189

Aufstandsvorbereitungen:

- Eine unangenehme, aber unvermeidliche Eigenart des Untergrundkampfes ist, dass die Aufstands-vorbereitungen nur unvollständig getroffen werden können (Grund: Gefahr der vorzeitigen Entdeckung).

- Es muss auf die Einweihung vieler wichtiger Stellen verzichtet werden. Du musst einfach auf ihren Abfall nach Auslösung des Aufstandes bauen. Es gilt, ihre politische Haltung zu beeinflussen, ohne sie indessen zu Geheimnisträgern zu machen. Ein erster Erfolg muss die psychologischen Voraussetzungen für ihr Einschwenken schaffen.

- Sammle Stadtpläne. Diese spielen im Ortskampf die gleiche Rolle wie Landkarten in der Feldschlacht.

- Erkunde die feindlichen Stützpunkte und Posten.

- Studiere die Eigenheiten des Gegners. Beobachte seine Verteidigungsübungen und ziehe deine Schlüsse.

- Rekognosziere die günstigsten Waffenstellungen zur Beherrschung von Strassenkreuzungen, Brücken und Plätzen.

- Miete an taktisch wichtigen Punkten (Brücken, Strassenkreuzungen usw.) Wohnungen oder Geschäftslokale. Niste dich hier von langer Hand ein. Bereite einzelne Fenster als Waffenstellungen vor.

- Rekognosziere Kirchtürme und Hochhäuser als Beobachtungsstände. Statte sie mit getarnten Telephonanschlüssen aus.

- Erstelle eine Liste der wichtigsten Geländeverstärkungen, die im Verlaufe des Aufstandes errichtet werden müssen. Berechne Materialbedarf und Arbeitszeit.

- Erstelle eine Liste der benötigten Materialien: Stacheldraht, glatter Draht, Drahtgeflecht, Nägel, Rundholz, Bretter, Sandsäcke, Werkzeug, Baumaschinen usw.

- Erstelle eine Liste der Bezugsquellen (Eisenwarenhandlungen, Baugeschäfte, Werkhöfe) und der vorhandenen Bestände.

Die örtliche Leitung der Aufstandsbewegung in einer grössern Stadt:

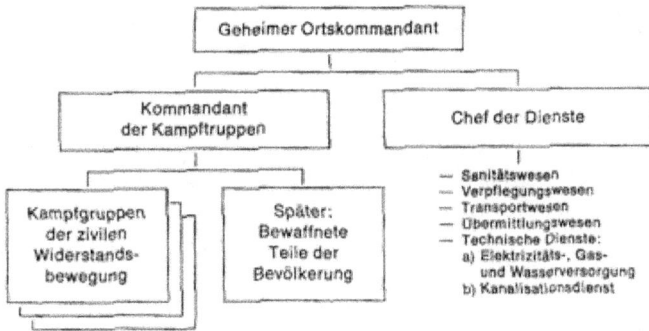

Geheimer Ortskommandant:

- Ehemaliger höherer Offizier, Verwaltungsbeamter oder Politiker.

- Hat mehr Koordinations- als Führungsaufgaben.

Kommandant der Kampftruppen:

- Ehemaliger Stabsoffizier.
- Leitet die Kampfhandlungen.

Chef der Dienste:

- Ehemaliger höherer Verwaltungsbeamter mit guter Lokalkenntnis und Verbindungen zu den verschiedenen Zweigen der Stadtverwaltung.
- Sorgt dafür, dass das Leben in der Stadt während und nach dem Aufstand weitergeht. Hält die öffentlichen Betriebe wenigstens teilweise in Gang.[1]
- Versorgt Bevölkerung und Kampftruppen.

Sanitätswesen:

- Chef: Spitalverwalter, Arzt usw.
- Bezeichnet pro Quartier 2 Sanitätshilfsstellen. Geeignete Lokale: Turnhallen.
- Bezeichnet die Verbandplätze (1-2 pro Stadt). Hierzu werden Zivilspitäler benützt. An ihrer Organisation wird nichts geändert.
- Erfasst die Zivilärzte und teilt diese den Verbandplätzen und Sanitätshilfsstellen zu.
- Erfasst Apotheken und Drogerien. Requiriert ihre Sanitätsmaterialbestände. Organisiert zusammen mit dem Transportchef den Verwundetentransport.

Verpflegungswesen:

- Chef: Verwalter eines Lebensmittel-Grossbetriebes (z. B. Konsum, Migros, USEGO usw.).
- Erfasst alle in der Stadt vorhandenen Lebensmittelvorräte und setzt eine Verteilerorganisation ein.
- Organisiert zusammen mit dem Transportchef die Lebensmitteltransporte.
- Überwacht eine gerechte Verteilung der vorhandenen Bestände an Bevölkerung und Kampftruppen.

Transportwesen:

- Chef: höherer Funktionär der städtischen Verkehrsbetriebe.
- Leitet den Einsatz von Strassenbahn und Autobussen.
- Stellt aus requirierten Fahrzeugen zusätzliche Transportkolonnen auf.
- Organisiert das Verschieben von Reserven sowie den Verwundeten-, Material- und Lebensmitteltransport.

Übermittlungswesen:

- Chef: höherer Beamter der PTT (Telephondienst).
- Hält das Telephonnetz in Betrieb.
- Schaltet vom Feind besetzte Ortsteile ab.

---

[1] Wenn die öffentlichen Betriebe ihre Tätigkeit einstellen, herrschen in der Stadt bald einmal unerträgliche Verhältnisse. Zur Verhinderung von Hungersnot und Seuchen ist es notwendig, das Transportwesen sowie die Elektrizitäts-, Gas- und Wasserversorgung aufrechtzuerhalten. Ferner muss das Kanalisationssystem bedient und unterhalten werden. An der Organisation der öffentlichen Betriebe wird möglichst wenig geändert, um Unsicherheit und Anlaufschwierigkeiten zu vermeiden.

- Übernimmt die örtliche Radiostation, damit die Aufstandsleitung zur Bevölkerung sprechen kann.
- Organisiert eine Druckerei, damit der Ortskommandant «Nachrichtenblätter» zur Orientierung und Anleitung der Bevölkerung herausgeben kann.

Technischer Dienst:

- Chef: höherer Funktionär der städtischen Elektrizitäts-, Gas- und Wasserversorgung.
- Stellt die Wasser- und Elektrizitätsversorgung sicher.
- Schaltet die Versorgung feindbesetzter Ortsteile ab.
- Leitet Wiederherstellungsarbeiten.

Das Besetzen der Ortschaft:

- Der Gegner verfügt in Städten oder grössern Ortschaften über 1-2 Stützpunkte sowie eine Reihe dezentralisierter Polizeiposten.
- Die Stützpunkte weisen mindestens Kompagniestärke auf. Sie werden von den Besetzungstruppen (Militär) gehalten.
- Die Polizeiposten weisen ca. Gruppenstärke auf. Sie sind von der einheimischen Polizei oder von Polizeiorganen des Gegners besetzt.
- Beim Losbrechen des Aufstandes werden Stützpunkte und Polizeiposten schlagartig angegriffen.
- Das Niederkämpfen der Stützpunkte besorgen Kleinkriegsverbände in Bataillonsstärke[1].
- Das Erledigen der verstreuten und isolierten Polizeiposten, Brückenwachen usw. ist Sache der zivilen Widerstandsbewegung.
- Der Kampf um die Stützpunkte und Polizeiposten wird nach den Grundsätzen der Ortskampftechnik geführt. Du musst dieses spezielle Kampfverfahren kennen[2].

Der Angriff auf einen Polizeiposten (siehe Schema Seite 194):

- Für den Angriff wird ein Detachement von 20-25 Mann eingesetzt.
- Das Detachement gliedert sich in Stosstrupp, Wartetrupp, Sanitätstrupp und Meldefahrer.
- Der allgemeine Waffenmangel hat zur Folge, dass nur ca. 1/3 des Angriffsdetachements mit Schusswaffen ausgerüstet werden kann.
- Rüste den Wartetrupp mit den erbeuteten Waffen aus. Jetzt verfügst du schon fast über einen Gefechtszug.
- Bald einmal wird das ganze Quartier in Aufruhr stehen. Freiwillige werden sich dir anschliessen und eventuelle Verluste ausgleichen.
- Rufe die Bevölkerung zusammen und beginne mit dem Sperrenbau, um den Gegner an Panzergegenstössen zu hindern.

Die Verteidigung von Ortschaften:

Die bewegliche Eingreifreserve der Besetzungsmacht besteht aus mechanisierten Polizeiregimentern. Du musst daher vor allem mit Panzergegenangriffen rechnen. Da du nur über wenige schwere und weitreichende Panzerabwehrwaffen verfügst, musst du dich auf «Panzernahbekämpfung» einstellen. Du musst diese spezielle Technik beherrschen.

---

[1] Siehe hierzu Seite 83.
[2] Die Ortskampftechnik ist recht umfangreich. Sie würde den Rahmen des vorliegenden Buches sprengen. Siehe daher: v. Dach, Druckschrift Gefechtstechnik, Band 2, Seiten 11 bis 62.

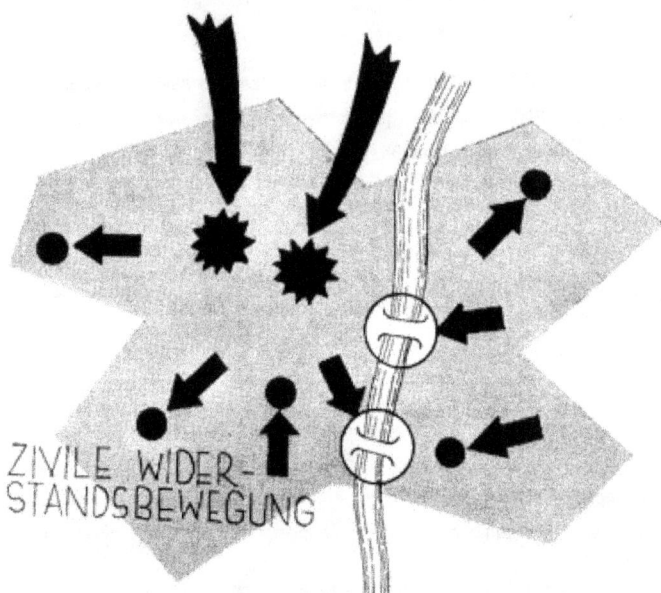

KLEINKRIEGSVERBAND

ZIVILE WIDER-
STANDSBEWEGUNG

Stützpunkt der Besetzungstruppen (verstärkte Kompagnie). Schliesst die Verwaltung sowie den örtlichen Sitz der politischen Polizei in sich.

Brückenwache in Gruppen- bis Zugsstärke.

Isolierter Polizeiposten in Gruppenstärke.

Kampfgruppe der zivilen Widerstandsbewegung, in Gruppen- bis Zugsstärke mit Handfeuerwaffen und HG.

Kleinkriegsverband in Bataillonsstärke, mit schweren Infanteriewaffen (Mg., Mw., rückstosstreie Geschütze).

Trupp	Ausrüstung	Aufgabe
Stosstrupp 5-7 Mann[1]	1 Maschinenpistole 2-3 Pistolen oder Gewehre 1-2 Handgranaten oder geballte La- dungen	Erledigen den Polizeiposten
Wartetrupp 10-12 Mann	Unbewaffnet. Verfügen lediglich über Brandflaschen für die Panzernahbe- kämpfung	Warten in einer gedeckten Lauerstellung. Wer- den nach dem gelungenen Überfall mit den erbeuteten Waffen ausgerüstet.
Sanitätstrupp 2-3 Frauen oder Mäd- chen	Verbandmaterial, Behelfstragen	Machen Verwundete transportfähig und verste- cken sie in Wohnungen
Meldefahrer 2-3 Jugendliche	Fahrräder	Halten die Verbindung zwischen den einzelnen Trupps sowie zur vorgesetzten Kommandostel- le aufrecht.

Der Stoff ist recht umfangreich. Um den Rahmen des Buches nicht zu sprengen, kann an dieser Stelle nur das Nötigste behandelt werden. Du solltest aber mehr wissen! Siehe deshalb auch: v. Dach, Druck-schrift «Gefechtstechnik», Band 3, Seiten 158-175.

- Sperre die Kommunikationen im Ortsinnern. Dann kann der Gegner von seinen überlegenen schwe-ren Mitteln nur beschränkten Gebrauch machen (Panzer, Flieger, Artillerie).

- Häusergruppen bilden starke Stützpunkte. Gut eingerichtet, können sie lange halten. Selbst nach schwerstem Beschuss oder Bombardement bieten Keller und Ruinen noch ausreichend solide De-ckungen.

- In den Ruinen findet der Verteidiger Rückhalt vor Panzerangriffen. Die unübersichtlichen Trümmer-felder schaffen gute Voraussetzungen, um angreifende Panzer mit Nahkampfwaffen und Behelfsmit-teln vernichten zu können.

- Deine Kräfte reichen selbst bei völligem Mitgehen der Bevölkerung nie aus, um alle Gebäude zu be-setzen. Dies ist militärisch auch gar nicht nötig. Es genügt völlig, wenn du an den wichtigsten Stellen (Brücken, Strassenkreuzungen, Bahnhöfen usw.) Stützpunkte errichtest.

- Es sind nur Gebäude solider Konstruktion zu besetzen: Schulhäuser, Kasernen, Fabriken, Verwal-tungsgebäude usw.

- Der Raum zwischen den einzelnen Stützpunkten wird mit Stosstrupps überwacht.

- Kläre unter Beizug der Bevölkerung unablässig im ganzen Stadtgebiet auf. So kannst du niemals überrascht werden.

- Gliederung der Kräfte:

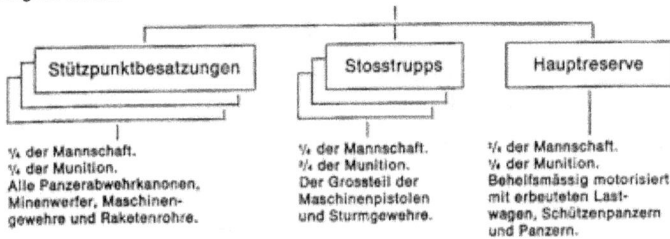

Stützpunktbesatzungen	Stosstrupps	Hauptreserve
¾ der Mannschaft. ¾ der Munition. Alle Panzerabwehrkanonen, Minenwerfer, Maschinen- gewehre und Raketenrohre.	½ der Mannschaft. ½ der Munition. Der Grossteil der Maschinenpistolen und Sturmgewehre.	¼ der Mannschaft. ¼ der Munition. Behelfsmässig motorisiert mit erbeuteten Last- wagen, Schützenpanzern und Panzern.

---

[1] Nr. 1: Truppführer, Maschinenpistole.
Nr. 2: Unterbricht Telephonleitung. Keine Schusswaffe, nur Handbeil und Dolchmesser.
Nr. 3: Beobachter. Warnt den Stosstrupp vor Patrouillen usw. Keine Schusswaffe, nur Handbeil und Dolchmesser.
Nr. 4-6: je eine Pistole oder ein Gewehr erledigen die Postenmannschaft
Nr. 7: Handgranaten oder geballte Ladungen

Ausbau der Stützpunkte:

Ziehe die Bevölkerung zu Hilfsarbeiten bei. Der Masseneinsatz verzweifelter und bereitwillig das Letzte aus sich herausholender Menschenmassen ist dein grösster Trumpf. Mit ihrer Hilfe vermagst du die Stützpunkte in einer Frist, die eher nach Stunden als nach Tagen zählt, in Festungen zu verwandeln. Arbeitspläne, Materiallisten, Bezugsquellen, Dringlichkeitsfolge der einzelnen Massnahmen usw. sind bereits vor dem Aufstand festgelegt worden.

Die Leute können:

- Sandsäcke abfüllen;

- Fenster mit Drahtgeflecht gegen HG-Würfe versperren;

- Türen verbarrikadieren;

- Wände verstärken;

- Panzer- und Infanteriehindernisse erstellen;

- Mauerdurchbrüche und Sichtschutz-Zäune erstellen;

- Brandflaschen abfüllen;

- Munition, Wasser und Verpflegung in die Stützpunkte verbringen.

Die interne Organisation der Stützpunkte:

- Jeder Stützpunkt setzt sich aus 2-3 Gebäuden zusammen. Die einzelnen Gebäude müssen sich ge-genseitig mit Feuer unterstützen können und gemeinsam einen taktisch wichtigen Punkt beherrschen (Brücke, Strassenkreuzung, Platz usw.).

- Jedes Gebäude muss auf mindestens zwei, lieber drei Seiten durch Feuer aus Nebengebäuden ge-deckt werden.

- Bei den einzelnen Gebäuden werden auf alle Fälle der Keller und das Erdgeschoss besetzt. Je nach Umständen können auch obere Stockwerke teilweise besetzt werden.

- Türen und Fenster der untern Stockwerke werden solid verbarrikadiert. Nur schmale Schiessscharten werden belassen. Einzelne Waffen können durch Scharten in Zwischenwänden die Innenräume bestreichen.

- An wichtigen Stellen, z. B. hinter Schiessscharten, werden die Wände gegen Punktfeuer der Mg. verstärkt (Sandsäcke usw.).

- Der Feuerplan bestimmt, welche Waffen:
  a) gegen die Kommunikationen gerichtet werden;
  b) zum gegenseitigen Schutz der besetzten Gebäude bestimmt sind.

- Maschinengewehre werden im Erdgeschoss oder Keller eingebaut und bestreichen die Strassen.

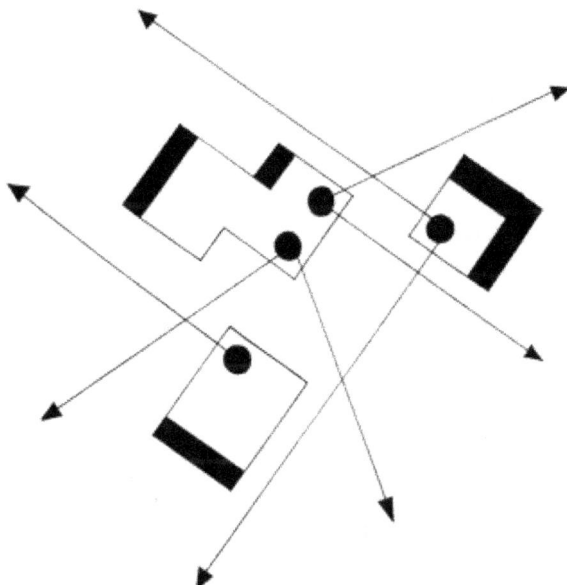

Jeder Stützpunkt setzt sich aus 2-3 Gebäuden zusammen. Die einzelnen Gebäude müssen sich gegenseitig mit Feuer unterstützen können und gemeinsam einen wichtigen Punkt beherrschen. Jedes Gebäude muss auf mindestens zwei, lieber drei Seiten durch Feuer aus Nebengebäuden gedeckt werden.

- Maschinenpistolen und Sturmgewehre decken die Fassaden der Nachbargebäude.

- Scharfschützen mit Zielfernrohrgewehren liegen in den obern Stockwerken auf der Lauer, um feindliche Beobachter, Führer oder besonders gut gedeckte Waffen ausser Gefecht zu setzen.

- Raketenrohre werden gegen Punkte gerichtet, an denen der Feind Panzer zur Nahfeuerunterstützung auffahren könnte.

- Mit Gewehr-Hohlpanzergranaten und Brandflaschen wird von obern Stockwerken aus gegen Panzer gewirkt, die sich bis an die besetzten Häuser heranarbeiten.

- Minenwerfer werden in Innenhöfen aufgestellt. Ihr Feuer richtet sich gegen die vermutlichen feindlichen Bereitstellungen.

- Zur Abwehr gegen Angriffe auf Türen und Fenster des Erdgeschosses werden in den obern Stockwerken Handgranatenwerfer placiert.

- In jedem Gebäude wird eine mit Maschinenpistolen, Sturmgewehren und Handgranaten ausgerüstete Reserve ausgeschieden. 3-4 Mann genügen. Diese treten zum Gegenstoss an, wenn der Gegner einbricht.

- Je nach Verhältnissen wird ausserdem eine Stützpunktreserve bestimmt. Diese zählt 5-8 Mann und besteht aus den am besten ausgebildeten Leuten.

- Soweit möglich sind gedeckte Verbindungswege zwischen den verschiedenen Gebäuden anzulegen. Hierzu werden Mauerdurchbrüche erstellt und Sichtschutzzäune gebaut. Oft kann auch die Kanalisation ausgenützt werden.

- In jedem Stützpunkt muss Munition, Verpflegung und Sanitätsmaterial bereitgestellt werden. Ebenso Wasser für Trink-, Lösch- und sanitäre Zwecke. Gegen Feuerausbruch sind gründliche Massnahmen zu treffen.

JNFANTERIEHINDERNISSE

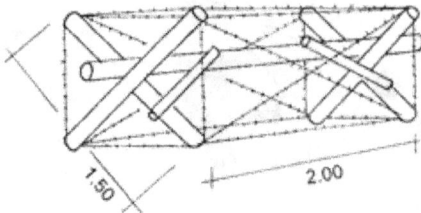

1.50
2.00

Den obersten Draht
nicht waagrecht spannen
3.00

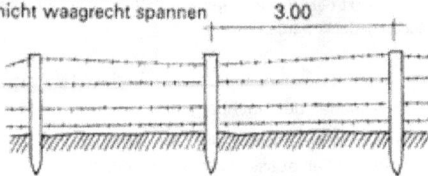

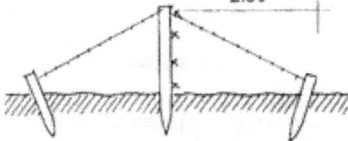

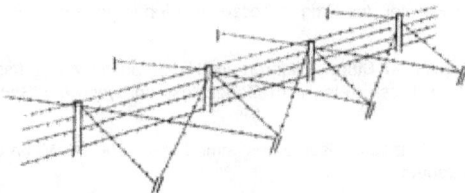

1.10
0.60

2.50

Spanische Reiter

Spanische Reiter eignen sich:
a) auf festem Boden, wo keine Pfähle eingeschlagen werden können;
b) zum Sperren von Hauseingängen;
c) zum raschen Schliessen von Gassen im Rundumdrahthindernis.
Material:
11 Laufmeter Rundholz, Ø 8-10 cm
12 Meter Bindedraht, Ø 2 mm
12 Nägel, 140er
20 Agraffen
50 Meter Stacheldraht
Bauvorgang: Die 2 Holzkreuze werden an der Längsstange festgenagelt, der Stacheldraht über die Spitze der Holzkreuze geführt und mit Agraffen befestigt und schliesslich spiralförmig um das Ganze gespannt.
Arbeitsorganisation:Esempfiehlt sich Serienarbeit. 1 Trupp nagelt die Holzkreuze zusammen. 1 Trupp spannt den Stacheldraht, indem er das Holzgestell mit 2 Zweibeinen drehbar lagert.

Einfache Hecken

Einfache Hecken eignen sich als Rundumhindernisse um Stützpunkte.
Wenn möglich ist das Hindernis hinter Zäunen, Hecken, Buschgruppen usw. zu errichten (Tarnung).
Material pro 100 m Hindernis:
35 Pfähle, 160 cm lang, Ø 8-10 cm
70 Pflöcke, 60 cm lang, Ø 0 5-8 c m
600 Meter Stacheldraht
300 Agraffen
Um Hindernispfähle einzusparen, sind vorhandene Zäune, Bäume usw. auszunützen.
Arbeitsorganisation: 1 Trupp zu 3 Mann rüstet die Pfähle und Pflöcke. Trupps zu 3 Mann schlagen die Pfähle. Trupps zu 3 Mann spannen den Stacheldraht. Die Anzahl der Trupps richtet sich   nach dem Arbeitsfortschritt. Zunächst ist das Rüsten der Pfähle, dann das Einschlagen der Pfähle und schliesslich das Spannen der Drähte zu forcieren (Verstärkung der Trupps durch frei werdende Leute).

PANZERSPERREN

Panzer weisen ein Gewicht von 35-50 Tonnen auf. Ihre Raumwucht ist dementsprechend gross. Das Aufreissen des Strassenpflasters genügt nicht. Es müssen massive Sperren errichtet werden, z.B.:2 Reihen umgekippter Strassenbahnzüge oder 4-6 Reihen quergestellter und ineinander verkeilter Motorfahrzeuge. Die Sperren sind nicht unüberwindlich, aber sie zwingen die Panzer zur Vorsicht und zum Manövrieren. Die Sperren müssen durch Schützen und Brandflaschenwerfer verteidigt werden.

Panzersperren werden hinter Biegungen angelegt und so dem Beschuss aus grosser Entfernung entzogen!

Täuschung / Schnellsperre: Lege mehrere Reihen Suppenteller verkehrt, d.h. mit dem Tellerboden nach oben quer über die Strasse. Aus einiger Distanz erwecken diese den Eindruck offen ausgelegter Panzerminen und zwingen Panzer zur Vorsicht.

Strassenbahnwagen

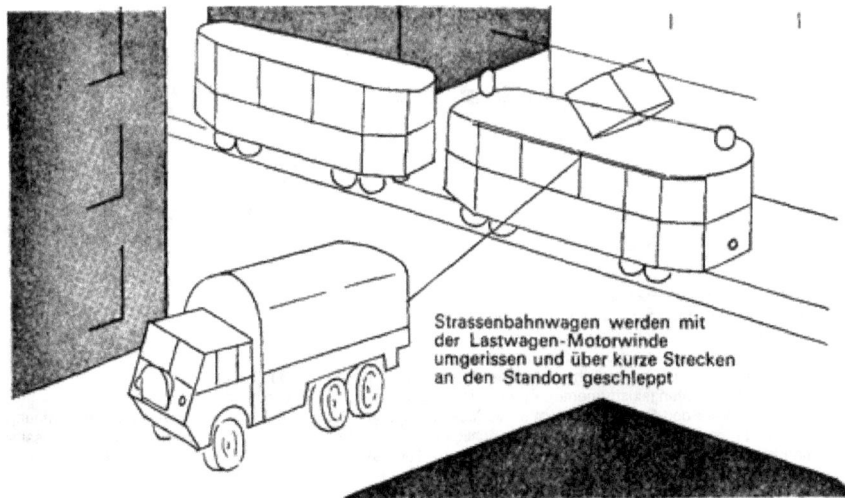

Strassenbahnwagen werden mit der Lastwagen-Motorwinde umgerissen und über kurze Strecken an den Standort geschleppt

DIE SCHWACHEN STELLEN

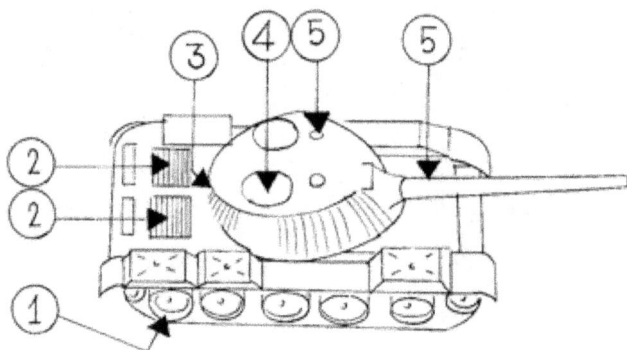

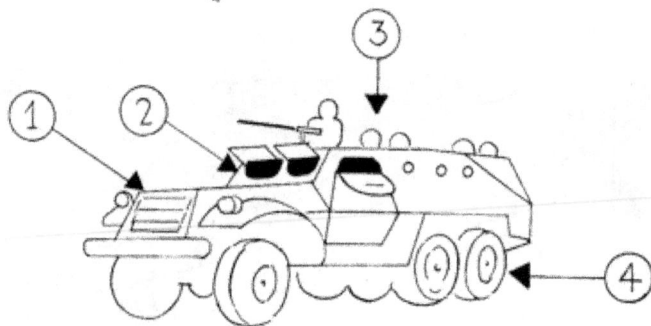

Die schwachen Stellen des Panzers
1. Gummipolsterung an den Laufrädern. Empfindlich gegen Brandmittel.
2 Kühlschlitze des Motors. Empfindlich gegen Brandmittel.
3 Turmhals. Empfindlich gegen Sprengladungen von mehr als 5 kg.
4 Deckel der Einstiegluken. Empfindlich gegen Sprengladungen von mehr als 3 kg.
5 Winkelspiegel (Beobachtungsinstrumente). Empfindlich gegen Mp.- und Gewehrfeuer.
Eine weitere Schwäche des Panzers besteht im schusstoten Raum. Die vertikale Schwenkbarkeit der Bewaffnung des Panzers ist gering. Dadurch entstehen hauptsächlich gegen den Boden schusstote Winkel. In diesen schusstoten Räumen können Panzer unterlaufen werden. Wenn die Turmluke geschlossen ist, kann das Flab-Mg. nicht eingesetzt werden.

Die schwachen Stellen des Schützenpanzers
1. Die Kühlschlitze des Motors. Empfindlich gegen Brandmittel.
2. Die Sehschlitze. Empfindlich gegen Brandmittel.
3. Der nach oben offene Mannschaftsraum. Empfindlich gegen Handgranatenwürfe und Beschuss aus Handfeuerwaffen aus überhöhter Stellung.
4. Die Pneus. Empfindlich gegen Brandmittel und Beschuss aus Handfeuerwaffen.

Brandflaschen:

- Dünnwandige, weltbauchige Flaschen sind besonders gut geeignet. Dickwandige Flaschen mit geringem Volumen sind schlecht geeignet.

- Die Flaschen mit Benzin, Petroleum oder Sprit füllen.

- Die Flaschen ganz füllen. In schlecht gefüllten Flaschen entsteht ein explosionsgefährliches Benzin-Luft-Gemisch, welches den Werfer gefährdet.

- Flaschenkorken ganz hineindrücken.
- Eine Handvoll Putzfäden oder Watte am Flaschenkörper mit Isolierband, Heftpflaster, Klebestreifen oder Schnur befestigen.
- Kurz vor dem Wurf das Zündmaterial mit Benzin tränken.
- Das Zündmaterial mit Zündholz, Kerze usw. in Brand stecken und die Flasche sofort werfen.
- Beim Aufschlag zerbricht die Flasche und das herausfliessende Benzin entzündet sich an den brennenden Putzfäden.
- Nie eine einzelne Flasche werfen! Brandflaschen immer in Serie von 10 bis 15 Stück gegen das gleiche Ziel einsetzen!

Eine Brandflasche zerschellt am Turm des Panzers

Das Zusammenwirken der verschiedenen Mittel

Panzernahbekämpfungstrupps handeln nach dem Grundsatz:

1. Stoppen
2. Isolieren
3. Zerstören

Eine Panzersperre zwingt den Gegner zum Anhalten und zum Manövrieren. Stillstehende Panzerfahrzeuge können leichter vernichtet werden.

Schützentrupps kämpfen mit Maschinenpistolen, Sturmgewehren und Handgranaten Begleitinfanterie und aussteigende Panzerbesatzungen nieder.

Brandflaschenwerfer und Sprengtrupps zerstören die Panzerfahrzeuge.

Die Bordwaffen sind meist nach vorne, d. h. in Fahrtrichtung gerichtet. Panzer werden deshalb von oben, aus der Flanke oder von hinten angegriffen.

Wer an den Panzer heran muss (z. B. Sprengtrupp), greift von schräg rückwärts an.

1. Maschinenpistolen- oder Sturmgewehrschütze
2. Handgranatenwerter
3. Brandflaschenwerfer
4. Sprenger mit geballter Ladung

Das Vorgehen der Besetzungsmacht bei der Bekämpfung von Kleinkriegsaktionen

Partisanenbekämpfung[1]

Allgemeine Grundsätze

- Es ist leichter, die Bildung von Partisanenverbänden zu verhindern, als nachträglich solche zu vernichten.
- Wenn schon die Bildung nicht verhindert werden kann, ist wenigstens mit der Bekämpfung so früh als möglich zu beginnen.
- Um im Kleinkrieg auf die Dauer erfolgreich zu sein, muss man:
  a) alle wichtigen Punkte gleichzeitig und ständig besetzt halten;
  b) parallel dazu das vom Kleinkrieg verseuchte Gebiet systematisch durchkämmen und säubern.
- Blosse Abwehrmassnahmen erlauben den Partisanenverbänden gross und stark zu werden. Sie sind nur gerechtfertigt, wenn Truppenmangel Angriffe nicht zulässt.
- Die Vernichtung der Partisanen kann nur durch Angriff erfolgen.
- Angriffsziel ist nicht ein Geländeraum, sondern der Partisanenverband.
- Angriffe müssen ununterbrochen vorgetragen werden. Selbst kleinste Angriffe sind wirksamer als blosse Sicherung.
- Zehn kleine Angriffe sind wertvoller als eine einzige Grossaktion.
- Der von Partisanen bedrohte Raum wird zum «Frontraum» erklärt.
- Es ist zwecklos, in einem Kommandobereich scharf gegen Partisanen vorzugehen, während man sich im Nachbarraum passiv verhält. Die Partisanen weichen aus und kommen wieder.
- Die gleiche Truppe und Führung ist möglichst lange im Partisanenkampf zu belassen. Erfahrungen und Kenntnis des Gegners sind wertvoll. Eine neue Truppe müsste wiederum von vorne beginnen.
- Die eigene Beweglichkeit muss grösser sein, als diejenige der Partisanen (ist praktisch nur durch Helikoptertransport möglich).
- Die Operationsgrenzen zwischen zwei Partisanenbekämpfungskommandos dürfen nicht durch Waldgebiete oder Gebirgszonen führen.
- Solche Räume sind Brutstätten des Partisanenkrieges und müssen einem Kommando unterstellt sein.
- Die Truppe darf die Partisanen nicht unterschätzen. Der Glaube, diese seien soldatisch minderwertig, fördert Sorglosigkeit und führt dadurch zu empfindlichen Rückschlägen und Verlusten.
- Die Vernichtung der Partisanen erfolgt durch:
  a) Trennung von der Bevölkerung;
  b) Unterbindung der Versorgung von aussen (Fallschirmabwürfe von Waffen und Munition);
  c) unablässigen Angriff.
- Ständiger Druck (Angriff) über eine längere Zeit ist notwendig, um:
  a) Organisation und Sicherung der Partisanen zu desorganisieren;
  b) diese von der Versorgung abzuschneiden;
  c) sie körperlich zu erschöpfen und seelisch zu erschüttern.

---

[1] Die Bekämpfung der militärischen Kleinkriegsverbände.

- Partisanen können ohne Hilfe der Bevölkerung nicht leben. Deshalb sind Massnahmen gegen die Bevölkerung ebenso wichtig, wie solche gegen die Partisanen[1].
- Erheblicher Menscheneinsatz (Infanterie!) ist unumgänglich nötig. Hier liegt einer der Hauptgründe, warum hochstehende, stark technisierte Armeen, bei denen der Anteil an Infanterie nur noch klein ist, solche Mühe haben, Kleinkriegsaktionen zu dämpfen.

Kriegsgeschichtliche Beispiele für den Aufwand an Sicherungskräften:

Kriegsereignis	Stärke der Partisanen	Stärke der Sicherungs- und Bekämpfungskräfte	Kräfte-verhältnis	Kriegsdauer in Jahre
Deutsche Besetzung von Norwegen im Zweiten Weltkrieg	32'000	430'000 (auch zur Invasions-abwehr	1 : 14	5
Kommunistischer ELAS-Aufstand in Griechenland am Ende des Zweiten Weltkrieges	25'000	210'000	1 : 9	3 ½
Anti-britische Guerillakämpfe in Malaya im Anschluss an den Zweiten Weltkrieg	10'000	175'000	1 : 17	12
Algerienkrieg FLN	30'000	490'000	1 : 16	6

- Bei der Partisanenbekämpfung ist zu unterscheiden in:

Passive Partisanenbekämpfung

1. Örtliche Verteidigung:
- Regierungs- und Verwaltungsstellen
- Elektrizitätswerke
- Fabriken und Werkstätten
- Depots aller Art
- Übermittlungseinrichtungen

2. Sicherung:
- Eisenbahn
- Strassen

Aktive Partisanenbekämpfung

1. Einsatz der Armee:
- Jagdkommandos
- grössere Säuberungsverbände

2. Einsatz der Polizei

- Bei der aktiven Partisanenbekämpfung ist zu unterscheiden in:

Dauernde Partisanenbekämpfung

Durch Spezialisten
(Jagdkommados)

Haben grosse Erfahrung in der
Partisanenbekämpfung

Periodische Säuberungsaktionen grösseren Umfangs

Durch ad hoc zusammengestellte
Verbände:
- gewöhnliche Feldtruppen
- Luftlandetruppen
- Polizeiverbände

Haben nur geringe Kenntnisse
und Erfahrung in der Partisanenbekämpfung

---

[1] Massnahmen der Besetzungsmacht:
- Alle Personen registrieren. Identitätskarte mit Photo abgeben.
- Zivilverkehr überwachen. Passanten, Autos, Eisenbahnzüge usw. kontrollieren.
- Waffen, Munition und Material konfiszieren.
- Funk, Telephon, Radio und Fernsehen überwachen.
- Radio- und Fernsehapparate konfiszieren.
- Lebensmittel, Medikamente und Benzin kontrollieren.
- Häuserblocks durchkämmen.

Örtliche Verteidigung

- Bei der örtlichen Verteidigung liegen die Stützpunkte bis zu 15 km auseinander.

- Die Unterkünfte werden in grosse, zusammenhängende Gebäudekomplexe verlegt.

- Diese werden verdrahtet (vermint) und mit Maschinengewehr- und Minenwerferstellungen sowie Scheinwerferständen versehen.

- Im Vorfeld und im Zwischengelände vorhandene Versteckmöglichkeiten werden beseitigt.

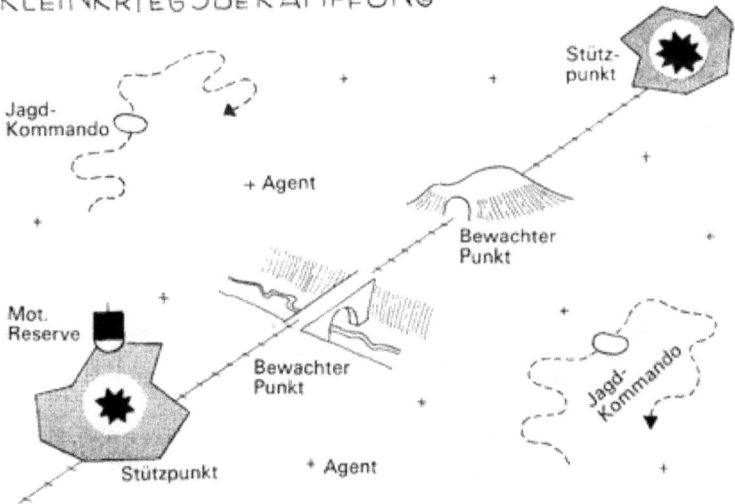

Die Sicherung der Verkehrswege

- Die Verbindungs- und Nachschubwege müssen geschützt werden.

- Wir unterscheiden:
  a) Strassensicherung;
  b) Eisenbahnsicherung.

- Streckenschutz verschlingt viele Kräfte. Bei unserem dichten Strassen- und Eisenbahnnetz kann daher nicht alles gesichert werden. Auch hier gilt der Grundsatz: «Wer alles sichern will, sichert in Wirklichkeit nichts!»

- Nebenstrassen und Nebenlinien der Eisenbahn werden aufgegeben. Der Militärverkehr beschränkt sich auf die Hauptachsen. An diesen werden die Sicherungskräfte massiert.

- Besonders verletzliche Stellen (z. B. grössere Brücken usw.) werden mit Stützpunkten gesichert.

- Der Nachtverkehr wird auf Strassen und Eisenbahnlinien eingestellt.

- Das Befahren der Strassen mit Einzelfahrzeugen wird verboten. Die Fahrzeuge werden zu Kolonnen zusammengefasst. Notfalls werden die Kolonnen mit einer kampfkräftigen Eskorte versehen.

Strassensicherung

Allgemeines

Wir unterscheiden:

Streckenüberwachung	Selbstschutz von Kolonnen	Geleitschutz von Kolonnen
Routinemassnahme die auf jeden Fall druchgeführt wird	Anwendung bei mässiger Partisanengefahr	Sondermassnahme, die nur bei intensiver Partisanentätigkeit angewendet wird
Mittel: motorisierte Patrouillen in ca. Gruppenstärke	Mittel: Motorfahrer, Beifahrer, Mitfahrer usw.	Mittel: ca. 1 verstärkter Infanteriezug

Streckenüberwachung:

- Der Streckenschutz wird mit motorisierten Patrouillen durchgeführt. Diese bestehen aus: 1 Unteroffizier + 10 Mann, mit 2 offenen Motorfahrzeugen und 1-2 Motorrädern. Bewaffnung: 1-2 aufmontierte Maschinengewehre. Dazu Handfeuerwaffen und Handgranaten. Funkgerät.
- Die Überwachungspatrouillen sollen vor allem demonstrieren und abschrecken! Sie handeln nach dem Grundsatz «Sehen und gesehen werden!»
- Die Patrouillenfahrzeuge fahren mit mässiger Geschwindigkeit und angemessenem Sicherungsabstand. Alle Waffen sind schussbereit. Das eine Fahrzeug muss dem andern jederzeit Feuerschutz geben können. Die Besatzungen achten vor allem auf die Strassenoberfläche (Minen) und auf Strassenhindernisse (quergespannte Drahtseile, Sperrdrähte usw.). Ferner auf verdächtige Anzeichen an Waldrändern und Häusern.
- Stösst die Patrouille auf Partisanen in unterlegener Stärke, greift sie unverzüglich an. Trifft sie auf überlegenen Gegner, so meldet sie und hält im übrigen Feindfühlung.

Selbstschutz:

- Der Selbstschutz wird gebildet aus:
  a) Motorfahrern;
  b) Beifahrern;
  c) Mitfahrern, z. B. Verlademannschaft, zurückkehrende Urlauber usw.
- Ein Kolonnenkommandant wird bestimmt. Ebenso für jedes Fahrzeug ein Wagenchef.
- Die Insassen geschlossener Fahrzeuge steigen auf offene über und machen sich gefechtsbereit. Waffen laden. Beobachtung nach allen vier Richtungen einteilen.
- Die Kolonne scheidet eine Vorhut und eine Nachhut aus. Diese bestehen aus je 2-3 leichten Fahrzeugen. Abstand zum Gros 300-500 m.
- Bei günstigen Strassenverhältnissen wird mit hoher Geschwindigkeit gefahren. Bei Gefahr wird das Tempo noch erhöht, um etwaige Hinterhalte zu durchstossen.
- Werden Fahrzeuge in einem Hinterhalt beschädigt, so müssen deren Fahrer wenigstens noch die Strasse freimachen, damit die folgenden Fahrzeuge weiterfahren können.
- Wird die Kolonne zum Halten gezwungen, so steigen Beifahrer und Mitfahrer der durchgebrochenen Fahrzeuge ab und greifen zu Fuss die Partisanen in der Hinterhaltstellung an. Der vor dem Hinterhalt steckengebliebene Kolonnenteil sichert sich gegen Nahangriff. Die Fahrzeuge bleiben auf der Strasse. Zündung ausschalten, Handbremse anziehen. Fahrer und Beifahrer steigen aus und eröffnen ein lebhaftes Feuer auf erkannte Ziele oder gegen Geländeteile, in denen Partisanen vermutet werden (Waldrand, Gebüsch, Höhen usw.). Hierbei bleiben sie in unmittelbarer Nähe ihres Fahrzeuges. Der Kolonnenkommandant ruft mit Funk oder Meldefahrer Hilfe von der nächsten Garnison herbei. Nachher sammelt er die Mitfahrer seines Kolonnenteils und greift die Partisanen an.

Geleitschutz:

- Bei intensiver Kleinkriegstätigkeit lässt der Gegner Strassenverkehr nur bei Tag zu. An Knotenpunkten werden alle Einzelfahrzeuge gestoppt und als geschlossene Kolonne im «Geleitzug» unter Eskorte durch das partisanenverseuchte Gebiet geschleust.

- Auf ca. 20 Lastwagen kommen zwei eskortierende Fahrzeuge. In der Regel Panzer, Panzerspähwagen oder Schützenpanzer. Ausnahmsweise auch offene Lastwagen mit aufmontierten Maschinengewehren oder leichten Flabkanonen.

- Organisation eines Strassengeleitzuges:
  a) Transportelement. 40-50 Lastwagen;
  b) Begleitmannschaft. 1 Zug Infanterie, 1 Gruppe Pioniere, 2 Panzer.

- Die Begleitmannschaft gliedert sich in:
  a) **Chef** des Geleitzuges. Geländepersonenwagen oder Schützenpanzer;
  b) **Sicherungselement**. 7 Panzer, 1 Gruppe Infanterie, 1 Gruppe Pioniere auf geländegängigen Gruppenfahrzeugen oder Schützenpanzern;
  c) **Kampfelement**. 1 Panzer, 2 Gruppen Infanterie auf geländegängigen Gruppenfahrzeugen oder Schützenpanzern.

- Reihenfolge des Geleitzuges für die Fahrt: Sicherungselement - Transportelement (hierbei der Chef des Geleitzuges) - Kampfelement.

- Wo keine unmittelbare Fliegergefahr besteht, was im besetzten Gebiet die Regel sein dürfte, fahren die Transportfahrzeuge eng geschlossen, d. h. mit Bremsabstand. Das erleichtert die Aufgabe der Begleitmannschaft.

- Wenn möglich setzt der Gegner für eine bestimmte Wegstrecke immer dieselbe Begleitmannschaft ein, da Lokalkenntnisse wichtig sind.

- Transportkolonnen sind besonders an Strassenstellen, die zum Langsamfahren zwingen, gefährdet. (Starke Steigungen, Serpentinen, verlassene Ortschaften, Wälder usw.) Das Herannahen solcher kritischer Punkte bedeutet für die Begleitmannschaft automatisch höchste Gefechtsbereitschaft.

- Wenn der Geleitzug auf eine Strassensperre aufläuft oder in einen Hinterhalt gerät, stoppt das Sicherungselement. Panzer und Infanterie bekämpfen die Partisanen mit Feuer, währenddem die Pioniere absitzen und die Strassensperre räumen. Das Kampfelement verlässt die Strasse, holt im Gelände aus und greift die Partisanen aus Flanke oder Rücken an.

ORGANISATION DES GELEITZUGES

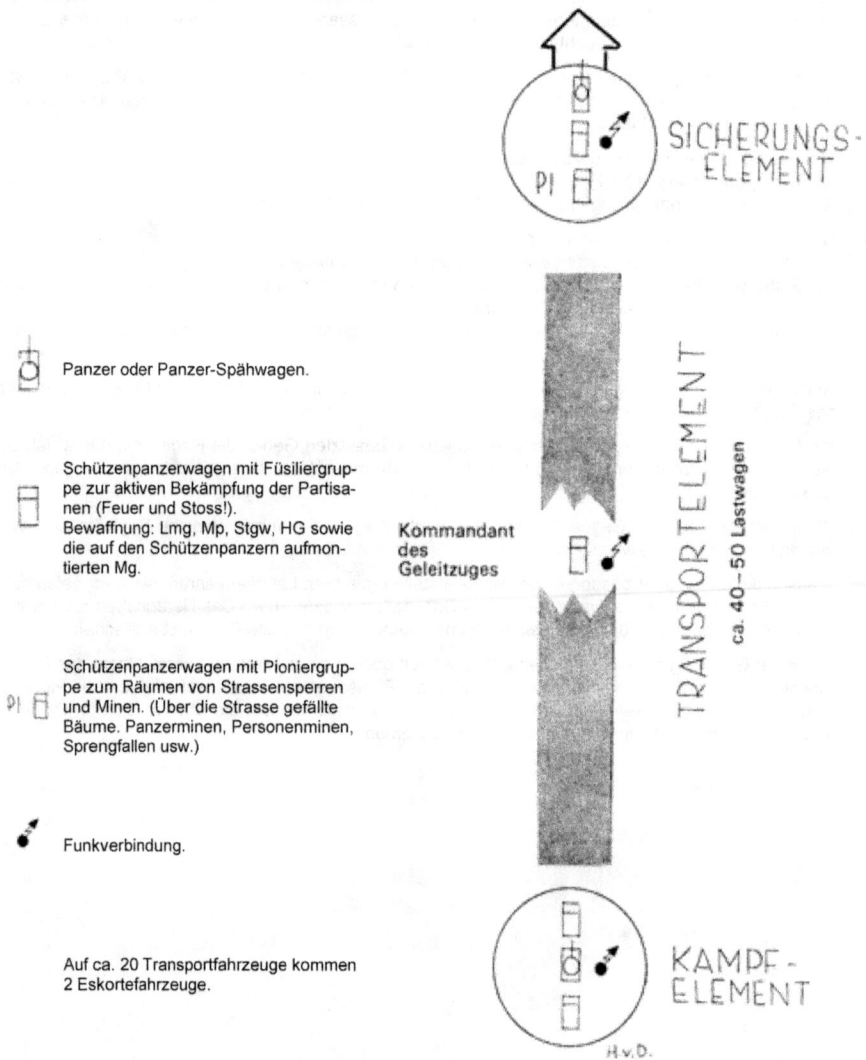

SICHERUNGS-ELEMENT

Panzer oder Panzer-Spähwagen.

TRANSPORTELEMENT

ca. 40-50 Lastwagen

Schützenpanzerwagen mit Füsiliergrup-pe zur aktiven Bekämpfung der Partisa-nen (Feuer und Stoss!).
Bewaffnung: Lmg, Mp, Stgw, HG sowie die auf den Schützenpanzern aufmon-tierten Mg.

Kommandant
des
Geleitzuges

Schützenpanzerwagen mit Pioniergrup-pe zum Räumen von Strassensperren und Minen. (Über die Strasse gefällte Bäume. Panzerminen, Personenminen, Sprengfallen usw.)

Funkverbindung.

Auf ca. 20 Transportfahrzeuge kommen 2 Eskortefahrzeuge.

KAMPF-ELEMENT

H.v.D.

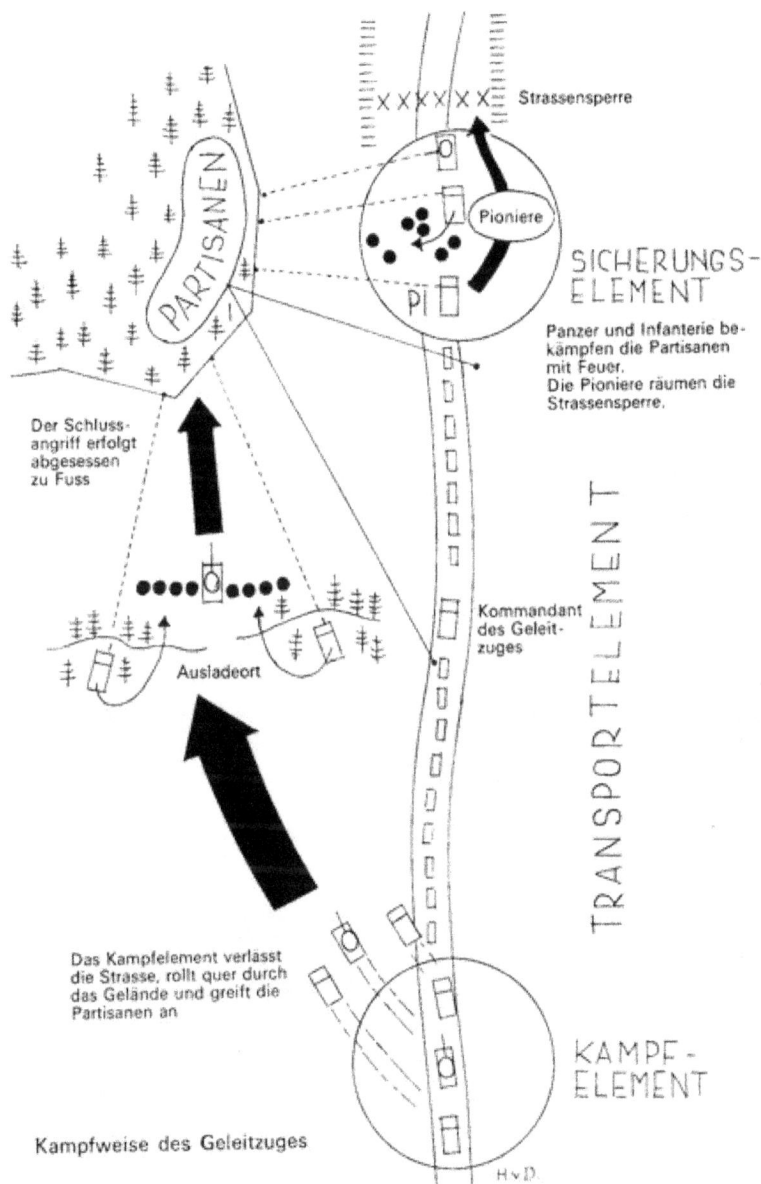

Strassensperre

SICHERUNGS-
ELEMENT

Panzer und Infanterie be-
kämpfen die Partisanen
mit Feuer.
Die Pioniere räumen die
Strassensperre.

Pioniere

PARTISANEN

Der Schluss-
angriff erfolgt
abgesessen
zu Fuss

Kommandant
des Geleit-
zuges

TRANSPORTELEMENT

Ausladeort

Das Kampfelement verlässt
die Strasse, rollt quer durch
das Gelände und greift die
Partisanen an

KAMPF-
ELEMENT

Kampfweise des Geleitzuges

H v D.

- Die Geleitzüge finden Schutz und Rückhalt in den Stützpunkten der Strassensicherung. Diese befinden sich entlang der Strasse an wichtigen Punkten, vornehmlich Brücken. Nachts rasten die Geleitzüge in den Stützpunkten (siehe Skizze Seite 214).

Eisenbahnsicherung

Allgemeines:

- Das schweizerische Bahnpersonal wird vom Gegner übernommen und muss unter dem neuen Regime weiterarbeiten[1].

- Die Eisenbahner werden zum Kampfmittel der Spionage, des passiven Widerstandes und der Sabotage greifen.

- Der Bahnbetrieb bietet zahllose Sabotagemöglichkeiten.

- Der Gegner muss die Bahneinrichtungen doppelt sichern:
  1. Gegen das schweizerische Bahnpersonal.
  2. Gegen die Kleinkriegsverbände.

Bei der Eisenbahnsicherung unterscheiden wir:

Stations- oder Bahnhofssicherung	Streckensicherung	Zugssicherung
Militarisierte Stationen und Bahnhöfe	Patrouillen Stützpunkte	- gesicherte Züge - bewaffnete Züge - gemischte Züge

Stations- oder Bahnhofsicherung:

- Unwichtige Stationen und kleine Bahnhöfe werden vom schweizerischen Bahnpersonal allein bedient.

- Wichtige Stationen und grosse Bahnhöfe werden «militarisiert». Die Bahnanlagen werden bewacht und die Arbeit des schweizerischen Bahnpersonals kontrolliert.

- Organisationsschema eines militarisierten Bahnhofes:

Militärischer Bahnhof-Kommandant

Organe der Besetzungsmacht	Schweizerisches Bahnpersonal
- Bahnhofwache - Stellwerkkontrolleur - Werkstättenkontrolleur	- Stationsvorstand - Stationspersonal - Stellwerkspersonal - Depot- und Werkstättenpersonal

- Der Bahnhofkommandant ist «Eisenbahnoffizier» der feindlichen Armee. Er ist bahntechnisch geschult und soll passiven Widerstand und Sabotage verunmöglichen.

- Werkstätten- und Stellwerkkontrolleur sind bahntechnisch geschulte Angehörige der Besetzungsmacht. Sie sollen den Bahnhofkommandant unterstützen.

- Die Bahnhofwache besteht aus Besetzungsmilitär. Sie hat je nach Grösse der zu bewachenden Anlage Zugs- bis Kompagniestärke.

---

[1] Unter Bahnpersonal verstehen wir:
- Verwaltungspersonal
- Stationspersonal (Vorstand, Stellwerkbedienung usw.)
- Zugspersonal (Lokomotivführer, Zugführer, Kondukteure usw.)
- Depots- und Werkstättenpersonal (Mechaniker, Elektriker usw.)

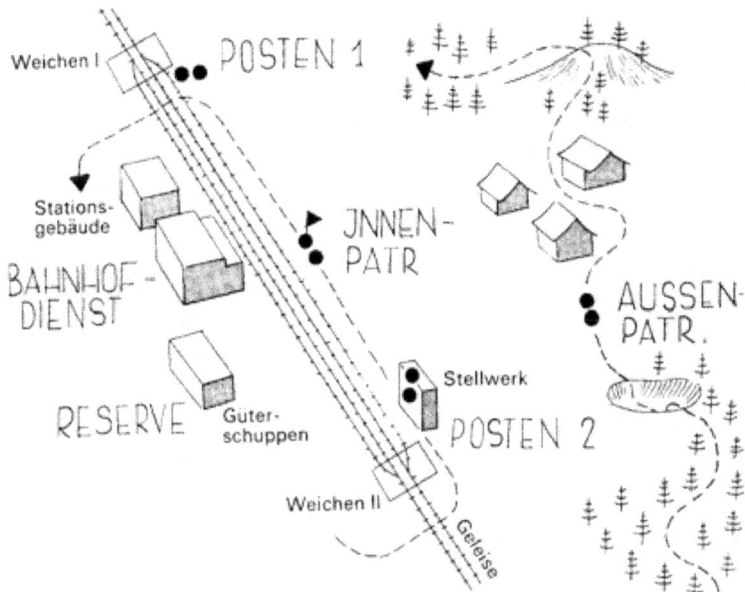

Praktische Beispiele einer Stationswache. Zur Verfügung stehende Mittel: 1 Zug Infanterie.
Verteilung der Mittel:
1. Gruppe: **Posten- und Patrouillendienst**
      Posten Nr. 1: Sichert Weichenfeld I. 2 Mann, 1 leichtes Maschinengewehr. Standort:
            2-Mann-Schützenloch neben dem Geleise.
      Posten Nr. 2: Sichert Stellwerk und Weichenfeld II. 2 Mann, 1 leichtes Maschinengewehr. Standort: Im
            obern Stock des Stellwerks.
      Aussenpatrouille: Oberwacht die nähere Umgebung. 2 Mann mit Sturmgewehr.
      Innenpatrouille: Oberwacht die Posten, kontrolliert das Bahnhofareal. 1 Unteroffizier (Gruppenführer) und
            1 Mann.
2. Gruppe + Zugstrupp: **Bahnhofdienst**
Detailorganisation siehe Skizze Seite 211.
3. Gruppe: **Ruhe** (ist zugleich Eingreifreserve)

Die Stationswache soll:

- 1. Die technischen Einrichtungen gegen Sabotage oder offenen Angriff (Handstreich) schützen.
Hierzu muss sie:
    a) die wichtigsten Punkte mit Posten halten;
    b) das Bahnhofareal und die nähere Umgebung durch Patrouillen überwachen.

- 2. Eine gewisse Kontrolle des Reisenden- und Güterverkehrs durchführen.

- Die Personen- und Güterkontrolle beschränkt sich in normalen Zeiten auf einzelne willkürliche Stich-
proben. Jedermann, der die Stationsanlage betritt, soll mit einer Kontrolle rechnen müssen. In besonders spannungsreichen Zeiten (z. B. nach grossen Sabotageanschlägen, Unruhen, Aufständen usw.)
wird eine gründliche und systematische Kontrolle des Reisenden- und Güterverkehrs durchgeführt.

- Die Stationswache gliedert sich in 3 Ablösungen.
    1. Ablösung: Posten- und Patrouillendienst.
    2. Ablösung: Bahnhofdienst.
    3. Ablösung: Ruhe (ist zugleich Eingreifreserve).
    Jede Ablösung umfasst 1/3 der vorhandenen Kräfte. Jede Ablösung dauert 8 Stunden.

- Bahnhofdienst. Wir unterscheiden:
  a) Personenkontrolle;
  b) Güterkontrolle.

- Das Gros der Gruppe wird im Stationsgebäude zur Personenkontrolle eingesetzt. Ein Trupp führt im Schuppen die Güterkontrolle durch.

- Der Zugang zum Stationsgebäude wird mit Sperren abgeriegelt (Spanische Reiter, Stacheldrahtwalzen). Es wird lediglich ein schmaler Zugang offengelassen.

- An der Eingangstüre steht ein Posten.

- Der Reisende löst am Schalter beim Stationsbeamten die Fahrkarte. Anschliessend begibt er sich an den Tisch der Schreiber. Diese kontrollieren seinen Personalausweis und füllen den Kontrollbogen aus (Muster siehe unten).

- Nachher übergibt der Reisende sein Handgepäck zur Kontrolle. Währenddem sein Gepäck durchsucht wird, unterzieht man ihn selbst einer Leibesvisitation. Hierbei wird er mehr oder weniger gründlich nach verborgenen Waffen, Druckschriften usw. durchsucht. Zum Schluss erhält er sein Gepäck zurück und darf sich auf den Bahnsteig begeben.

- Verdächtige werden in den Verhörraum geführt und dort vom Zugstrupp einvernommen. Der Zugführer entscheidet, wer freizulassen ist und wer der politischen Polizei übergeben wird.

Name	Vorname	Geb.-Jahr	Adresse	Billett nach	Reiseziel

Streckensicherung:

- Zur Streckensicherung werden folgende Mittel eingesetzt:
  Patrouillen zu Fuss, Patrouillen auf Motordraisinen und Helikopterpatrouillen.

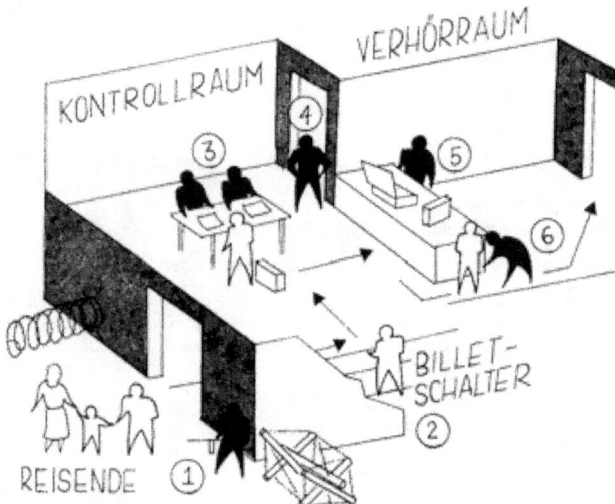

1 Wachtposten	4 Unteroffizier	Bemerkung:
2 Stationsbeamter	5 Gepäckkontrolle	Schwarz = Angehörige der Besetzungstruppe
3 Schreiber	6 Leibesvisitation	Weiss = Schweizer Bürger

- Die Patrouillen achten auf:
  1. Gelöste Schraubenköpfe an der Verbindungsstelle Schiene/Schwelle.
  2. Gelöste Laschen (Verbindungsstück zwischen zwei Schienen).
  3. Herausgesprengte Breschen ü den Schienen.
  4. Sprengladungen an Geleisen.
  5. Aufgelockerter Schotterbelag oder unter die Geleise führende Zündschnüre, die auf «Zugsfallen» hinweisen.
  6. Beschädigungen an der elektrischen Fahrleitung, z. B. zerschossene Isolatoren, herabhängende Drähte usw.

- Patrouillen zu Fuss.
  Vorteil: Sie können auch Kleinschäden oder Fallen erkennen.
  Nachteil: Sie sind sehr langsam ;ca. 2 km/h).

- Patrouillen auf Motordraisinen.
  Vorteil: Sie sind schnell (ca. 15 hm/h).
  Nachteil: Sie sehen nur mittlere oder grosse Schäden. Versteckte Sprengladungen, gelöste Schrauben usw. vermögen sie kaum zu erkennen.

- Helikopterpatrouillen.
  Vorteil: Sie sind sehr schnell und vermögen auch die nähere Umgebung der Bahnlinie zu kontrol- lieren (Versteckte Saboteure, Bereitstellung von Kleinkriegsdetachementen usw.).
  Nachteil: Sie sehen nur grosse und auffällige Schäden.

- Zusammenfassung: Patrouillen zu Fuss eignen sich für die routinemässige, periodische Kontrolle der Strecke. Patrouillen auf Motordraisinen oder in Helikoptern eignen sich für die fallweise, grobe Stre- ckenkontrolle kurz vor der Durchfahrt wichtiger Züge.

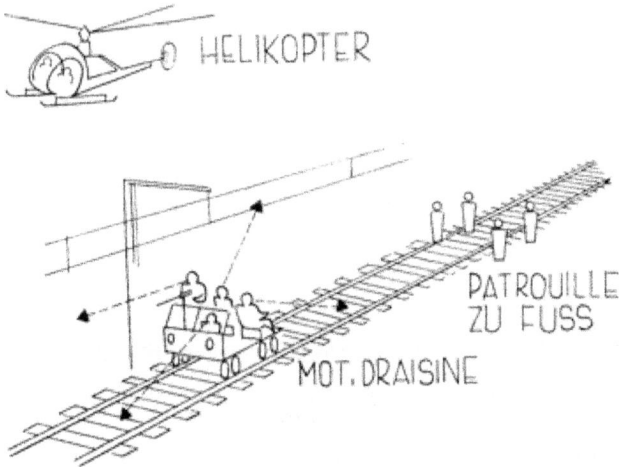

Zugssicherung:

- Der Gegner wird eine Geschwindigkeitsbeschränkung einführen, um die Schäden bei Zugsentglei- sungen zu verringern. In Extremfällen wird die Geschwindigkeit nur noch 15 km/h betragen.

- Bei wichtigen Transporten wird eine bewaffnete Wache im Führerstand der Lokomotive mitfahren, um den Lokomotivführer zu überwachen (Verhinderung von passivem Widerstand oder Sabotage).

- Wir unterscheiden:
  a) gesicherte Züge;
  b) bewaffnete Züge;

c) gemischte Züge.

- Bei «gesicherten Zügen» werden 2-3 Güterwagen vor der Lokomotive hergeschoben. Es handelt sich um niedere, offene und mit Sand beladene Wagen. Bei der Detonation von versteckten Sprengladungen oder bei Entgleisungen hofft man, so die wertvolle Lokomotive zu schützen.

- Bei den «bewaffneten Zügen» werden an der Spitze und am Schluss des Zuges niedere, offene Güterwagen mit aufmontierten Maschinengewehren, leichten Flabgeschützen usw. angehängt. Diese sollen Angriffe von Kleinkriegsverbänden abwehren.

- Bei den «gemischten Zügen» werden einige Personenwagen mit schweizerischen Zivilpersonen (nötigenfalls Geiseln) in die Zugskomposition eingeschoben. Der Gegner will mit dieser Terrormassnahme verhindern, dass der Zug von unsern Saboteuren oder Kleinkriegsverbänden angegriffen wird.

- Diese schematisch aufgezählten Verfahren werden in der Praxis oft vermischt. Wir haben dann z. B. den «gesicherten, bewaffneten und gemischten» Zug.

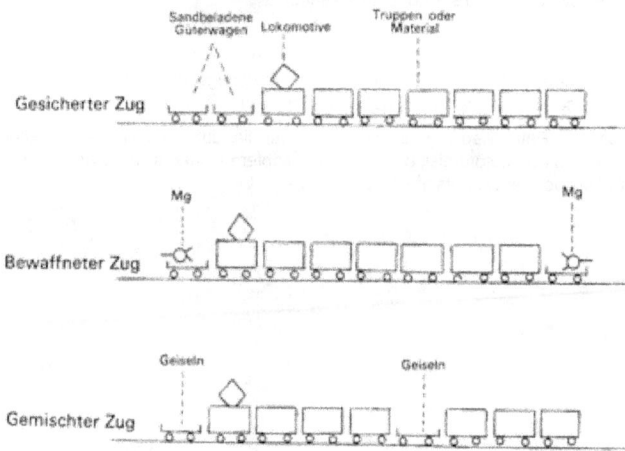

Gesicherter Zug

Bewaffneter Zug

Gemischter Zug

Stützpunkt für Strassen- oder Eisenbahnsicherung

- Der Stützpunkt soll:
  1. Ein wichtiges, leicht verletzliches Objekt schützen (Strassen- oder Eisenbahnbrücke, Tunneleinfahrt, Bahnhof usw.).
  2. Als geschützter Übernachtungsort für Strassengeleitzüge dienen.
  3. Den Strassen- oder Geleiseüberwachungspatrouillen Rückhalt bieten.

- Die Stützpunktbesatzung muss ihre Stellung halten und zugleich einen bestimmten Strassen- oder Geleiseabschnitt mit Patrouillen überwachen. Die Streckenlänge beträgt meist 15 km.

- Der Stützpunkt ist von einem Rundum-Drahthindernis umgeben. Zur Vergrösserung der Hinderniswirkung werden Personenminen und Sprengfallen in den Draht hineingebaut.

- Die Häuser dienen als Unterkunft und sind zugleich als Kampfstände ausgebaut.

- Rund um den Stützpunkt ist ein Kranz von Stellungen ausgebaut, die im Alarmfall von der Stützpunktbesatzung und sonstigen anwesenden Truppen besetzt werden.

- Die wichtigsten Stellungen sind dauernd bemannt. Ein solcher Posten besteht in der Regel aus drei Mann und einem leichten oder schweren Maschinengewehr. Der Posten ist eingegraben und getarnt.

- Auf einem erhöhten Punkt (Hügel, Hausdach, Holzturm) ist ein Beobachtungsposten eingerichtet. Dieser verfügt über einen Scheinwerfer. Von hier aus können Schutzobjekt (z. B. Brücke) und Vorfeld beleuchtet werden.

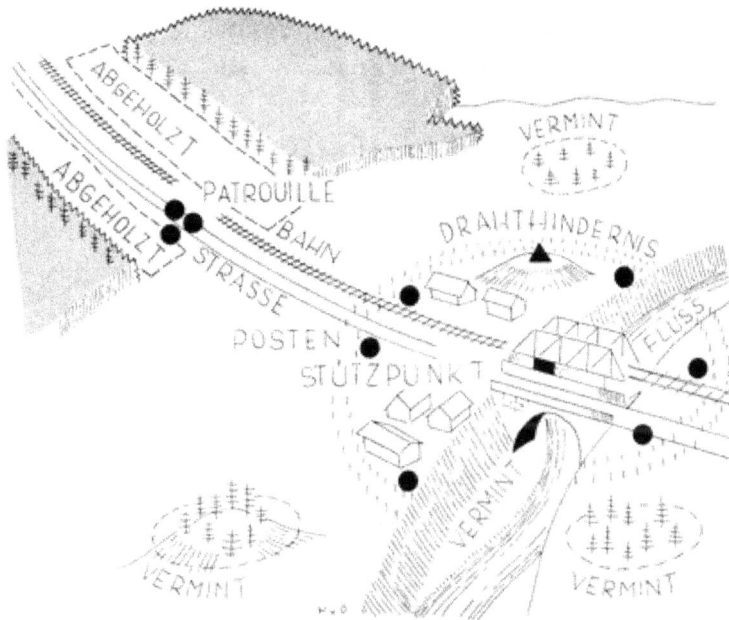

Organisation eines Stützpunktes für die Strassen- und Eisenbahnsicherung

▲   Beobachtungsposten. Zugleich Scheinwerferstand für die Beleuchtung des Vorfeldes.

●   Postenstand. Eingegraben und getarnt.

- Das Gelände seitlich und unter dem zu schützenden Objekt (z. B. Brücke) wird vermint, um das Herankommen von Sprengtrupps zu erschweren.

- Buschgruppen, Waldparzellen und Anhöhen in unmittelbarer Nähe des Stützpunktes werden mit Personenminen und Sprengfallen verseucht, um eine gedeckte Annäherung der Partisanen zu erschweren.

- Der Wald wird parallel zur Eisenbahnlinie und zur Strasse auf einer Breite von mindestens 200 m gerodet, um Saboteuren ein Herankommen zu erschweren.

- Der Stützpunkt verfügt über eine Telephon- oder Funkverbindung zur vorgesetzten Kommandostelle.

- Die Stützpunktbesatzung wird in 3 Ablösungen eingeteilt:
  1. Ablösung: Postendienst im Stützpunkt.
  2. Ablösung: Patrouillendienst (Strassen- und Eisenbahnüberwachung).
  3. Ablösung: Ruhe im Stützpunkt (dient zugleich als Reserve).

- Jede Ablösung umfasst ⅓ des Bestandes. Jede Ablösung dauert 8 Stunden.

Einsatz der Jagdkommandos

- Der Auftrag der Jagdkompagnie besteht in der «Freien Jagd».

- Die Jagdkompagnie erhält einen Aktionsraum von ca. 15 x 15 km (225 km2) zugeteilt.

- Die Jagdkompagnie bildet nur den Rahmen für die einzelnen Züge bzw. Jagdkommandos (Versorgungs- und Aufklärungsbasis).

- Die einzelnen Jagdkommandos arbeiten in der Regel räumlich weit getrennt. Die Entfernung kann ohne weiteres bis zu 10 km betragen.

- Nur in Sonderfällen werden die Jagdkommandos zusammengefasst und die Kompagnie als Ganzes eingesetzt.

	Jagdkompagnie		
Kommandozug	Aufklärungszug	Feuerzug	Jagdkommandos

- Kompagnietrupp
- Sanitätstrupp
- Funktrupp
- Hundeführergruppe
- Nachschubgruppe
	- Zugstrupp
	- 3 Patrouillen à je
	  1 Uof. + 6 Mann
		2 Maschinengewehre
		2 Minenwerfer
		2 rückstossfreie Ge-
		schütze
			- Zugstrupp
			- 3 Gruppen à je
			  1 Uof. + 6 Mann

- Die Hundeführergruppe besteht aus 4-5 Hundeführern mit Suchhunden. Den Jagdkommandos werden nach Bedarf Hundeführer abgegeben.

- Die Nachschubgruppe verfügt über 1 Geländewagen und 10-12 Tragtiere. Sie ist verantwortlich für die Versorgung der einzelnen Jagdkommandos. Hierzu versteckt sie an vereinbarten Plätzen Munition und Verpflegung.

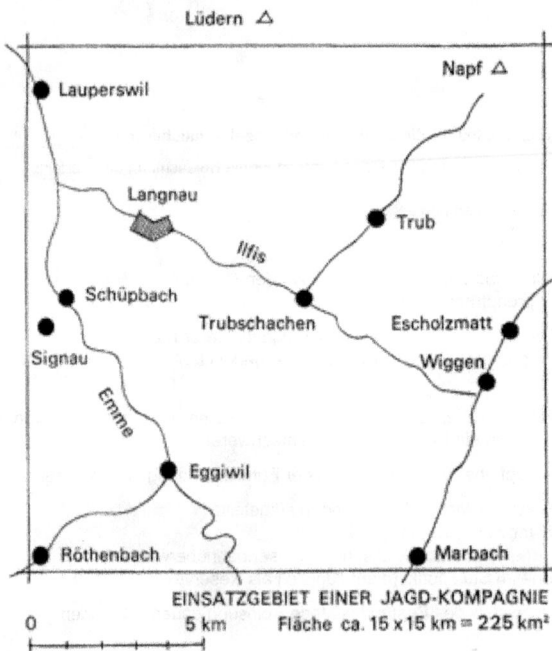

EINSATZGEBIET EINER JAGD-KOMPAGNIE

0   5 km   Fläche ca. 15 x 15 km = 225 km²

Jagdkommando auf dem Nachtmarsch. An der Spitze Hundeführer mit Suchhund.

Gesicht geschwärzt. Trägt Mütze statt Helm.

Ärmel mit Schnur zusammengebunden, damit sie keine Geräusche verursachen.

Hände geschwarzt.

Hose mit Schnur eng gebunden.

Der Partisanenjäger
(Hundeführer mit Spürhund aus dem Kp. Trupp der Jagd-Kp.)

Dolchmesser für den Nahkampf im Stiefelschaft.

Wie der modern ausgerüstete Gegner gegen ein Kleinkriegsdetachement vorgeht.

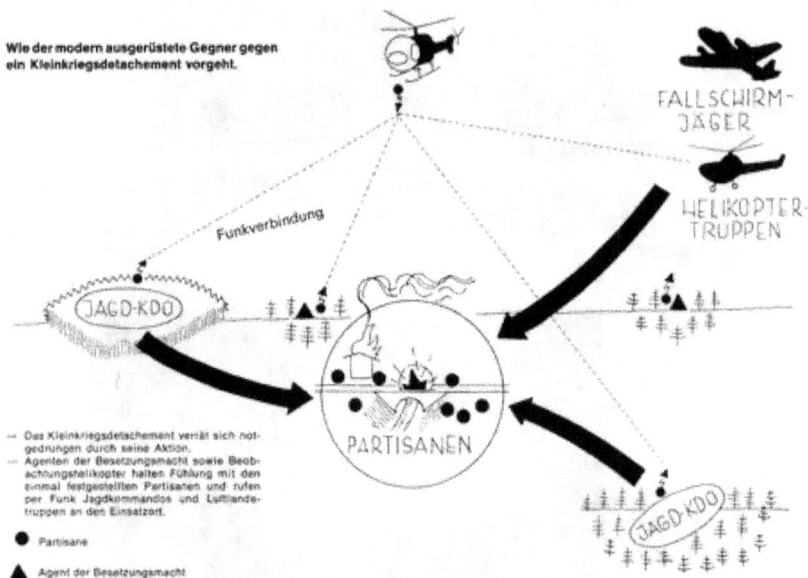

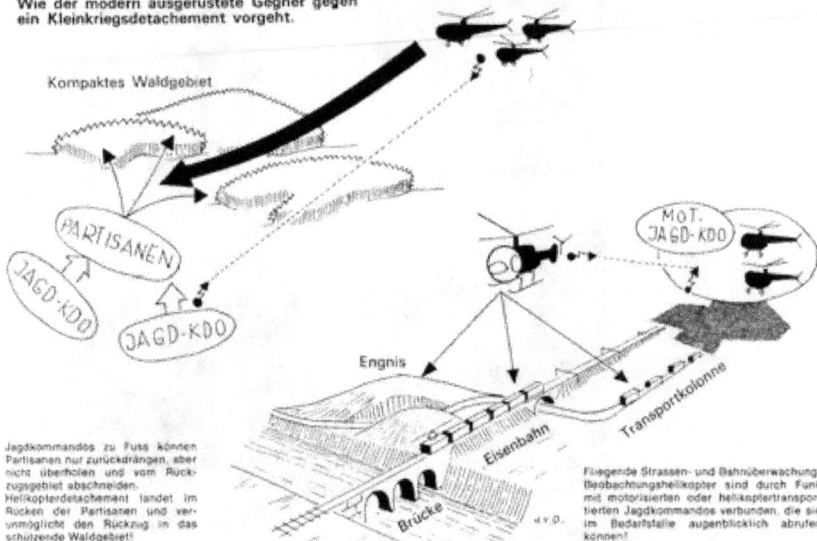

FALLSCHIRM-JÄGER

HELIKOPTER-TRUPPEN

Funkverbindung

JAGD-KDO

PARTISANEN

JAGD-KDO

— Das Kleinkriegsdetachement verrät sich notgedrungen durch seine Aktion.
— Agenten der Besetzungsmacht sowie Beobachtungshelikopter halten Fühlung mit den einmal festgestellten Partisanen und rufen per Funk Jagdkommandos und Luftlandetruppen an den Einsatzort.

● Partisane

▲ Agent der Besetzungsmacht

Wie der modern ausgerüstete Gegner gegen ein Kleinkriegsdetachement vorgeht.

Kompaktes Waldgebiet

PARTISANEN

JAGD-KDO

JAGD-KDO

MOT. JAGD-KDO

Engnis

Eisenbahn

Transportkolonne

Brücke

Jagdkommandos zu Fuss können Partisanen nur zurückdrängen, aber nicht überholen und vom Rückzugsgebiet abschneiden.
Helikopterdetachement landet im Rücken der Partisanen und verunmöglicht den Rückzug in das schützende Waldgebiet!

Fliegende Strassen- und Bahnüberwachung. Beobachtungshelikopter sind durch Funk mit motorisierten oder helikoptertransportierten Jagdkommandos verbunden, die sie im Bedarfsfalle augenblicklich abrufen können!

Einsatz von Transporthelikoptern für Überfallaktionen auf Kleinkriegs-Detachemente.
Jagd-Kommando verläßt den Helikopter und geht zum Gefecht über.

Einsatz von Kampfhelikoptern.
Mit Mg und Raketen bewaffneter Kampfhelikopter beim Abfeuern einer Raketensalve.

Abschußrauch

Raketensalve

- Der Feuerzug verfügt für den Transport der schweren Waffen und der Munition über Tragtiere. Ausnahmsweise wird er motorisiert oder per Helikopter verschoben.

- Das Jagdkommando verfügt über leichte Maschinengewehre, Sturmgewehre, Handgranaten und Personenminen.

- Aufklärung ist entscheidend wichtig. Man unterscheidet zwischen:
  a) Fernaufklärung;
  b) Gefechtsaufklärung.

- Fernaufklärung wird ständig und unabhängig von den momentanen Bedürfnissen im ganzen Raum der Jagdkompagnie betrieben.

- Gefechtsaufklärung wird von Fall zu Fall zur Befriedigung der augenblicklichen Bedürfnisse angesetzt.

- Befehle für die Fernaufklärung erteilt der Kompagniekommandant. Befehle für die Gefechtsaufklärung erteilen die Zugführer der einzelnen Jagdkommandos.

- Fernaufklärung wird durch Einzelspäher oder schwache Aufklärungspatrouillen (2-3 Mann) betrieben. Hierzu trägt der Gegner Zivilkleidung und gibt sich als «Partisane» aus, um die Bevölkerung zu täuschen.

- Einsatzräume für Jagdkommandos:
  a) wo die Kleinkriegsdetachemente auf dem Weg zum Überfall durchziehen;
  b) wo sie Lebensmittel eintreiben.

- Ansatzpunkte für die Jagdkommandos: Wenn die Partisanen einen Überfall durchgeführt haben und sich nun zurückziehen, ist der Moment zum Ansatz eines Jagdkommandos gekommen. Jetzt wird der Verfolger auf die Spur gesetzt.

- Jedes Jagdkommando hat den Auftrag, ein bestimmtes Kleinkriegsdetachement tage- und wenn nötig wochenlang zu jagen. Hierzu muss das Jagdkommando:
  a) alle seine Bewegungen geheim halten;
  b) selbst wie ein Kleinkriegsdetachement leben.

Säuberungstaktik grösserer Verbände

Allgemeines:

- Es genügt nicht, das kleinkriegsverseuchte Gebiet einfach zu besetzen. Nur die Vernichtung (Tötung, Gefangennahme) zählt im Kleinkrieg.

- Bei Säuberungsaktionen müssen die Partisanen eingekesselt werden. Lückenlose Einschliessung ist um so wichtiger, als die Partisanen den Kampf nur im äussersten Notfall annehmen und im übrigen immer darnach trachten, zu entweichen.

- Methoden:
  a) «Aussickern» durch den Einschliessungsring hindurch;
  b) «Untertauchen» als harmloser Zivilist im Innern des umstellten Gebiets.

- Die Geheimhaltung der bevorstehenden Säuberungsaktion ist von entscheidender Bedeutung. Sie gelingt jedoch nur selten. Die Partisanen haben zu viele harmlose Helfer und Zuträger.

- Aushilfen:
  a) rasches Handeln;
  b) schlagartiges Einkreisen eines möglichst grossen Gebiets und anschliessendes mühsames und zeitraubendes Durchkämmen

- Rasch Handeln heisst:
a) Besammlung und Organisation der Säuberungskräfte weit weg vom Einsatzort;

b) rascher und geschlossener Antransport (Eisenbahn, Lastwagen, Helikopter);

c) kurze Bereitstellung. Im Idealfall sogar Verzicht auf eine Bereitstellung und Einschliessung des verseuchten Gebiets direkt aus dem Anrollen heraus.

- Für das Ausheben der Partisanen haben sich zwei Verfahren besonders bewährt:
  1. Das «Kesseltreiben».
  2. Das «Vorstehtreiben».

Kesseltreiben	Vorstehtreiben
Besteht aus einem langsamen systematischen Zusammenpressen des umstellten Gebiets. Der Ring wird von allen Seiten konzentrisch verengt	Ein Teil der Einschliessungskräfte bleibt in Stellung. Die anderen treiben die Partisanen gegen die Stellung
- Verlangt sehr viel Infanterie	- Verlangt weniger Infanterie
- Bietet wenig Verwendungsmöglichkeit für schwere Waffen	- Bietet gute Verwendungsmöglichkeiten für schwere Waffen
- Bedingt sehr gute Spezialausbildung der eingesetzten Truppen	- Die Methode ist einfach und kann rasch eingesetzt werden

- Der moderne Gegner wird in der Regel das «Vorstehtreiben» anwenden. Er ist voll mechanisiert und verfügt über viele schwere und weitreichende Feuermittel. Dagegen besitzt er nur noch wenig Leute in seinen Verbänden (im Schützenbataillon ca. 500 Mann). Er wird daher das Verfahren wählen, welches weniger Menschen braucht und Feuermitteln mehr Chancen bietet.

- In der Folge ist nur noch vom «Vorstehtreiben» die Rede.

Kräfteeinsatz:

- Da vor allem «durchkämmt» und nicht «gekämpft» wird, ist zahlenmässige Überlegenheit unumgänglich.
- Überlegene Ausrüstung und Ausbildung nützen wenig, da die Partisanen jeder Entscheidung ausweichen.
- Zur Bekämpfung der Partisanen muss immer ein Mehrfaches an Kräften eingesetzt werden, als zur Vernichtung eines gleich starken Gegners im «grossen Krieg» nötig wäre.
- Um einen Partisanenverband von nur 100 Mann zu jagen, braucht es bald einmal 3-4 Bataillone (1500-2000 Mann).

KESSELTREIBEN   VORSTEHTREIBEN

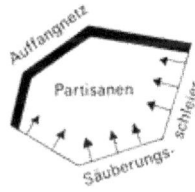

Organisation eines Säuberungsverbandes für «Vorstehtreiben»:

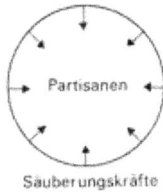

- Infanterie und schwere Waffen müssen umorganisiert werden: Verlad der Mg, Mw und rückstossfreien Geschütze auf Tragtiere.
- Die motorisierte Reserve wird auf schmale, voll geländegängige Gruppenfahrzeuge verladen, die auf den engen Wegen auch wirklich nachkommen.
- Die Artillerie wird für wendiges, Batterie- oder abteilungsweises Schiessen organisiert. Feuerkonzentrationen grosser Artillerieverbände kommen nicht in Frage.
- Für die Luftunterstützung eignen sich vor allem bewaffnete Helikopter und ältere, langsame Jagdbomber.
- Die Versorgung wird auf Saumtiere oder Helikoptertransport umgestellt.

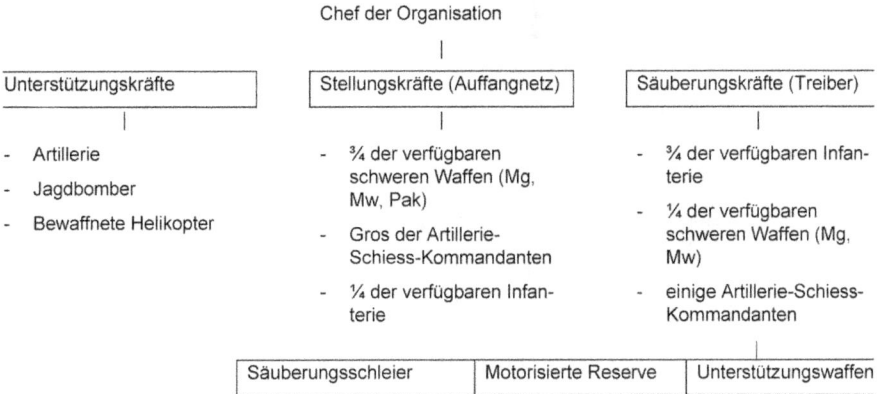

Chef der Organisation

Unterstützungskräfte	Stellungskräfte (Auffangnetz)	Säuberungskräfte (Treiber)
- Artillerie - Jagdbomber - Bewaffnete Helikopter	- ¾ der verfügbaren schweren Waffen (Mg, Mw, Pak) - Gros der Artillerie-Schiess-Kommandanten - ¼ der verfügbaren Infanterie	- ¾ der verfügbaren Infanterie - ¼ der verfügbaren schweren Waffen (Mg, Mw) - einige Artillerie-Schiess-Kommandanten

Säuberungsschleier	Motorisierte Reserve	Unterstützungswaffen

Gefechtsführung beim Vorstehtreiben:

- Der Partisanenverband wird schlagartig eingeschlossen.

- Bereitstellungsräume und Einschliessungslinie werden so gewählt, dass sie motorisiert gut zu erreichen sind.

- Zu Beginn der Säuberungsaktion wird an geländemässig günstiger Stelle (Fluss, Hügelkette, Talgrund usw.) das Auffangnetz errichtet, gegen welches die Partisanen getrieben werden.

- Geschickte Geländeauswahl macht es möglich, das Auffangnetz mit einem Minimum an Personal zu halten. Das erlaubt, genügend starke Kräfte für die eigentliche Säuberung auszuscheiden.

- Die Stellungen des Auffangnetzes müssen gute Fernsicht und genügendes Schussfeld für die schweren Waffen bieten.

- Ein dünner Infanterieschleier durchkämmt zu Fuss auf breiter Front das verseuchte Gelände. Frontbreite pro Kompagnie bis zu 3 km.

- Der Säuberungsschleier verfügt über Hundeführer mit Suchhunden.

- Dem Säuberungsschleier sind Vernehmungsspezialisten (Polizeibeamte) beigegeben. Eingebrachte Gefangene werden sofort verhört.

- Hinter dem Säuberungsschleier folgt mit genügend grossem Abstand die motorisierte Reserve.

- Stösst der Säuberungsschleier auf starken Widerstand, wird per Funk die Reserve herbeigerufen.

- Die Partisanen kämpfen immer hinhaltend. Auch gestellt versuchen sie noch auszuweichen. Der Säuberungsschleier muss daher über viele automatische Waffen (Mp, Stgw., Lmg) verfügen, um rasch die Feuerüberlegenheit zu erringen. Nur so besteht Aussicht, die einmal aufgestöberten Partisanen sozusagen mit Feuer «festzunageln», damit sie durch Stoss vernichtet werden können.

- Raketenrohre als «grobes Mittel» gegen Mg- und Schützenstellungen leisten gute Dienste.

- Je schneller der Angriff läuft, um so mehr Partisanen werden vernichtet. Je langsamer der Angriff läuft, um so mehr Partisanen finden Gelegenheit, zu entschlüpfen.

- Das Gefecht spielt sich fast ausschliesslich im Wald ab. In die Enge getrieben, werden die Partisanen versuchen, den Kampf bis zum Nachteinbruch hinzuziehen, um dann im Schutze der Dunkelheit mit dem Mute der Verzweiflung auszubrechen.

- Wenn Partisanen ausbrechen, wird der Einschliessungsring sofort wieder geschlossen. Reserven übernehmen die Verfolgung der ausgebrochenen Teile.

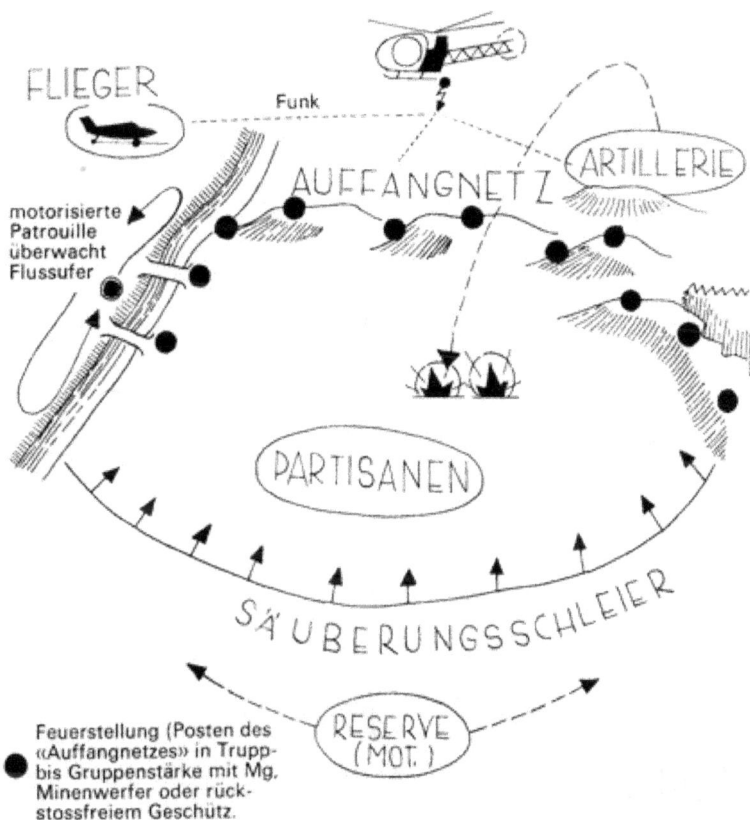

FLIEGER

Funk

ARTILLERIE

AUFFANGNETZ

motorisierte
Patrouille
überwacht
Flussufer

PARTISANEN

SÄUBERUNGSSCHLEIER

Feuerstellung (Posten des
«Auffangnetzes» in Trupp-
bis Gruppenstärke mit Mg,
Minenwerfer oder rück-
stossfreiem Geschütz.

RESERVE
(MOT.)

222

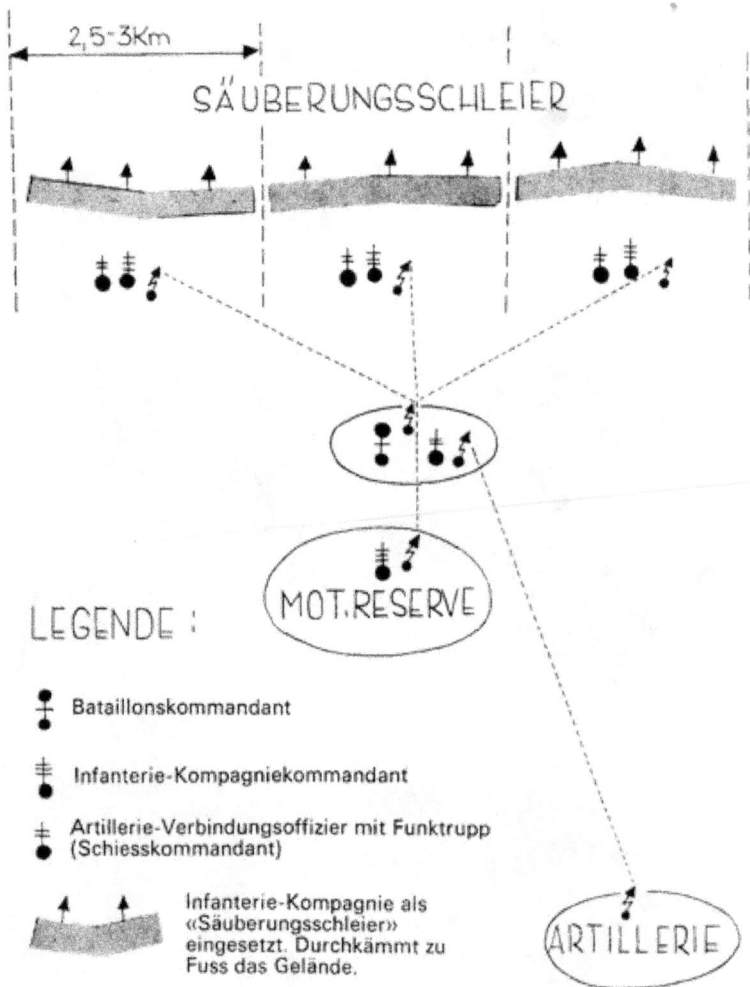

2,5-3 Km

SÄUBERUNGSSCHLEIER

MOT. RESERVE

LEGENDE :

Bataillonskommandant

Infanterie-Kompagniekommandant

Artillerie-Verbindungsoffizier mit Funktrupp
(Schiesskommandant)

Infanterie-Kompagnie als
«Säuberungsschleier»
eingesetzt. Durchkämmt zu
Fuss das Gelände.

ARTILLERIE

223

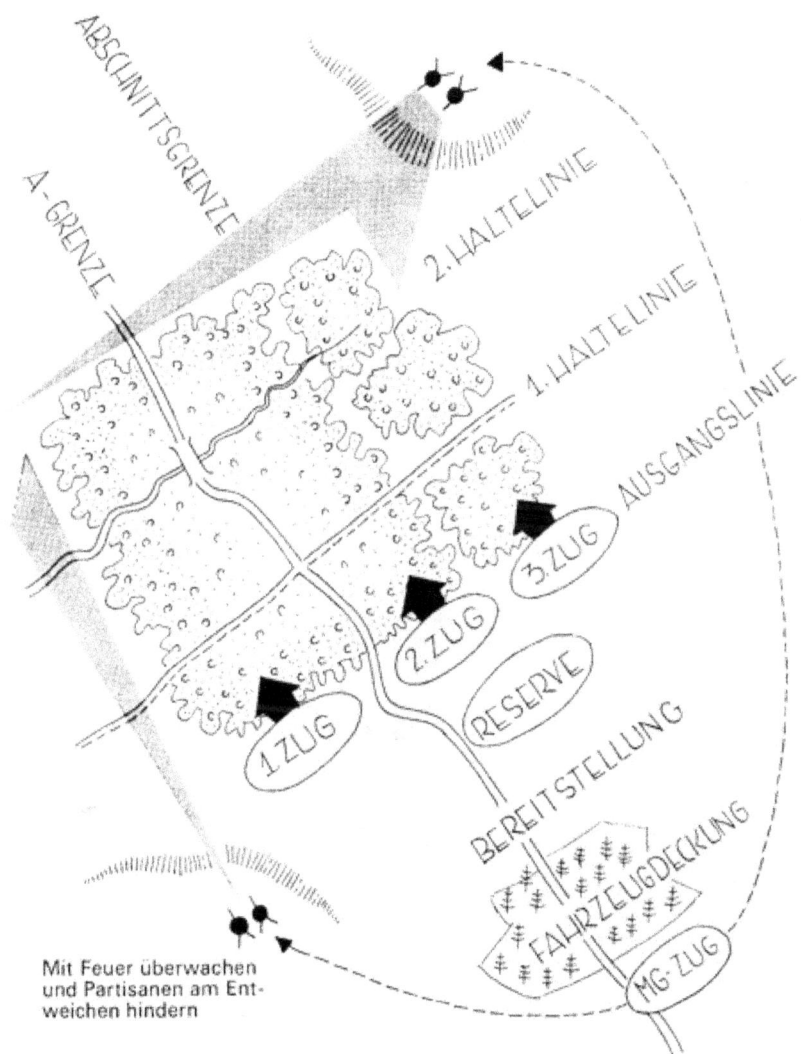

ABSCHNITTSGRENZE

A-GRENZE

2. HALTELINIE

1. HALTELINIE

AUSGANGSLINIE

3.ZUG

2.ZUG

1.ZUG

RESERVE

BEREITSTELLUNG

FAHRZEUGDECKUNG

MG-ZUG

Mit Feuer überwachen
und Partisanen am Ent-
weichen hindern

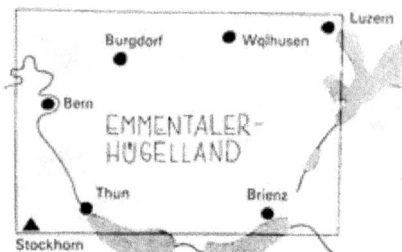

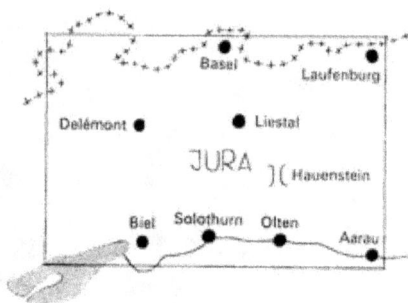

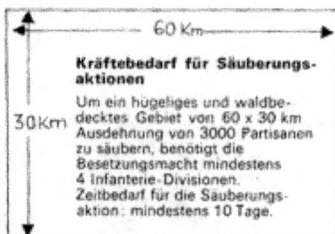

Kräftebedarf für Säuberungs-aktionen

Um ein hügeliges und waldbe-decktes Gebiet von 60 x 30 km Ausdehnung von 3000 Partisanen zu säubern, benötigt die Besetzungsmacht mindestens 4 Infanterie-Divisionen. Zeitbedarf für die Säuberungs-aktion: mindestens 10 Tage.

225

Die Bekämpfung der zivilen Widerstandsbewegung

Allgemeines:

- Polizei und Armee teilen sich in die Bekämpfung der zivilen Widerstandsbewegung.

- Die Polizei übernimmt die technisch schwierigeren Aufträge, die relativ wenig Personal, aber gute Spezialkenntnisse verlangen. Die Armee übernimmt Aufgaben, die starke Kräfte erfordern.

- Man unterscheidet:
  a) Polizeimassnahmen;
  b) Kampfmassnahmen.

- Bei diesen wiederum:
  a) tägliche Routinemassnahmen;
  b) Sondereinsätze.

- Polizeimassnahmen haben stark kriminalistischen Einschlag.

- Kampfmassnahmen lehnen sich an die Taktik und Gefechtstechnik der Armee an. Hierbei handelt es sich vornehmlich um:
  a) Wacht- und Sicherungsdienst;
  b) Ortskampf.

- Die anzuwendende Taktik unterscheidet sich stark von dem, was die Truppe gelernt hat.

- Vom Kompagniekommandant an aufwärts werden beträchtliche Umstellungen im Denken gefordert. Die gefechtstechnischen Details dagegen bleiben sich weitgehend gleich. Der einzelne Soldat sowie die Unterführer (Gruppen und Zugführer) müssen nur wenig zulernen.

Arbeitsteilung

Polizei alleine	Polizei mit Hilfe der Armee	Armee mit Hilfe der Polizei
- Hausdurchsuchungen	- Strassenkontrollen	- Unterdrückung von Aufstän-den
- Verhaftungen	- Durchkämmen von Häuser-blocks und ganzen Quartie-ren	
- Kontrolle einzelner - Passanten		
- Telephonkontrolle	- Auflösung von Massende-monstrationen	
- Postzensur	- Funkpeilung	
	Die Polizei hat das Primat, die Armee leistet nur Hilfsdienste	Die Armee hat das Primat, die Polizei leistet nur Hilfsdienste

Strassenkontrolle

	Kontroll-Detachement		
Absperrtrupp	Bewachungstrupp	Durchsuchungstrupp	Transporttrupp
- 3 Mann mit Sturm-gewehr	- 4 Mann mit Sturm-gewehr	- 2 Mann mit Sturm-gewehr	- 1 Motorfahrer
- Spanische Reiter			- 2 Mann mit Sturm-gewehr
- Stacheldrahtwalzen			- 1 gedeckter Last-wagen

- Bei der Strassenkontrolle will man:
  a) illegales Material finden (Waffen, Sprengstoff, Flugblätter, Untergrundzeitungen usw.);
  b) Personalausweise kontrollieren.
- Bei der Strassenkontrolle wird überraschend ein Strassenstück von ca. 200 m Länge abgeriegelt. Anschliessend werden die Passanten kontrolliert.
- Chef der Kontrollaktion ist ein Polizei- oder Armeeoffizier.

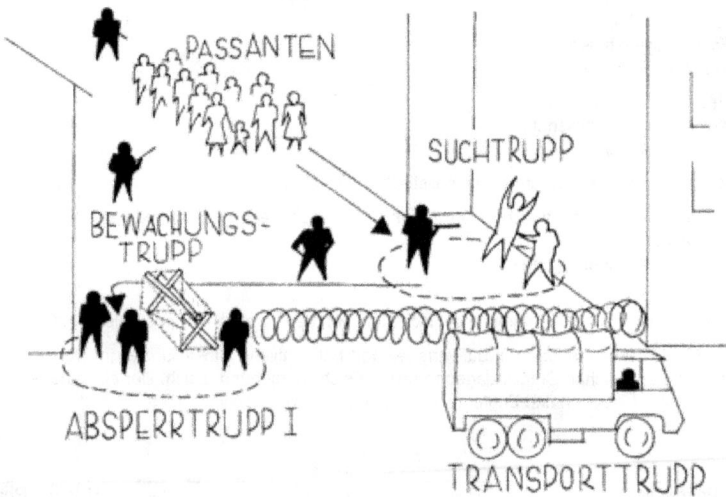

- Das Kontrolldetachement fährt in einem geschlossenen Lastwagen vor. Die Leute springen ab und beginnen blitzschnell mit ihrer Arbeit.
- Die Absperrtrupps legen Stacheldrahtrollen aus und lassen lediglich einen schmalen Durchgang offen, der von ihnen besetzt wird.
- Der Bewachungstrupp treibt die Passanten zusammen und stellt sie an günstiger Stelle in einer geordneten und leicht überblickbaren Formation auf (z. B. 4er-Kolonne usw.). Anschliessend bewacht er die Passanten und achtet darauf, dass niemand Material wegwerfen oder verstecken kann.
- Der Suchtrupp kontrolliert die Passanten einzeln durch Abtasten. Der eine Mann überwacht den Verdächtigen mit dem Sturmgewehr. Der andere nimmt die Leibesvisitation vor und kontrolliert das Handgepäck (Aktenmappen, Markttaschen usw.).
- Verhaftete werden dem Transporttrupp übergeben.

Suchaktionen

Allgemeines:

- Wir unterscheiden:
  a) Durchkämmen;
  b) Durchsuchen.
- «Durchkämmen» ist die gröbere Methode. «Durchsuchen» ist die feinere Methode.

Durchkämmen:

- Zweck der Aktion: Primär Jagd auf Personen, z. B. flüchtige Saboteure, Attentäter usw. Sekundär: Suche nach Material.
- Ist geeignet für die Kontrolle ausgedehnter Objekte, z. B. Häuserblock, ganzes Quartier, ganzer Wald usw.
- Benötigt relativ wenig Zeit.
- Benötigt viel Personal.
- Kann von jeder Truppe nach kurzer Instruktion angewendet werden.
- Ergibt nur grobe Resultate. Wirklich fachmännisch versteckte Dinge werden kaum gefunden.

Durchsuchen:

- Zweck der Aktion: Suche nach Material, z. B. Funkgeräte, schriftliche Unterlagen, Kleinmaterial usw.
- Ist nur für kleine Objekte anwendbar, z. B. ein einzelner Raum, eine Wohnung, allerhöchstens ein kleines Gebäude.
- Benötigt wenig Personal.
- Benötigt ausserordentlich viel Zeit.
- Kann nur von Leuten mit gründlicher Spezialausbildung durchgeführt werden.
- Ist eine «gezielte Aktion». Wird erst angewendet, wenn ein wirklicher und begründeter Verdacht besteht.
- Ergibt gute Resultate. Es werden auch fachmännisch versteckte Dinge gefunden.

Durchkämmen eines Häuserblocks

Der die Aktion durchführende Verband gliedert sich in:
   a) Kommando-Detachement;
   b) Such-Detachement;
   c) Absperr-Detachement.
   Die Detailorganisation siehe auf dem Schema Seite 229.
- Die Aktion zerfällt in:
   a) Aufklärung;
   b) Einschliessung (Umzingelung);
   c) Durchkämmung.

- Vor der Aktion wird aufgeklärt. An der Aufklärung nehmen der Chef der Aktion sowie die Unterführer teil. Die Aufklärung erfolgt in Zivilkleidung. Die Aufklärung umfasst:
   a) günstige Anfahrtsrouten und Ausladeplätze der einzelnen Detachemente;
   b) Organisation der Absperrung: Hindernisse, Standorte für Feuerunterstützungstrupps und Fangtrupps;
   c) Standort der Verhörstelle.
- Anfahrt und Einschliessung erfolgt wenn immer möglich in der Morgendämmerung, bevor die Leute zur Arbeit müssen. Hierbei geht der Gegner mit grösster Beschleunigung vor, damit du keine Gegenmassnahmen treffen kannst (Flucht, Aufsuchen eines Verstecks, Organisation des Widerstandes).
- Auf eine Bereitstellung wird aus Gründen der Zeitersparnis und zur Wahrung der Überraschung verzichtet. Die einzelnen Detachemente fahren - aus verschiedenen Richtungen kommend - mit den Lastwagen direkt vor das Objekt. Die Leute springen heraus und beziehen ihre Plätze.

- Der ganze Gebäudeblock wird vom Absperr-Detachement abgeriegelt. Hierzu werden auch bewegliche Schnellsperren (Stacheldrahtwalzen) verwendet. Diese erleichtern die Kontrolle und sparen Personal.

- Pro Fassade wird ein Feuerunterstützungstrupp eingesetzt. Dieser überwacht Türen, Fenster, Dach- und Kellerluken und ist bereit, bei bewaffnetem Widerstand augenblicklich Feuerschutz zu geben.

- Pro Fassade wird ein Fangtrupp bereitgelegt. Diese sollen aus dem Gebäude flüchtende Personen wenn möglich lebendig fangen.

- Wenn der Gebäudeblock abgeriegelt .ist, wird vom Such-Detachement systematisch Haus um Haus durchkämmt.

- Ein Doppelposten wird sofort auf den Estrich detachiert, um ein Entkommen über die Dächer zu verhindern.

- Pro Stockwerk wird ein Posten im Treppenhaus aufgestellt, der alle Wohnungstüren im Auge behält.

- Ins Erdgeschoss kommen drei Mann. Je einer hält den vordern und hintern Hauseingang unter Kontrolle, währenddem der dritte den Kellereingang überwacht.

- Die Hausbewohner werden besammelt und an einen leicht zu überwachenden Ort (Innenhof, Mauerecke usw.) verbracht. Der Hauswart muss aussagen, ob alles beisammen ist, wer fehlt und wer nicht zu den Hausbewohnern gehört. Verdächtige werden zur Verhörstelle geführt und dort einvernommen.

- Jetzt erst beginnt die eigentliche Durchkämmung. Die Bewohner werden aufgerufen, wenn ihre Wohnung an die Reihe kommt. Türen, die nicht geöffnet werden können, werden rücksichtslos aufgebrochen. Das gleiche gilt für verschlossene Möbelstücke, Koffer, Kisten usw.

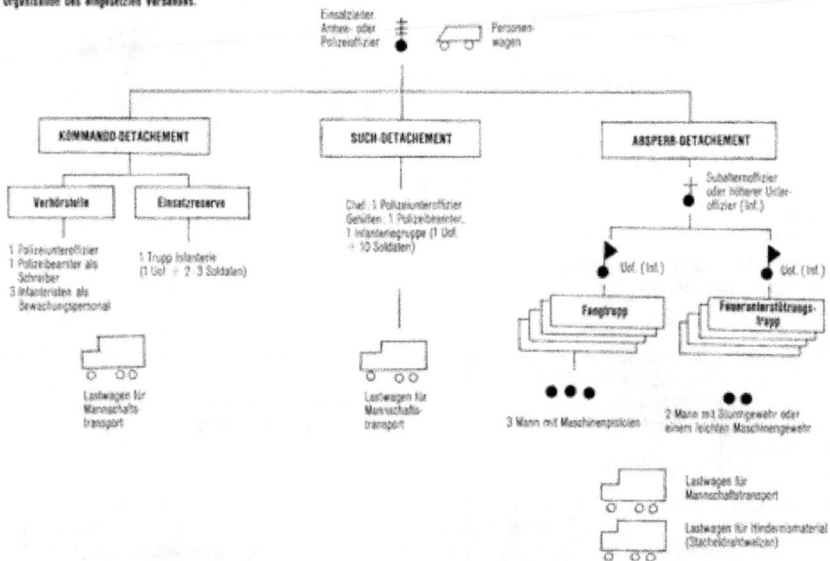

Durchkämmen eines Häuserblocks.
Organisation des eingesetzten Verbandes.

- Bei der Durchsuchung leisten die zugeteilten Spezialisten der Polizei die wichtigste Arbeit. Schon die blosse Anwesenheit dieser gehassten und gefürchteten Funktionäre wirkt auf die Anwohner einschüchternd und lähmend. Auch die an der Aktion innerlich wenig beteiligten Soldaten werden durch ihre Gegenwart zu höchster Leistung und Härte angespornt, um nicht in den Ruf der politischen Unzuverlässigkeit zu geraten.

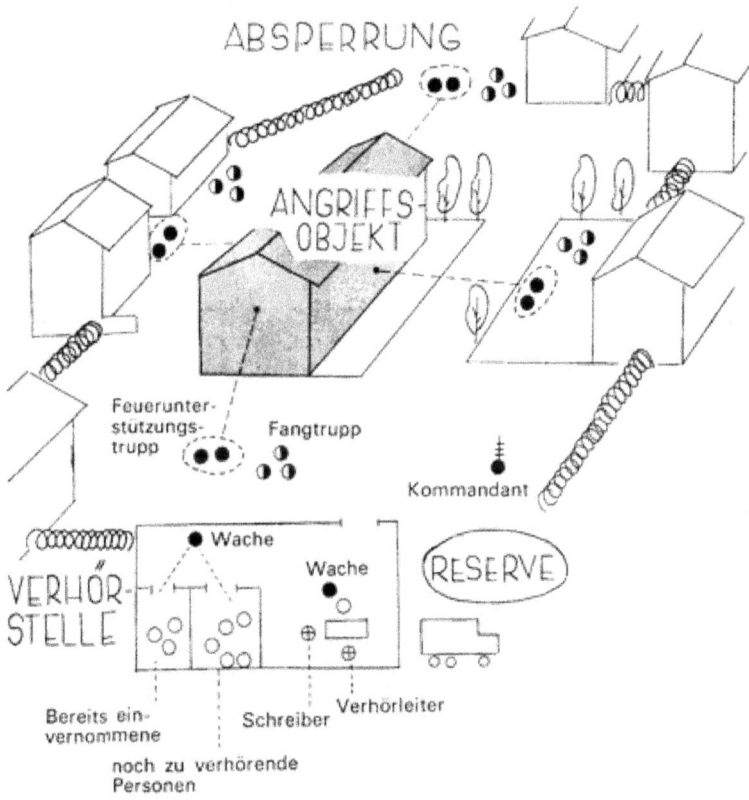

ABSPERRUNG

ANGRIFFS-OBJEKT

Feuerunter-stützungs-trupp

Fangtrupp

Kommandant

Wache

Wache

VERHÖR-STELLE

RESERVE

Bereits ein-vernommene

Schreiber

Verhörleiter

noch zu verhörende Personen

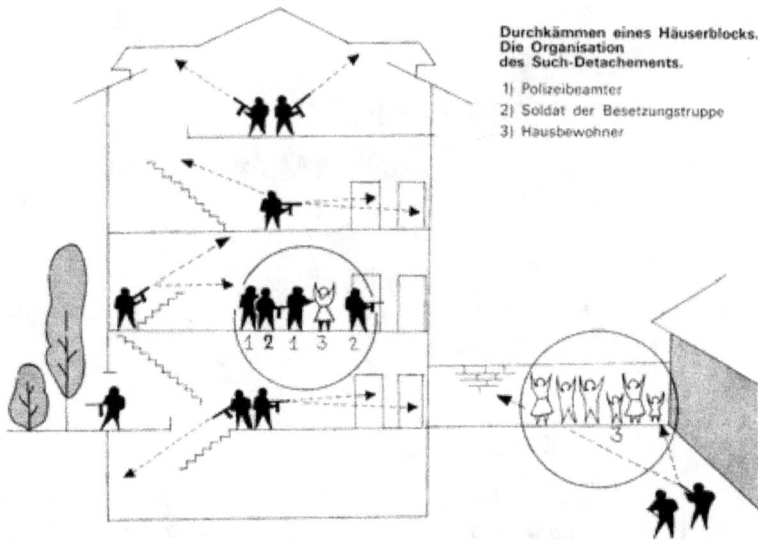

**Durchkämmen eines Häuserblocks.
Die Organisation
des Such-Detachements.**

1) Polizeibeamter
2) Soldat der Besetzungstruppe
3) Hausbewohner

Hausdurchsuchung

Allgemeines:

- Die Suchmannschaft wird unterteilt in:
  a) Aussenüberwachung;
  b) Suchequipe.

- Der Chef der Hausdurchsuchung koordiniert die Tätigkeit von Aussenwache und Suchequipe.

- Die Aussenüberwachung besteht aus mindestens 2 Mann mit Maschinenpistolen. Sie soll verhindern dass:
  a) jemand aus dem Haus entkommt;
  b) Gegenstände zum Fenster hinausgeworfen werden.
  Die Aussenüberwachung wird eingesetzt, bevor die Suchequipe die Wohnung betritt

- Die Suchequipe besteht aus:
  a) Equipenchef. Leitet die Sucharbeit;
  b) Wachtposten. Bewacht die verdächtigen Personen;
  c) einem oder mehreren Suchtrupps. Leisten die Sucharbeit.

Chef der Hausdurchsuchung

Aussenüberwachung

Suchequipe

Maschinenpistolen oder Sturmgewehre

Equipenchef

Wachtposten

Suchtrupp

eventuell weitere Suchtrupps

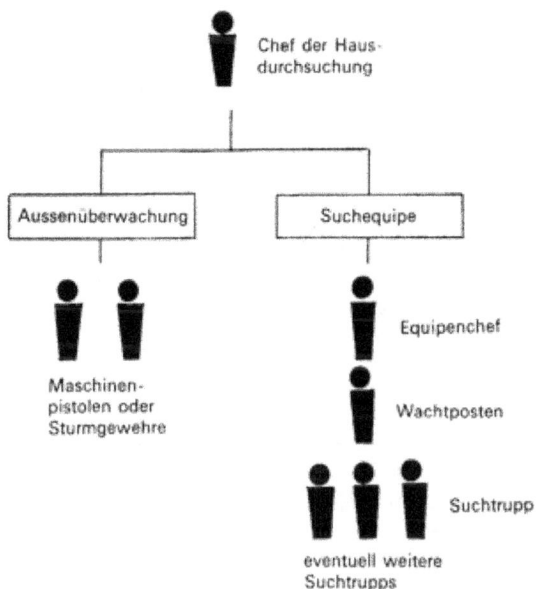

- Die Bewohner werden zusammengerufen, orientiert, durchsucht und anschliessend bewacht. Wenn sie beim Warten auf Stühle absitzen dürfen, werden diese zuerst nach verborgenem Material untersucht.

- Der Mietvertrag wird verlangt, damit keine zur Wohnung gehörenden Räume übersehen werden (Estrich, Keller, Einstellraum, Garage, Schuppen usw.).

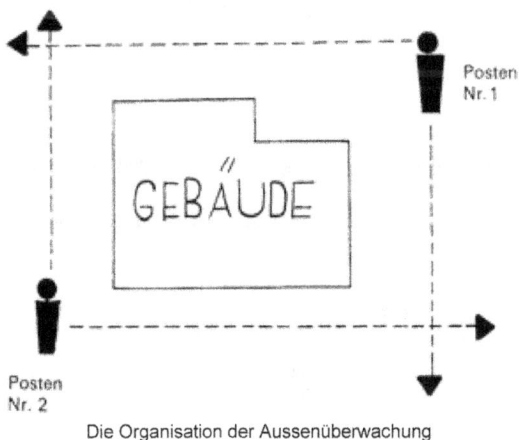

Posten Nr. 1

GEBÄUDE

Posten Nr. 2

Die Organisation der Aussenüberwachung

Die Durchsuchung eines Raumes:

- Wenn nur ein Suchtrupp verfügbar ist, bestimmt der Chef, in welcher Reihenfolge die Räume abgesucht werden. Wenn mehrere Suchtrupps zur Verfügung stehen, bestimmt der Chef, wer was durchsucht.

- Um einen Raum rationell zu durchsuchen, werden 2-3 Mann benötigt.

- Der Equipenchef unterteilt den Raum. Pro zwei Zimmerwände wird ein Verantwortlicher bestimmt. Der 3. Mann übernimmt die Mitte des Raumes. Abschnittsgrenzen werden mit Kreide auf Fussboden (Teppich), Wände und Decke markiert. Die Nahtstellen der Suchabschnitte sind wichtig. Hier wird leicht etwas übersehen.

- Der Equipenchef nimmt an der Suchaktion nicht teil. Er wahrt den Überblick und sorgt dafür, dass nichts übersehen wird.

- Möbel, Teppiche, Vorhänge, Tapeten, Holztäfer, Kehrichteimer und Öfen werden durchsucht. Blumentöpfe geleert, Einmachgläser, Konserven usw. geöffnet. Patienten im Bellt oder Kleinkinder in Kinderwagen werden aufgenommen und durchsucht.

- Der technische Grundsatz lautet: Jeder sucht so gründlich, dass er am Schluss nicht noch einmal beginnen muss, sondern sicher ist, nichts übersehen zu haben.

- Wer etwas verborgen hält, hat die Tendenz immer wieder wie hypnotisiert Richtung Versteck zu blicken. Der Wachtposten weiss das und achtet daher auch auf die Blickrichtung.

- Personen, die während der Hausdurchsuchung in die Wohnung kommen, werden festgenommen.

- Wenn das Telephon läutet, wird es nicht abgenommen, um den Eindruck zu erwecken, es sei niemand zu Hause. Die Polizei würde die Aktion sonst durch die fremde Stimme verraten. Auch Hausbewohner dürfen nicht sprechen. Sie könnten durch ein unverfängliches Stichwort eine Warnung durchgeben.

Räumen eines Platzes

(Auflösung einer Massendemonstration der Bevölkerung vor Regierungsgebäuden, Partei- oder Verwaltungssitzen)

Allgemeines:

- Es geht darum, den Platz rasch und sicher, gleichzeitig aber ohne Tote und mit einem Minimum an Verletzten zu räumen.

- Die angesammelte Menschenmenge muss rasch und unbehindert abfliessen können.

- Darum:
    1. Viele Strassen bewusst offen lassen, damit die Menge abfliessen kann.
    2. Nur von einer Seite her den Platz räumen. Hierfür die Seite auswählen, von der am wenigsten Strassen in den Platz einmünden.
    3. Durch Lautsprecher den Befehl erteilen, dass die Türen der angrenzenden Häuser zu öffnen, die Fenster jedoch zu schliessen sind (so kann einerseits ein Teil der Menge in die Häuser flüchten, jedoch nicht so einfach aus den geschlossenen Fenstern auf die Truppe schiessen!).

- Für die Räumung selbst werden zwei Methoden unterschieden:
    a) Räumen von Menschenkraft, d. h. mit einer sogenannten «Polizeikette»;
    b) Räumen mit Hilfe einer Fahrzeugkette.

- Mit der Polizeikette können nur kleinere oder mittlere Menschenmengen zerstreut werden.

- Grosse Menschenmengen müssen mit einer Fahrzeugkette weggedrängt werden.

Die Polizeikette: Wir unterscheiden

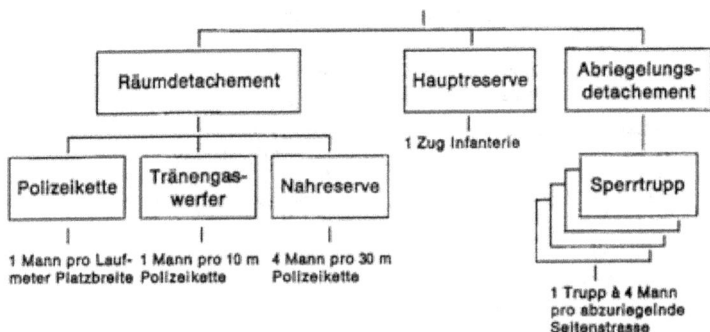

| Räumdetachement | Hauptreserve | Abriegelungs-detachement |

Räumdetachement:
- Polizeikette — 1 Mann pro Lauf-meter Platzbreite
- Tränengas-werfer — 1 Mann pro 10 m Polizeikette
- Nahreserve — 4 Mann pro 30 m Polizeikette

Hauptreserve — 1 Zug Infanterie

Abriegelungsdetachement:
- Sperrtrupp — 1 Trupp à 4 Mann pro abzuriegelnde Seitenstrasse

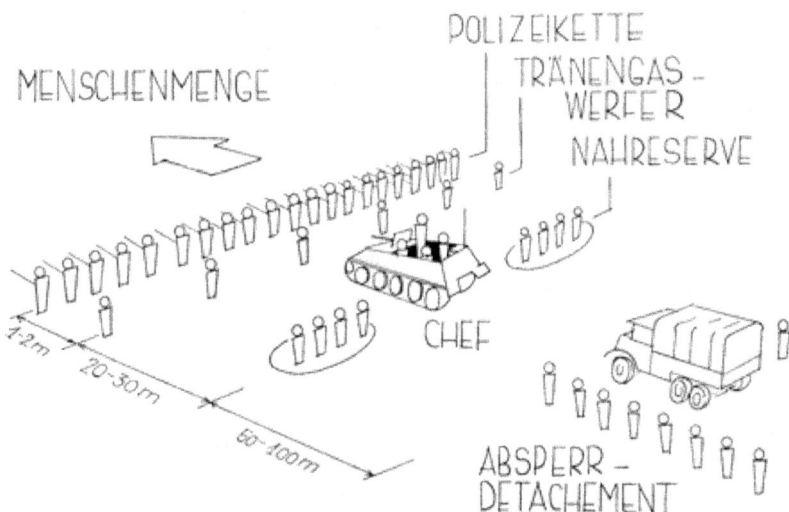

MENSCHENMENGE

POLIZEIKETTE
TRÄNENGAS-WERFER
NAHRESERVE

1-2 m
20-30 m
50-100 m

CHEF

ABSPERR-DETACHEMENT

- Die Leute in der Polizeikette stehen Mann neben Mann, ohne Zwischenraum auf einem Glied. Das Gewehr mit dem aufgepflanzten Bajonett ist vorgestreckt. Bajonett auf Brusthöhe. Die Waffe ist geladen und gesichert.

- 1-2 m hinter der Polizeikette folgen die Tränengas-Werfer. Jeder trägt in einem umgehängten Sack mindestens 30 Tränengas-Wurfkörper mit sich. Reservemunition wird auf dem Fahrzeug des Chefs nachgeführt, damit sich die Werfer im Laufe der Aktion neu ausrüsten können.

- 20-30 m hinter den Tränengas-Werfern folgt die Nahreserve. Sie soll:
  a) nötigenfalls die Polizeikette verstärken;
  b) durchgebrochene Personen abfangen;
  c) Verhaftete in Empfang nehmen und zur Hauptreserve zurückführen.

- Auf gleicher Höhe wie die Nahreserve fährt der Chef. Dieser steht erhöht auf einem Panzer oder Schützenpanzer, um Truppe und Menschenmenge zu überblicken. Der Chef hat Funkverbindung zur vorgesetzten Kommandostelle. Er verfügt ferner über einen Lautsprecher, um:
  a) zur Menge zu sprechen;
  b) trotz allgemeinem Lärm Befehle und Kommandos an die eigene Truppe durchgeben zu können.

Auf dem Fahrzeug des Chefs sind 3-4 Mann zur Nahverteidigung aufgesessen. Sie verhindern, dass Leute den Wagen erklettern, die Antenne abreissen oder Brandflaschen werfen.

- Alle Leute haben die Gasmaske aufgesetzt. Der Chef trägt seine Maske griffbereit auf der Brust angehängt. Die aufgesetzte Maske erschwert die Verbindung.

- Vor der gewaltsamen Räumung des Platzes wird die Volksmenge gewarnt. Die Warnung kann etwa wie folgt lauten: «. . . Achtung! Achtung! Hier spricht die Ordnungstruppe! - Wir fordern die Demonstranten auf, den Platz gutwillig zu räumen! - Wir geben hierzu 10 Minuten Zeit! Nachher wird der Platz mit Gewalt geräumt!» Diese Warnung wird in kurzen Abständen mehrmals wiederholt. Nach Verstreichen der Frist geht die Truppe vor.

- Auf Befehl des Kommandanten wird Tränengas geworfen. Der Gaseinsatz muss schnell und konzentriert erfolgen. Tränengas hat nur eine Wirkung, wenn in kürzester Zeit (1-2 Minuten) mehrere hundert Wurfkörper eingesetzt werden. Die Werfer streuen ihre Würfe nach Breite und Tiefe. Weltwürfe sind besonders wichtig, um auch die hintenstehenden Teile der Menge zu erfassen.

- Nachher greift die Truppe mit dem Bajonett an. Es wird in ruhigem Feldschritt und unter peinlicher Wahrung der Formation vorgerückt. Das Tempo richtet sich nach den langsamsten Teilen. Leicht vorankommende Teilkräfte dürfen nicht einfach vorprellen und dadurch die Kette zerreissen. Es werden häufig Zwischenhalte eingeschaltet, um die Ordnung wieder herzustellen.

- Das Abriegelungs-Detachement folgt nach und riegelt überschrittene Seitenstrassen mit Schnellsperren (Spanische Reiter, Stacheldrahtwalzen) ab. An jedem Hindernis wird ein Sperrtrupp von 4 Mann mit Maschinenpistolen belassen. Diese verhindern ein Wegreissen der Sperre durch zurückkehrende Demonstranten.

Die Fahrzeugkette:

- Für die Räumung des Platzes werden Panzer, Schützenpanzer oder Lastwagen eingesetzt.

- Die Fahrzeuge werden auf einer Linie, den einen Flügel zur Erleichterung

- der Übersicht leicht vorgestaffelt, aufgestellt.

- Zwischenräume von Fahrzeug zu Fahrzeug:
  - bei Lastwagen 0,80-1,00 m;
  - bei Panzern oder Schützenpanzern 1,50-2,00 m.

- Auf den Fahrzeugen ist Infanterie aufgesessen, welche verhindert, dass
  a) die Menge Antennen, Wimpel, Werkzeuge usw. abreisst oder Brandflaschen wirft;
  b) einzelne Leute in den Fahrzeug-Zwischenräumen durchschlüpfen.

- Hinter den Panzern folgen in einigem Abstand Reserven auf Lastwagen. Diese sollen:
  a) Seitenstrassen, die von der Räumkette überschritten werden, mit beweglichen Schnellsperren (Spanische Reiter, Stacheldrahtwalzen) abriegeln und verhindern, dass Teile der Meschenmenge zurückströmen und in den Rücken der Räumkräfte gelangen;

- b) Verhaftete in Empfang nehmen und abtransportieren.

- Das Vorrücken und Zurückdrücken der Menschenmenge erfolgt im Schritttempo.

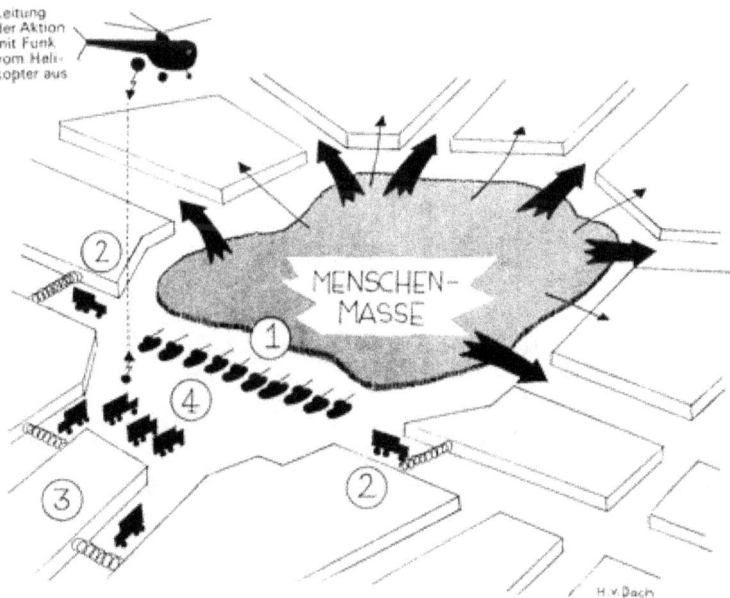

Legende : 1) Fahrzeugkette   2) Flankenschutz   3) Rückendeckung   4) Reserve auf Lastwagen

Die Bekämpfung von Unruhen und Aufständen

Allgemeines

- Die Besetzungsmacht setzt möglichst starke Kräfte ein, um keine Niederlage zu riskieren. Eine solche würde der Aufstandsbewegung starken Auftrieb geben. Viele vorläufig noch vorsichtig Abwartende würden zu aktiven Kämpfern.
-
- Der Gegner hat folgende Möglichkeiten:

Planmässiger, demonstrativer Aufmarsch	Überraschendes, überfallmässiges Zuschlagen
- Soll ernüchtern und zur Besinnung mahnen - Gibt den Aufständischen aber Zeit für Gegenmassnahmen	- Lässt den Aufständischen keine Zeit für Gegenmassnahmen. - Besetzungsmacht muss improvisieren und setzt sich dadurch der Gefahr von Rückschlägen aus
- Dieses Verfahren wird angewendet: wenn der Aufstand bereits weit fortgeschritten ist; Wenn es sich um eine starke Aufstandsbewegung handelt	- Dieses Verfahren wird angewendet: wenn der Aufstand noch im Anfangsstadium steckt; wenn es sich um eine relativ schwache Aufstandsbewegung handelt.

Aufklärung

- Bevor die Besetzungsmacht einen Aufstand bekämpft, wird aufgeklärt. - Die Aufklärungsorgane arbeiten vornehmlich in Zivilkleidung.
- Die Aufklärung erstreckt sich auf militärische und politische Verhältnisse.
- Es werden folgende Punkte abgeklärt:
  a) politische Verhältnisse:
  - Welche Sympathie und welche praktische Unterstützung wird den Aufständischen von der Masse der Bevölkerung zuteil?
  - Funktionieren Verwaltung und Polizei noch?
  - Welche Haltung nimmt die «Marionettenverwaltung» ein? Ist sie noch «hart», oder glaubt sie, der Moment zum Abspringen sei gekommen?

  b) militärische Verhältnisse:
  - Waffen und Munitionsausrüstung der Aufständischen. Insbesondere, ob sie über schwere Waffen und Panzerabwehrmittel verfügen.
  - Führung der Aufständischen. Werden sie nach militärischen Gesichtspunkten geführt oder handeln sie dilettantisch?
  - Grobe Abmessung des Unruhegebiets. Schwerpunkte. Besetzte Objekte. Errichtete Sperren usw.

Gliederung der Angriffskräfte

- Allgemeines:

- An der Aufstandsbekämpfung beteiligen sich:
  a) Besetzungstruppe (reguläre Armee);
  b) Parteimilitär (Sicherungsverbände)[1];
  c) politische Polizei.

- Die Hauptrolle spielt das Parteimilitär.

- Armee und politische Polizei leisten Hilfsdienste und verstärken die zahlenmässig zu schwachen Parteiformationen.

- Die Besetzungstruppe stellt ca. 75 %, Parteimilitär und politische Polizei ca. 25 % der eingesetzten Kräfte.

- Gliederung:

	Chef der Gesamtaktion	
Absperrkräfte	Säuberungskräfte	Hauptreserve

Ca. 30%	Ca. 50 %	Ca. 20 %
- Besetzungstruppe	- Parteimilitär	- Besetzungstruppe
- Verhaftungen	- Politische Polizei	
- Kontrolle einzelner - Passanten	- Einzelne Armeeverbände	

- Äussere Absperrung	- Stosstrupps
- Innere Absperrung	- Feuerunterstützungs- elemente
	- Durchkämmungs- detachemente
	- Nahreserve

Chef der Gesamtaktion kann sein:

   a) in höherer Polizeiführer;
   b) in höherer Kommandant des Parteimilitärs;
   c) Ausnahmsweise ein höherer Armeeoffizier[2].

Äussere Absperrung:

- Die äussere Absperrung soll unerlaubten Verkehr verhindern und zugleich die Säuberungskräfte gegen Störungen von aussen schützen.

- Die äussere Absperrung blockiert lediglich die Haupteinfallstrassen an der Peripherie des Aufstands-gebietes. E handelt sich um ein wenig dichtes Netz, das abseits der Hauptstrassen leicht umgangen werden kann.

- Die einzelne Postierung besteht aus 1-2 Panzern und einer Infanteriegruppe.

---

[1] Vergleichbar mit der deutschen SS im Zweiten Weltkrieg oder mit der russischen NKWD. Siehe hierzu auch Seite 129.
[2] Nur wenn er politisch absolut zuverlässig ist und bezüglich Brutalität den andern beiden Führungskategorien nicht nachsteht.

Innere Absperrung:

- Die innere Absperrung soll ein Entkommen der Aufständischen verunmöglichen. Sie ist daher möglichst dicht und lückenlos.

- Für den Verlauf der innern Absperrung werden Geländestellen mit weitem Schussfeld bevorzugt: Parks, Plätze, breite Strassen, Bahngeleise, Kanäle usw. Dadurch wird Personal zu Gunsten der Säuberungskräfte eingespart.

Säuberungskräfte:

- Die Säuberungskräfte gliedern sich in Stosstrupps, Feuerunterstützungselemente, Durchkämmungsdetachemente und Nahreserven.

- Die Stosstrupps werden von der Armee gestellt und bestehen aus Infanterie und Schützenpanzern. Sie kämpfen Widerstandsnester nieder.

- Die Feuerunterstützungselemente werden von der Armee gestellt und bestehen aus einzelnen Panzern, Sturmgeschützen, Panzerabwehrkanonen und Minenwerfern. Sie helfen den Stosstrupps vorwärts.

- Die Durchkämmungsdetachemente werden vom Parteimilitär und der politischen Polizei gestellt. Sie säubern das eroberte Gelände.

- Die Nahreserven werden von der Armee gestellt. Sie nähren den Angriff, riegeln Seitenstrassen ab, führen Gefangene zurück usw.

Kampfführung

- Der Einmarsch in das Unruhegebiet erfolgt während den frühen Morgenstunden (0200-0400). Die Besetzungsmacht will die Aufständischen sozusagen «im Bett» überraschen.

- Beim Einmarsch wird der öffentliche Telephonverkehr gesperrt, damit die Aufständischen keine Meldungen durchgeben können.

- Die Elektrizitäts- und Wasserversorgung im Aufstandsgebiet wird unterbrochen.

- Mechanisierte Truppen schliessen die Stadt ein, um:
  a) ein Entweichen der Aufständischen zu verunmöglichen;
  b) die Lebensmittelversorgung zu unterbrechen;
  c) Hilfe von aussen zu verunmöglichen.

- Einzelne gepanzerte Stossgruppen dringen den Hauptachsen entlang in Richtung Stadtkern vor. Sie sollen wichtige Punkte in Besitz nehmen und die Aufständischen in mehrere getrennte Gruppen aufspalten.

- Die Masse der Infanterie durchkämmt langsam und systematisch die einzelnen Stadtteile, Häuserblocks und Gebäude.

- Eine motorisierte Hauptreserve wird ausserhalb der Ortschaft bereitgehalten, um:
  a) Ausbruchsversuchen entgegenzutreten;
  b) abgekämpfte Einheiten abzulösen;
  c) Verluste auszugleichen;
  d) die Stosskeile notfalls zu verstärken;
  e) besonders hartnäckig verteidigte Widerstandsnester nachträglich zu Fall zu bringen.

- Die ganze Aktion wird durch Funk, Helikopter und Leichtflugzeuge geleitet (siehe Skizze Seite 242).

Vorgehen in Strassen

Allgemeines:

- Pro grosse Strasse wird eine mit Panzern verstärkte Schützenkompagnie eingesetzt.
- Die Kompagnie geht mit 2 Zügen in Front vor. Der eine auf der Strasse selbst. Der andere auf der innern Seite durch Hinterhöfe und Gärten. Hierzu wird diejenige Seite ausgewählt, die günstigere Deckungen bietet.
- Der dritte Schützenzug folgt als Kompagniereserve.

Der Spitzenzug:

- Der Spitzenzug geht mit 2 Gruppen in Front vor.
- Je eine Gruppe bewegt sich rechts und links der Strasse den Häuserfassaden entlang. Formation: Schützenkolonne. Abstand von Mann zu Mann 5-10 m. Die Spitzengruppen schicken je 2 Späher um 50-100 m voraus.
- Die dritte Gruppe folgt mit 50-100 m Abstand auf der günstigeren Strassenseite nach.
- 1-2 Panzer oder Sturmgeschütze gehen als Feuerunterstützung mit der Infanteriespitze vor.

Die Kompagniereserve:

- Die Kompagniereserve besteht aus:
  a) dritter Schützenzug;
  b) Mitrailleurzug (4 Mg);
  c) 1-2 Panzern oder Sturmgeschützen;
  d) allen Schützenpanzern der Kompagnie (8 Stück).
- Bei der Kompagniereserve befinden sich einzelne Beamte der politischen Polizei.
- Je eine Gruppe des dritten Schützenzuges wird auf beiden Strassenseiten zum groben Durchsuchen der vom Spitzenzug überschrittenen Häuser eingesetzt. Die Durchsuchung soll verhindern, dass der Kampf im Rücken der Kompagnie wieder aufflammt.
- Mitrailleurzug und Schützenpanzer werden verwendet, um in überschlagendem Einsatz die Seitenstrassen abzuriegeln und so die Flanken der Kompagnie zu schützen.
- Wenn die Spitze kämpft, treten die Leute in der Tiefe der Kolonne in die Häuser zurück, um Verluste zu vermeiden.
- Bei jeder die Vormarschrichtung kreuzenden Querstrasse wird kurz angehalten, um die Ordnung in der Kompagnie wieder herzustellen.
- Das Durchsuchen der Häuser erfordert mehr Zeit, als das Vorprellen der Spitze. Die Reserve gibt daher das Vormarschtempo an.
- (Siehe Skizze Seite 243.)

Niederkämpfen von Barrikaden und Strassensperren

- Panzer bleiben ausserhalb der Reichweite der Nahkampfmittel (Minen, Gewehr-Hohlpanzergranaten, Brandflaschen) stehen und zerstören die Barrikade mit Kanonenfeuer.
- Die Infanterie verlässt die Schützenpanzer und arbeitet sich durch die beidseitigen Häuserreihen an die Sperre heran. Hierbei werden bestehende Mauerdurchbrüche in den Luftschutzkellern ausgenützt. Wo solche fehlen, werden in den obern Etagen neue Durchbrüche erstellt.
- (Siehe Skizze Seite 244.)

Säuberung eines ausgedehnten Objekts (z. B. Fabrikkomplex)

- Das Areal wird umstellt.
- Zufahrtsstrassen werden mit Stacheldraht und Schützen abgeriegelt (1).
- Panzer fahren demonstrativ auf und überwachen mit ihren Bordwaffen das Objekt (2).
- Maschinengewehre werden in und auf den Nebengebäuden in Stellung gebracht, um die Dächer des Angriffsobjekts unter Kontrolle zu halten (3).
- Stosstrupps - bei ihnen Organe der politischen Polizei - dringen ein und durchkämmen das Angriffsobjekt (4).
- Verdächtige werden festgenommen und sofort mit bereitgehaltenen Lastwagen abgeführt (5).
- Eine Eingreifreserve lauert in der Nähe, um:
  a) Verhaftete in Empfang zu nehmen und zu bewachen;
  b) notfalls die Stosstrupps zu verstärken (6).
- Lautsprecherwagen fahren auf und geben die Weisungen der Besetzungsmacht an die Aufständischen weiter (7).
- Scheinwerfer werden in Stellung gebracht, um die Säuberungsaktion notfalls auch bei Nacht weiterführen zu können (8).
- (Siehe Skizze Seite 244.)

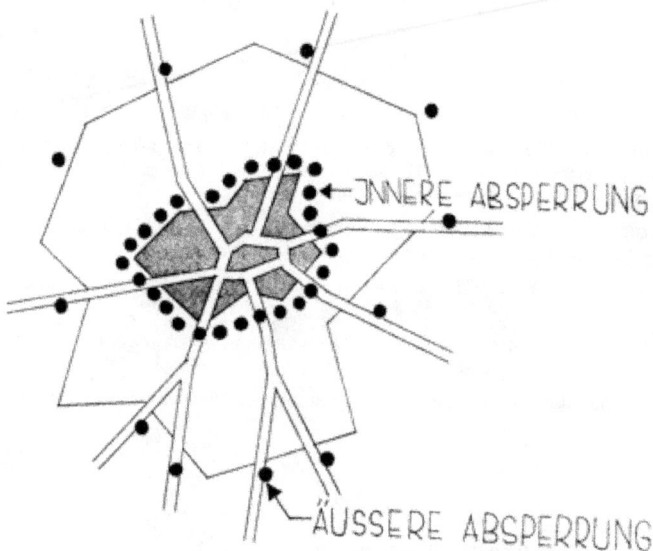

←INNERE ABSPERRUNG

←ÄUSSERE ABSPERRUNG

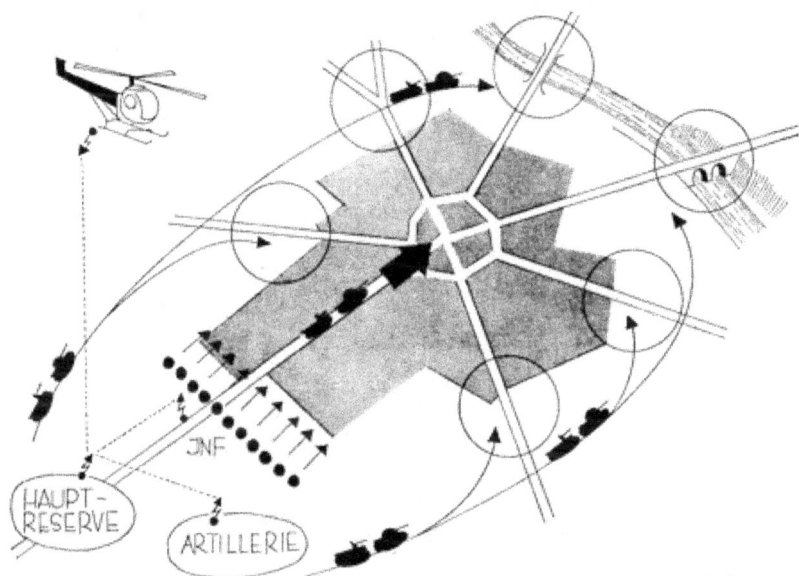

HAUPT-
RESERVE

ARTILLERIE

JNF

H.v.Dach

VORGEHEN IN STRASSEN

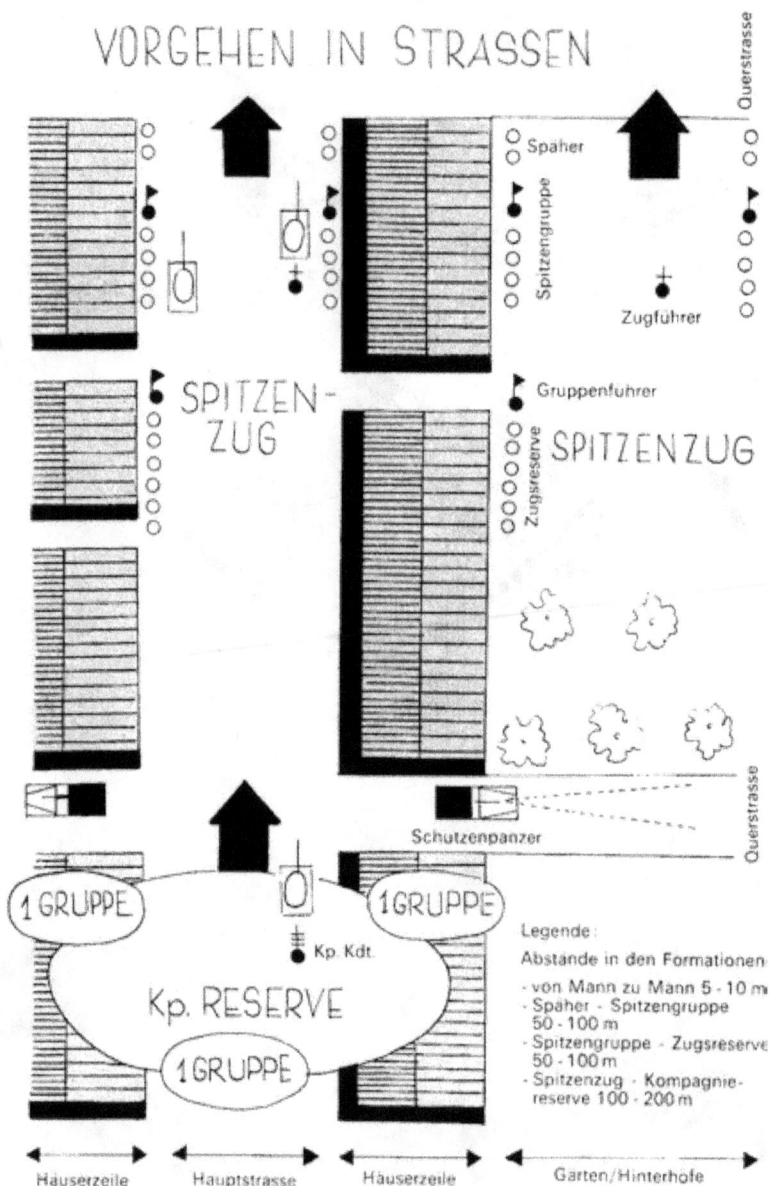

SPITZEN-
ZUG

SPITZENZUG

Späher

Spitzengruppe

Zugführer

Gruppenführer

Zugsreserve

Querstrasse

Querstrasse

Schützenpanzer

1 GRUPPE

1 GRUPPE

Kp. RESERVE

1 GRUPPE

Kp. Kdt.

Legende :

Abstände in den Formationen:
- von Mann zu Mann 5 - 10 m
- Späher - Spitzengruppe
  50 - 100 m
- Spitzengruppe - Zugsreserve
  50 - 100 m
- Spitzenzug - Kompagnie-
  reserve 100 - 200 m

Häuserzeile   Hauptstrasse   Häuserzeile   Garten/Hinterhöfe

NEHMEN VON BARRIKADEN

1) Zugführer
2) Schützengruppe

SÄUBERN EINES AUSGEDEHNTEN OBJEKTS

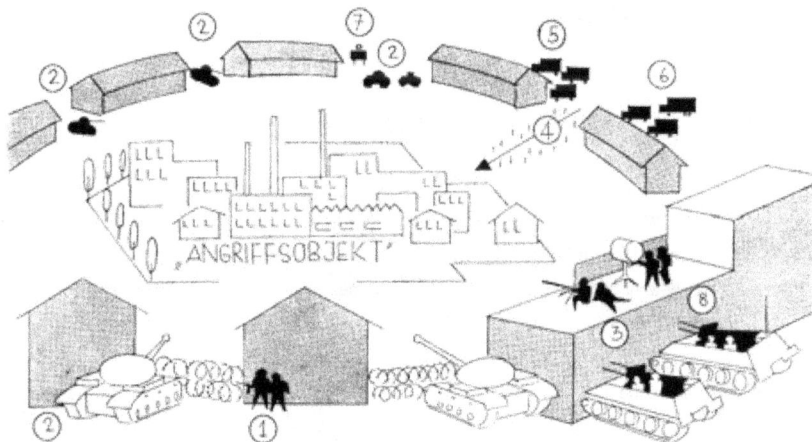

ANGRIFFSOBJEKT

H.v.D.

Besetzen der Stadt nach unterdrückter Unruhe oder niedergeworfenem Aufstand

Allgemeines:

- Nach dem Sieg über die Aufständischen muss die Bevölkerung niedergehalten werden.
- Wir unterscheiden:

Sperrzone:

- Die «Sperrzone» dient den Besetzungsbehörden als Rückhalt.
- In der Sperrzone wird die Besetzungstruppe von der Bevölkerung streng getrennt untergebracht. Grund:
  a) Truppe kann weniger leicht überfallen werden;
  b) Truppe kann der politischen Beeinflussung durch die Bevölkerung entzogen werden.
- Die Sperrzone wird so gewählt, dass sich wichtige Objekte (z. B. Verwaltungs- oder Regierungssitze) in ihrem Innern befinden und dadurch automatisch geschützt sind.
- Die Sperrzone wird an der Peripherie durch einzelne Schildwachen (Postenketten) gesichert.
- Die Postenkette wird so rasch als möglich durch Stacheldrahthindernisse ersetzt. Diese sind wirksamer und sparen Leute.
- Die einzelnen Posten werden mindestens 30 m hinter dem Hindernis aufgestellt, damit sie sich nicht mit der Menge unterhalten können. Die Soldaten sind so der politischen Beeinflussung durch die Bevölkerung entzogen.
- Die Postenstände werden durch Sandsackwälle geschützt.
- Vor dem Überschreiten der Drahthindernisse wird mit Tafeln gewarnt. Wer einzudringen versucht, wird ohne Warnung niedergeschossen.

Aussen-Stützpunkte:

- Im Vorfeld der Sperrzone werden Stützpunkte gebildet, welche:
  a) ein wichtiges Objekt (Brücke, Strassenkreuzung, Platz usw.) beherrschen;
  b) den Patrouillen Rückhalt bieten.
- Von Aussen-Stützpunkten wird nur sparsam Gebrauch gemacht, um die Kräfte nicht zu zersplittern. Grundsatz: Lieber wenige, dafür aber starke Postierungen!
- Die Aussen-Stützpunkte werden in feste, leicht zu verteidigende Gebäude gelegt und verdrahtet.
- Aussen-Stützpunkte haben Zugsstärke und werden immer von einem Offizier befehligt.

Patrouillen:

- Patrouillen sollen demonstrieren und abschrecken.
- Wir unterscheiden «kleine Patrouillen» und «grosse Patrouillen».
- Die kleinen Patrouillen überwachen die nähere Umgebung der Sperrzone. Die grossen Patrouillen überwachen das gesamte Stadtgebiet und halten die Verbindung mit den Aussen-Stützpunkten aufrecht.
- Die kleine Patrouille besteht aus einem einzelnen Fahrzeug (1 Schützenpanzer oder 1 Panzer mit aufgesessener Schützengruppe).
- Die grosse Patrouille besteht aus 2 Fahrzeugen (1 Panzer + 1 Schützenpanzer).
- Patrouillen werden ausnahmslos von Offizieren geführt.
- Nur die besten, d. h. rücksichtslosesten und schiessfreudigsten Offiziere werden als Patrouillenführer eingesetzt. Sie sollen:

a) eine Kontaktnahme zwischen Soldaten und Bevölkerung verhindern;
b) sicherstellen, dass sich die Mannschaft von einer Menschenmenge nicht entwaffnen lässt, sondern notfalls lieber Frauen und Kinder niederschiesst oder mit dem Panzer überfährt.

- Patrouillen fahren in der Strassenmitte. Jedem Patrouillenmitglied wird ein bestimmter Beobachtungssektor zugewiesen.

- Patrouillen sind gefährlicher als grosse, geschlossene Verbände, weil sie aus Furcht rasch schiessen.

Ausnahmezustand:

- Durch Flugblattabwurf, Plakatanschlag, Lautsprecherwagen und Radio wird der «Ausnahmezustand» verhängt.

- Der Ausnahmezustand umfasst in der Regel folgende Massnahmen:
  1. Schliessung der Gaststätten und Vergnügungslokale vor Nachteinbruch.
  2. Ausgehverbot bei Nacht.
  3. Verbot von Ansammlung von mehr als 10 Personen.
  4. Verbot von Zusammenkünften (Klubs, Vereine).
  5. Einsetzen von Kriegs- und Schnellgerichten.
  6. Bekanntmachung, dass jeder mit der Waffe in der Hand angetroffene sofort erschossen wird.
  7. Alle Fensterläden auf der Strassenseite müssen geöffnet werden. Alle Fenster dagegen geschlossen bleiben. In geöffnete Fenster wird ohne Warnung geschossen.
  8. Alle Haustüren, Kellertüren und Estrichtüren müssen geschlossen bleiben. Fremde Personen dürfen nur nach Kontrolle eingelassen werden. Für eventuelle feindselige Handlungen dieser Personen gegen die Besetzungsmacht haften Hausbesitzer und Hausbewohner solidarisch.

Entwaffnung:

- Für die Ablieferung von Waffen und Munition wird eine Frist angesetzt, bis zu welcher Straflosigkeit zugesichert wird. Diese wird vorerst auch eingehalten, um niemand abzuschrecken. Falle auf diesen Trick nicht herein. Wer Waffen abliefert, kommt auf die schwarze Liste und wird später, wenn Geiseln oder Arbeitssklaven benötigt werden, geholt. Du siehst einmal mehr, dass man dem Netz des Gegners nicht entgehen kann, und deshalb besser kämpfend untergeht!

- Nach Ablauf der gesetzten Frist werden Hausdurchsuchungen und Strassenkontrollen durchgeführt. Wer dann noch Waffen besitzt, wird deportiert oder erschossen.

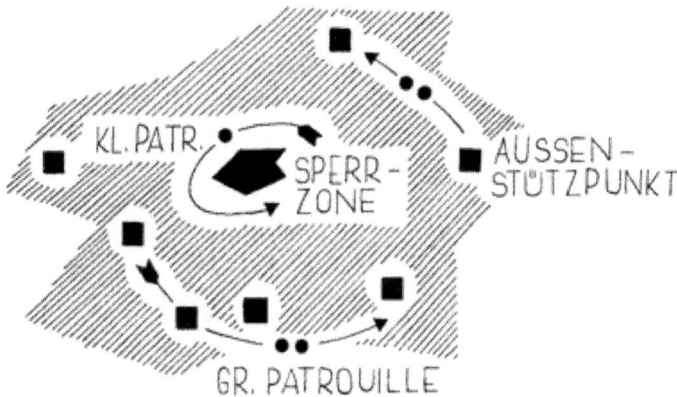

PATROUILLEN

Schlusswort

«Nie kapitulieren!»

- Unser Gegner vertritt ein totalitäres Regime. Dieses greift so tief in die persönliche Sphäre jedes Einzelnen ein, dass der Kampf unmöglich durch die Niederlage der Armee beendet sein kann.

- Unterwerfung würde Selbstaufgabe bedeuten und fällt daher nicht in Betracht. Der Kampf muss bis zur Vernichtung der einen oder andern Partei weitergeführt werden. Eine andere Lösung gibt es nicht!

- Wenn zwei Gegner sich bis zum Äussersten bekämpfen - und das ist immer dann der Fall, wenn es um, die Weltanschauung geht -, kommt es in der Endphase unweigerlich zum Kleinkrieg und zivilen Widerstandskampf.

- Wer als militärischer Führer den Kleinkrieg gering schätzt oder gar missachtet, begeht einen Fehler, weil er die Kraft des Herzens nicht einkalkuliert. Die letzte, und es sei zugegeben, grausamste Schlacht wird von den «Zivilisten» durchgekämpft. Sie steht im Zeichen der Deportationen, Galgen und Konzentrationslager.

- Wir werden diese Schlacht bestehen, weil jeder Schweizer und jede Schweizerin zuhinterst im Herzen - auch wenn sie zu spröde und zu nüchtern sind, dies Im Alltag zuzugeben oder gar auszusprechen - an das alte und doch wieder brennend aktuelle Wort glauben:

«Es ist besser stehend zu sterben, als kniend zu leben!»

Major von Dach

Anhang A

Ladungsberechnungen

Ladungsberechnung für Holzsprengungen

Formel:

Die Ladungen berechnest du nach folgender Formel: $L = D^2$.
L = Ladung in Gramm Sprengstoff.
$D^2 =$ a) für Rundholz: Durchmesser in Zentimetern;
               b) für Kantholz: längere Seite in Zentimeter.
Zuschläge: Für Durchmesser über 30 cm 1/3 der errechneten Ladung. Für Hartholz oder stark rissiges Holz 1/3 der errechneten Ladung.

Praktische Beispiele für Rundholz:
- Tanne von 20 cm Durchmesser: D^2 = 20 X 20 = 400 g Sprengstoff
- Tanne von 40 cm Durchmesser: D^2 + 1/3 = 40 X 40 + 530 = 2130 g Sprengstoff
- Buche von 25 cm Durchmesser: D^2 + 1/3 = 25 X 25 + 208 = 833 g Sprengstoff
- Eiche von 40 cm Durchmesser: D^2 + 1/3 + 1/3 = 40 X 40 + 530 + 530 = 2660 g Sprengstoff

Praktische Beispiele für Kantholz:
- Tannenbalken 30/20 cm: D^2 = 30 X 30 = 900 g Sprengstoff
- Tannenbarken 40/20 cm: D^2 + 1/3 = 40 X 40 + 530 = 2130 g Sprengstoff
- Eichenbalken 20/15 cm: D^2 + 1/3 = 20 X 20 + 130 = 530 g Sprengstoff
- Eichenbalken 40/30 cm: D^2 + 1/3 + 1/3 = 40 X 40 + 530 + 530 = 2660 g Sprengstoff

Ungerade Ergebnisse werden immer abgerundet, da die Formel bereits überladen ist!

Ladungsberechnung für Eisensprengungen

Formel:
Die Ladungen berechnest du nach folgender Formel: $L = 25 \times F$.
L = Ladung in Gramm Sprengstoff.
F = Querschnitt in Quadratzentimetern. Pro Quadratzentimeter benötigt man 25 g Sprengstoff.

Bei Eisensprengungen denkt man sich das zu sprengende Profil in die einzelnen Teile zerlegt.

Praktisches Beispiel Nr. 1:

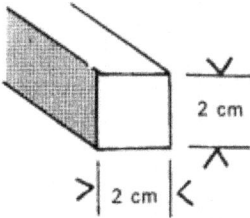

Eisenstab 2/2 cm
L= 25 X F
F= 2 X 2 = 4 cm^2

4 cm^2 X 25 g = 100 g Sprengstoff

Praktisches Beispiel Nr. 2:

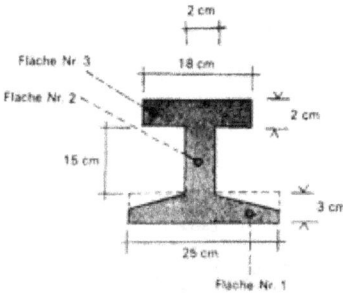

Doppel-T-Balken: L = 25 X F
Fläche 1 3 X 25 = 75 cm7
Fläche 2 2 X 15 = 30 cm2
Fläche 3 2 X 18 = 36 cm2

141 cm^2 X 25 g = 3525 g Sprengstoff

Abgeschrägte Flächen werden der Einfachheit halber als voll berechnet!

Praktisches Beispiel Nr 3:

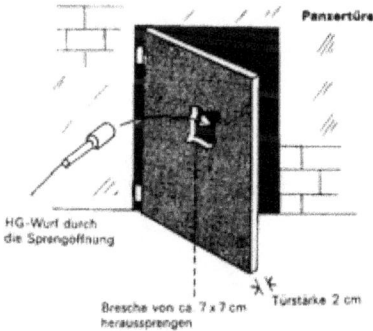

Panzertüre von 2 cm Dicke. Du willst ein Loch von 7 X 7 cm heraussprengen, um nachher eine Handgranate ins Innere werfen zu können.

L = 25 x F
F = 2 x 7 = 14 cm^2

14 cm^2 x 25g = 350g Sprengstoff

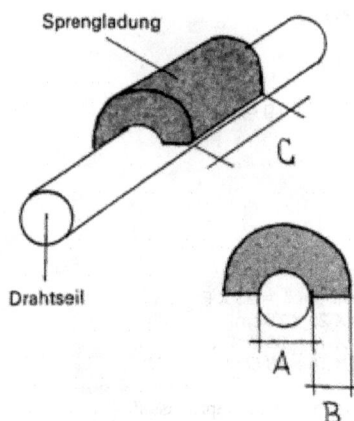

Sprengladung

Drahtseil

Sprengen von Drahtseilen			
A Durch-messer des Drahtseils	Ladung Plastit	B Dicke der Ladung	C Länge der Ladung
2 cm	200 g	ca. 2,5 cm	8 cm
2,5 cm	400 g	ca. 2,5 cm	13 cm
3 cm	600 g	ca. 2,5 cm	17 cm
4 cm	1000 g	ca. 2,5 cm	28 cm
4,5 cm	1400 g	ca. 2,5 cm	35 cm
5 cm	1800 g	ca. 2,5 cm	46 cm

Rundeisen gleichen Durchmessers benötigen nur rund 50 % der oben errechneten Sprengstoffmengen.

Anmerkung

Die praktische Sprengerfahrung zeigt, dass die angeführten Militär-Sprengformeln **stark überladen** sind! Grund:

Die Armee «geht auf sicher!» Die Sprengung soll auch unter erschwerten Umständen sowie bei kleinen Berechnungsfehlern **sicher gelingen**. Hierfür wird ein erhöhter Sprengmittelverbrauch in Kauf genommen.

Kleinkriegsverbände leiden unter ständigem Munitionsmangel. Du kannst deshalb von der nach Militärformel errechneten Sprengstoffmenge bis zu 30 °/o abziehen (einsparen), ohne dass die Sprengung deshalb misslingt. Allerdings bleibt dann **keine Sicherheitsmarge** mehr und du musst **sehr sorgfältig** arbeiten.

Das Anbringen von Ladungen an Eisenprofilen

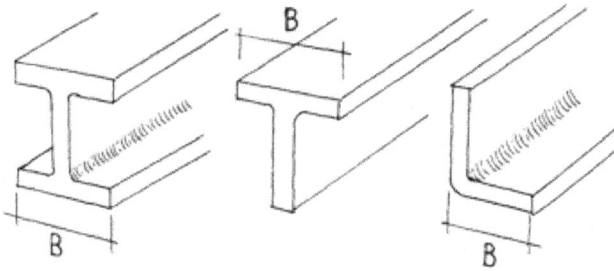

Wenn B kleiner als 12 cm ist, wird nur eine Fläche geladen.

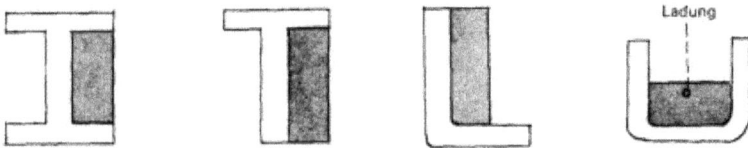

Wenn B grösser als 12 cm ist, müssen alle Flächen einzeln geladen werden.

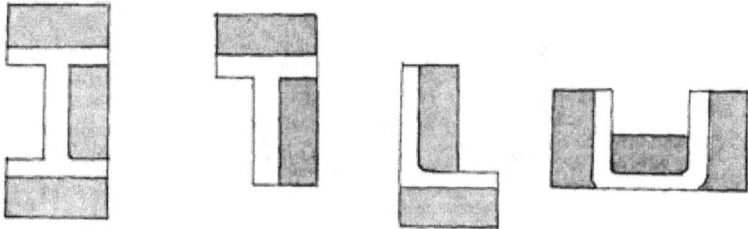

Die einzelnen Ladungen müssen um Materialdicke versetzt werden:

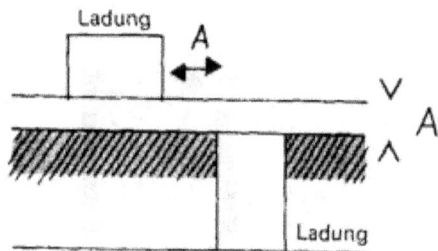

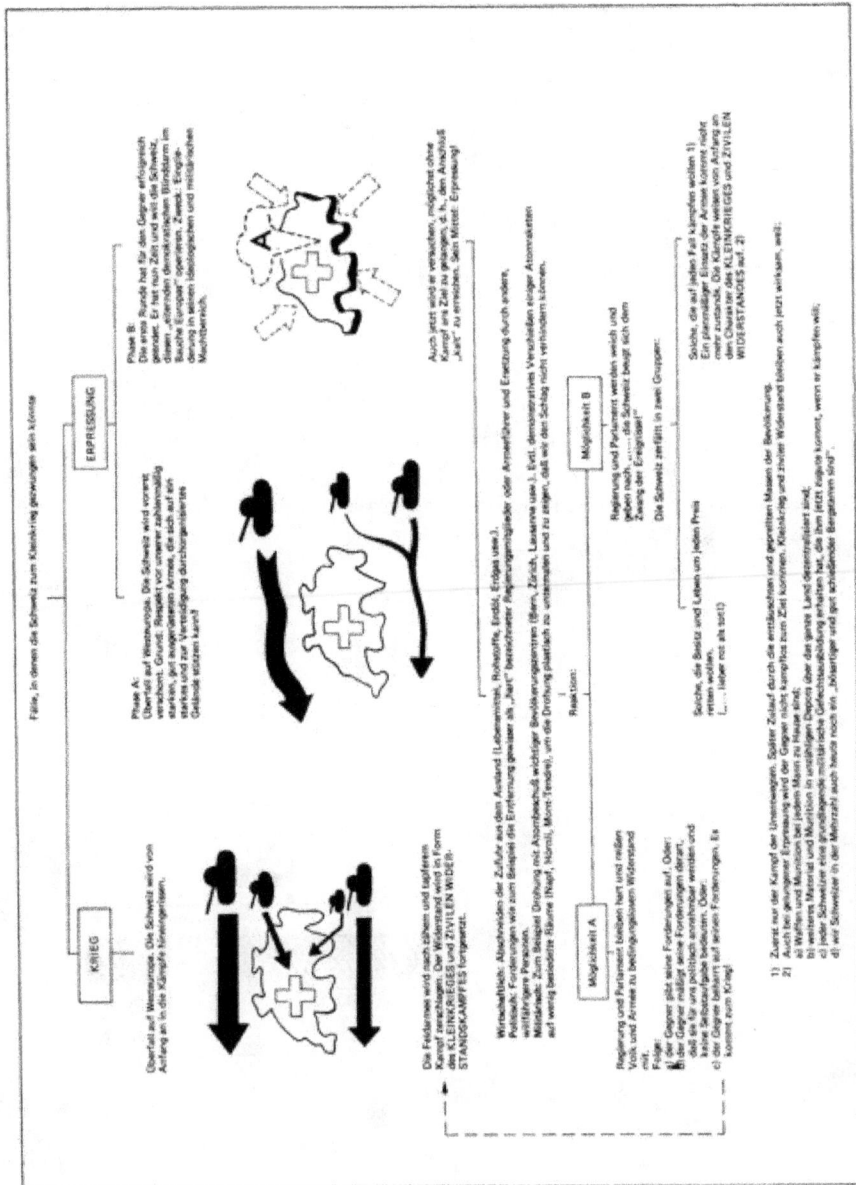

Anhang B

Fälle, in denen die Schweiz zum Kleinkrieg gezwungen sein könne

KRIEG

Überfall auf Westeuropa. Die Schweiz wird von Anfang an in die Kämpfe hineingerissen.

Die Feldarmee wird nach zähem und tapferem Kampf zerschlagen. Der Widerstand wird in Form des KLEINKRIEGS und ZIVILEN WIDER-STANDSKAMPFES fortgesetzt.

Wirtschaftlich: Abschneiden der Zufuhr aus dem Ausland (Lebensmittel, Rohstoffe, Erdöl, Erdgas usw.).
Politisch: Forderungen wie zum Beispiel die Entfernung gewisser als „Nazi" bezeichneter Regierungsmitglieder oder Armeeführer und Ersetzung durch andere.
weitfahrigere Pression.
Militärisch: Zum Beispiel Drohung mit Atombeschuß wichtiger Bevölkerungszentren (Bern, Zürich, Lausanne usw.). Evtl. demonstratives Vernichten einiger Atomraketen auf wenig besiedelte Räume (Napf, Näroli, Mont-Tendre), um die Drohung plastisch zu untermalen und zu zeigen, daß wir den Schlag nicht verhindern können.

Möglichkeit A

Regierung und Parlament bleiben hart und müssen Volk und Armee zu bedingungslosem Widerstand mit.
Folge:
a) der Gegner gibt seine Forderungen auf, Oder:
b) der Gegner mäßigt seine Forderungen derart, daß sie für uns politisch annehmbar werden und kein Selbstaufgabe bedeuten. Oder:
c) es kommt zum Krieg!

ERPRESSUNG

Phase A:
Überfall auf Westeuropa. Die Schweiz wird vorerst verschont. Grund: Beispiel; vor unserer zahlenmässig starken und zur Verteidigung durchorganisierten Gelände stützen kann?

Phase B:
Die erste Runde hat für den Gegner erfolgreich geklappt. Er hat nun Zeit und will die Schweiz, diesen „unterirden demokratischen Blindarm im Bauche Europas" operieren. Zweck: Erpressung in seinem ideologischen und militärischen Machtbereich.

Auch jetzt wird er versuchen, möglichst ohne Kampf ans Ziel zu gelangen, d. h. den Anschluß „kalt" zu erreichen. Sein Mittel: Erpressung!

Regierung und Parlament werden weich und geben nach, ... die Schweiz beugt sich dem Zwang der Ereignisse!

Die Schweiz zerfällt in zwei Gruppen:

Möglichkeit B

Solche, die auf jeden Fall kämpfen wollen 1)
Ein planmäßiger Widerstand der Armee kommt nicht oder nur bedingt in Frage. Die Kämpfe werden vom Anfang an den Charakter des KLEINKRIEGS und ZIVILEN WIDERSTANDES auf. 2)

Reaktion:
Solche, die Besitz und Leben um jeden Preis retten wollen.
(... lieber tot als tot!)

1) Zuerst nur der Kampf der Unentwegten. Später Zulauf durch die entfäuschten und gepeinigten Massen der Bevölkerung.
2) Auch bei anhaltender Erpressung wird der Gegner nicht kampflos zum Ziel kommen. Kleinkrieg und ziviler Widerstand bleiben auch jetzt wirksam, weil:
a) Waffen und Munition bei jedem Mann zu Hause sind;
b) weiteres Material und Munition in unzähligen Depots über das ganze Land dezentralisiert sind;
c) jeder Schweizer eine grundlegende militärische Gefechtsausbildung erhalten hat, die ihm jetzt zugute kommt, wenn er kämpfen will;
d) wir Schweizer in der Mehrzahl auch heute noch ein „böswilliger und gut schießender Bergstamm sind".

Entstehung und Ausweitung des Kleinkrieges

Anfangszeit — steigende Macht des Feindes

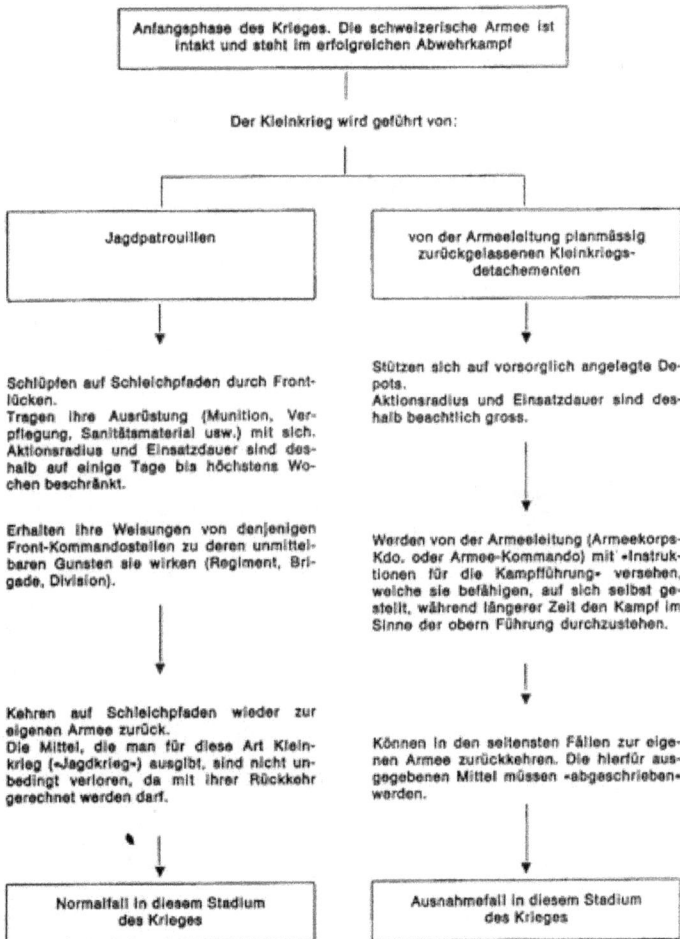

Anfangsphase des Krieges. Die schweizerische Armee ist intakt und steht im erfolgreichen Abwehrkampf

Der Kleinkrieg wird geführt von:

Jagdpatrouillen	von der Armeeleitung planmässig zurückgelassenen Kleinkriegsdetachementen
Schlüpfen auf Schleichpfaden durch Frontlücken. Tragen ihre Ausrüstung (Munition, Verpflegung, Sanitätsmaterial usw.) mit sich. Aktionsradius und Einsatzdauer sind deshalb auf einige Tage bis höchstens Wochen beschränkt.	Stützen sich auf vorsorglich angelegte Depots. Aktionsradius und Einsatzdauer sind deshalb beachtlich gross.
Erhalten ihre Weisungen von denjenigen Front-Kommandostellen zu deren unmittelbaren Gunsten sie wirken (Regiment, Brigade, Division).	Werden von der Armeeleitung (Armeekorps-Kdo. oder Armee-Kommando) mit «Instruktionen für die Kampfführung» versehen, welche sie befähigen, auf sich selbst gestellt, während längerer Zeit den Kampf im Sinne der obern Führung durchzustehen.
Kehren auf Schleichpfaden wieder zur eigenen Armee zurück. Die Mittel, die man für diese Art Kleinkrieg («Jagdkrieg») ausgibt, sind nicht unbedingt verloren, da mit ihrer Rückkehr gerechnet werden darf.	Können in den seltensten Fällen zur eigenen Armee zurückkehren. Die hierfür ausgegebenen Mittel müssen «abgeschrieben» werden.
Normalfall in diesem Stadium des Krieges	Ausnahmefall in diesem Stadium des Krieges

Planmässiger und aus freiem Willen erfolgender Einsatz der Kleinkriegselemente

Übergangszeit — die Macht des Feindes hat ihren Höhepunkt erreicht

Die schweizerische Armee ist schwer angeschlagen und wird langsam ins Gebirge abgedrängt. Grosse Teile des Landes sind vom Feinde besetzt

— Die Bevölkerung ist vom ungeheuren Geschehen, den Anstrengungen und Entbehrungen sowie der sich abzeichnenden Niederlage physisch und psychisch erschöpft.
— Die Bevölkerung hat es mit den sich mehr oder weniger korrekt benehmenden feindlichen Fronttruppen zu tun.

Der Kleinkrieg wird geführt von:

| abgesprengten Truppenteilen der Armee | ziviler Widerstandsbewegung |

Abgeschnittene Truppenteile, die im Verlaufe der Kämpfe den Anschluss an die eigene Armee verloren haben und nun im Rücken des siegreich vordringenden Gegners den Kleinkrieg führen.

In diesem Stadium des Kampfes noch nicht bemerkbar. Nur das Gerippe (Kader) der Organisation besteht. Dieses muss bewusst abwarten, bis die Atmosphäre der Besetzung (Terror) die Massen für den Kampf in der Widerstandsbewegung «reif» macht.

Sind für die obere Führung verloren. Können von dieser nicht mehr geleitet werden. Stützen sich auf Waffen- und Munitionsbestände, die sie auf sich führen. Beginnen sich versorgungsmässig auf erbeutete Feindwaffen- und Munition umzustellen. Lehnen sich für Aufklärung, Sicherung, Sanitätsdienst und Verpflegung an die einheimische Bevölkerung an.

| Normalfall in diesem Stadium des Krieges | Aktiver Einsatz ist Ausnahmefall in diesem Stadium des Krieges |

Nicht mehr planmässiger und aus freiem Willen erfolgender Einsatz von Kleinkriegselementen. Die Armeeleitung **kann nicht mehr** und die neuen Chefs der entstehenden Kleinkriegsverbände **können noch nicht** zentral leiten. Das Herkömmliche zerfällt und das Neue hat sich noch nicht voll herausgebildet.

Erstarken unseres Widerstandes — Niedergang der Macht des Feindes

---

Die schweizerische Armee ist, als Ganzes gesehen, besiegt. Einzelne Restteile halten sich noch im Alpenreduit

---

— Die Fronttruppen des Gegners sind durch nachrückende Besetzungsverbände abgelöst worden. Das «Organisieren» des besetzten Landes und damit Terror und Unterdrückung beginnen.
— Die Bevölkerung hat sich vom ersten Schock der Niederlage erholt. Unsicherheit und Apathie beginnen dem wiedererwachenden Selbstbewusstsein und Widerstandswillen Platz zu machen.

Der Kleinkrieg wird geführt von:

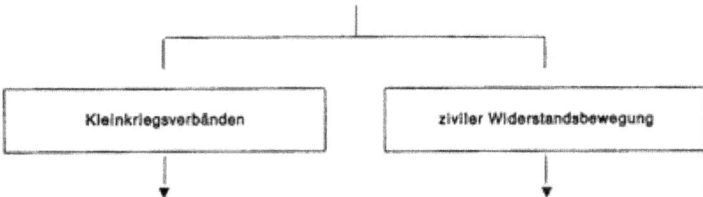

Kleinkriegsverbänden

ziviler Widerstandsbewegung

— Der Zusammenbruch der Armee führt den schon bestehenden Kleinkriegsverbänden weitere Kräfte zu.
— Die bereits im Kleinkrieg stehenden Truppen bilden die Rahmenorganisation, die nun durch die neu hinzutretenden Kräfte aufgefüllt wird.
— Festgefügte Verbände treten in Erscheinung. Die Zusammenschlüsse solcher Verbände ergeben zugleich die ersten befreiten Gebiete. Die Besetzungsmacht wird langsam in die Defensive gedrängt.

Der einsetzende Terror der feindlichen Spezialverbände lässt die Widerstandsbewegung rasch erstarken.
Die Zusammenarbeit mit den Kleinkriegsverbänden spielt sich ein. Die Kampftechnik wird verbessert. Die Wirksamkeit der Aktionen nimmt zu. Besetzungsmacht und Verräter werden unsicher.

Das Vorgehen der Kleinkriegsverbände und der zivilen Widerstandsbewegung ist koordiniert und wird nun zentral geleitet. Hauptaufgabe der neuen Leitung ist nun neben der Steigerung der Schlagkraft der Verbände, den verzweifelten Kampfwillen so lange wach, aber auch zugleich klug zurückzuhalten, bis durch günstige äussere Umstände der Moment zum allgemeinen Volksaufstand gekommen ist. Träger des Aufstandes sind: die Kleinkriegsverbände, die zivile Widerstandsbewegung, die spontan sich erhebenden Massen.

---

neu auferstandene
B E F R E I U N G S A R M E E

— Aus den mit der zivilen Widerstandsbewegung verschmolzenen Kleinkriegsverbänden bildet sich eine neue «reguläre» Armee.
— Der Kleinkrieg entwickelt sich im Verlaufe des Aufstandes zu einem halb oder ganz regulären Krieg. Partisanenmethoden und reguläre Operationen werden nebeneinander zur gleichen Zeit geführt oder lösen sich zeitlich ab.

Vom gleichen Verfasser sind erschienen:

Gefechtstechnik Band I

- Unterkunft
- Wachtdienst
- Transporte und Märsche
- Gruppen- und Zugführung
- Geländeverstärkungen

Gefechtstechnik Band II

- Ortskampf
- Waldkampf
- Kampf um Befestigungen
- Kampf im Gebirge
- Die Abwehr subversiver
  Angriffe

Gefechtstechnik Band III

- Nachtkampf
- Kampf im Winter
- Kampf um Gewässer
- Panzer-Nahbekämpfung
- Die Bekämpfung von Luftlandetruppen

Gefechtstechnik Band IV

- Angriff
- Verteidigung

in Vorbereitung ist:

Gefechtstechnik Band V

- Hinhaltender Kampf und Verzögerung
- Rückzug
- Die Kampfführung vom Gegner eingeschlossener Truppen
- Atomwaffen
- Die Gliederung moderner ausländischer Streitkräfte (Dargestellt am Beispiel Sowjet-Russland)
- Das Kampfverfahren des überlegenen Gegners

www.ingramcontent.com/pod-product-compliance
Lightning Source LLC
Chambersburg PA
CBHW070102030426
42335CB00016B/1975